Messaoud Harfouche

Influences des Dégâts d'Irradiation sur les Minéraux Analogues

Messaoud Harfouche

Influences des Dégâts d'Irradiation sur les Minéraux Analogues

Etude XAFS de la structure minéralogique

Presses Académiques Francophones

Cover image: www.ingimage.com

Publisher:
Presses Académiques Francophones
is a trademark of
International Book Market Service Ltd., member of OmniScriptum Publishing Group
17 Meldrum Street, Beau Bassin 71504, Mauritius

Printed at: see last page
ISBN: 978-3-8416-3252-4

Zugl. / Agréé par: Champs-sur-Marne, Université de Marne-la-Vallée, 2003

Influence des Dégâts d'Irradiation sur les Minéraux Analogues

Par :

Messaoud Harfouche

À LA MEMOIRE DE MES GRANDS PARENTS

À

MES PARENTS

MON FRERE ET MES SŒURS

MES NIECES ET NEVEUX

MA FEMME

MES ENFANTS

Pour tous les souvenirs que nous partagions

AVANT PROPOS

Au moment de conclure ce travail, de nombreuses pensées me viennent à l'esprit. Evidemment, je ne peux oublier l'aide précieux de mes parents tant sur le plan matériel (financement) que sur le plan moral par leurs encouragements.

Si le laboratoire, le micro-ordinateur et la persévérance sont probablement les trois plus fidèles compagnons du thésard, ce sont les moments privilégiés qui resteront gravés dans ma mémoire, tels que la découverte de la collection des minéraux au musée d'histoires naturelles et au laboratoire de minéralogie de Jussieu, à la recherche d'éventuels échantillons. Mais aussi, je ne peux oublier les moments délicats comme les nuits blanches pour l'enregistrement des données sur les lignes de lumière de l'ESRF (Grenoble) et LURE (Orsay).

Ces moments vécus ainsi que la possibilité d'apporter ma participation à l'avancer de la science, je les dois à de nombreuses personnes. Je suis reconnaissant au professeur **François FARGES** de m'avoir accueilli dans son groupe de recherche et d'avoir été un Directeur consciencieux tout en me laissant une grande liberté dans mon travail.

Je remercie J.M. MONTEL et P. TROCELLIER d'avoir aimablement accepté d'être rapporteurs minutieux de ce travail. Je remercie également A. M. FLANK pour son aide sur la ligne SA32 au LURE, et d'avoir aimablement accepté d'être parmi les membres de jury.

Mes remerciements vont aussi à Monsieur J.P. Crocombette pour sa collaboration en nous permettant l'utilisation de ses modèles de simulation des dégâts d'irradiation dans le zircon, ainsi que son aide précieuse et son esprit critique.

La réalisation d'un travail d'aussi longue haleine nécessite la collaboration de tous. Aussi je voudrais témoigner ma gratitude à tous les membres du laboratoire. Mes remerciements vont aussi à tout le groupe de recherche Géomatériaux pour leurs efforts pour que je puisse m'intégrer au groupe malgré mon caractère « timide ». Enfin Je dédie ce travail à ma famille qui m'a toujours soutenu.

2

TABLE DES MATIERES

CHAPITRE I
INTRODUCTION GENERALE

CHAPITRE II

CARACTERISATION DES ECHANTILLONS

CHAPITRE III

RESULTATS EXPERIMENTAUX XAFS/

DEPOUILLEMENT ET ANALYSE DES DONNEES

6

CHAPITRE IV

DYNAMIQUE MOLECULAIRE :
VALIDATION DES MODELES ET ANALYSE XAFS

8

CHAPITRE V
DISCUSSION DES RESULTATS

CONCLUSION GENERALE

MOTIVATIONS

Le contenu radioactif des déchets du cycle électronucléaire constitue un risque potentiel pour l'homme et son environnement. Afin de continuer à le maîtriser, il importe de mettre en place des méthodes de gestion de ces déchets qui soient les plus sûres possibles. La loi du 30 décembre 1991, dont les dispositions ont été récemment incorporées dans l'article L 542 du code de l'environnement, a posé les grandes orientations de la politique publique dans ce domaine en indiquant les voies de recherche à explorer. L'un des axes de recherche est consacré au conditionnement et l'entreposage de longue durée. Il couvre le développement et la qualification de dispositifs permettant la conservation des déchets dans des conditions sûres sur de longues durées.

Les premiers déchets radioactifs ont été incorporés dans un verre de néphéline à Chalk River, Canada. Les déchets sont incorporés dans des verres durables, et pour lesquels la vitrification à une échelle industrielle est envisageable sans difficultés. Pour la France (comme la plupart des nations), les verres borosilicatés sont à ce jour les compositions (matrices) de choix pour le stockage des déchets radioactifs à haute activité. L'utilisation industrielle du procédé de vitrification a été mise au point depuis 1978.

Les études des propriétés des céramiques et leurs performances, pour le choix éventuel de matrice pour le confinement spécifique des déchets nucléaires à très haute activité, ont été reprises durant la dernière décennie. Les minéraux naturels, qui ont reçu de très petites doses d'irradiation durant des centaines de millions d'années, ont l'avantage de représenter les effets des radiations à long terme,. Ces minéraux, analogues aux céramiques irradiées offrent la possibilité d'étudier l'effet réel « *in-situ* » des dégâts d'irradiation en particulier l'évolution de la structure des céramiques recevant de fortes doses d'irradiation. Une large gamme de minéraux, de structure différente, est étudiée dans l'espoir d'identifier une matrice adéquate pour le confinement des déchets nucléaires à haute activité. Dans notre cas, nous avons sélectionné le zircon et la titanite dans la gamme des minéraux silicatés, la monazite et la brabantite dans la gamme des minéraux phosphatés et la zirconolite dans la famille des titanates.

Les minéraux analogues (zircon, monazite zirconolite et titanite) subissent des dégâts d'irradiation. Ces dégâts sont dus à la présence d'actinides naturels (U et Th) dans les minéraux et à leur décroissance radioactive sur une longue période de temps (~10^9 ans). Le phénomène de l'irradiation est bien connu, mais ce que l'on ignore en partie est l'effet de cette irradiation sur la structure cristalline des minéraux. Il y a longtemps que les minéralogistes étudient les effets de l'irradiation, induits par les désintégrations α, β, et γ sur de très longues périodes, sur la structure et les propriétés physico-chimiques des minéraux naturels contenant des traces d'uranium et de thorium.

Lors d'une désintégration α sont libérées à la fois, une grande énergie due à la particule α (~ 4 à 6 MeV) et une énergie de noyau de recul (~ 0,1 MeV). Les dégâts induits par la radiation γ sont négligeables par rapport aux dégâts engendrés par les radiations α et β. Une grande partie de l'énergie due au noyau de recul est perdue à travers les collisions avec les atomes en engendrant des dommages sur la structure du matériau (cascades de déplacements).

Les minéraux métamictes sont des minéraux ayant accumulés de fortes doses de radiation dues aux désintégrations α (en majeure partie) et β issus des actinides naturels U et Th dans la structure. Ces minéraux cristallins à l'origine se trouvent, généralement, avec une large gamme de l'état d'endommagement allant d'un matériau cristallin à un matériau complètement métamicte (amorphe ou apériodique).

Dans les céramiques, la structure et les propriétés physico-chimiques sont affectées par les dégâts d'irradiation causés par les désintégrations des isotopes transuraniens (et les produits fils). En conséquence, la compréhension des dégâts dus à l'auto-irradiation est d'un grand intérêt pour les recherches destinées au stockage des déchets nucléaires. L'un des facteurs principaux pour la détermination de la durabilité à long terme des matériaux pour l'immobilisation de la haute activité des déchets nucléaires est le comportement de la structure vis à vis des dommages d'auto-irradiation en fonction du temps.

Il est évident que la compréhension des effets d'irradiation et des mécanismes d'endommagement, à travers les minéraux naturels et les phases synthétiques correspondantes, peut aider à évaluer et modéliser le comportement à long terme (jusqu'à 10^6 ans) des matériaux de stockage des déchets nucléaires (Ewing and Haaker 1980). Des études sur l'irradiation dans les minéraux ont révélé un ordre semblable de la modification structurale qui a mené aux changements du volume, de la densité, du module élastique et de la microstructure (Wald et al., 1982 ; Matzke et al., 1982). C'est une évidence, à l'appui de l'utilisation des expériences de dopage par actinides dans la simulation des effets à long terme des dommages par l'irradiation α.

Dans la nature, on peut trouver des minéraux qui ont été exposés à des radiations intenses (supérieure à 10^{16} α/mg dans un échantillon) tels que le zircon, la monazite, la zirconolite et la titanite. Parmi ces minéraux, le silicate de zirconium, aussi connu sous le nom du zircon ($ZrSiO_4$), est largement utilisé dans les céramiques. Dans la plupart des zircons naturels l'uranium est d'une abondance importante, c'est pourquoi les dégâts d'irradiation sur la structure cristalline de ce minéral viennent en grande partie à cet élément radiogénique. La plupart des zircons naturels se trouvent à l'état métamicte. La structure simple du zircon cristallin fait que ce minéral est le plus étudié dans le domaine de stockage des déchets radioactifs. Il sert aussi de référence pour l'étude de l'effet d'irradiation sur d'autres minéraux de structure plus complexe.

La monazite ($LaPO_4$) est, aussi, l'un des minéraux les plus étudiés de nos jours dans le cadre du stockage des déchets nucléaires à haute activité. Dans une réunion récente du GDR NOMADE (Groupement de Recherches), dans le cadre du programme interdisciplinaire PACE, la monazite a été privilégiée pour le confinement des déchets nucléaires à haute activité. Le choix ne sera définitif que si on est capable de répondre d'une manière très claire à l'une des questions clés portant sur *l'influence de l'irradiation sur la structure cristalline de la monazite.*

Dans la littérature, on trouve peu d'études sur les dégâts d'irradiation dans les monazites. Néanmoins, des études très récentes portées sur des études récentes par DRX, diffraction des électrons et TEM (Meldrum et al.,

1997 ; Montel et al., 2001 ; Seydoux et al., 2002) donnent des résultats encourageants pour continuer les études sur les dégâts d'irradiation dans les monazites.

Bien que l'objectif de cette thèse soit essentiellement centré sur le comportement des actinides dans le zircon et la monazite, l'examen d'autres minéraux (candidats potentiels pour le stockage des déchets nucléaires) permettra de mieux comprendre les mécanismes de métamictisation et les dégâts d'irradiation dans une large gamme de minéraux.

La zirconolite (idéalement $CaZrTi_2O_7$) est un des minéraux « accessoires », généralement trouvée dans les carbonatites et dans les roches intrusives ultrabasiques. La zirconolite est considérée comme la phase primaire du Synroc. Elle présente plus de facilité à incorporer des actinides par substitution dans les sites du Ca et Zr. La zirconolite est aussi étudiée comme matrice de confinement candidate au stockage des déchets nucléaires à haute activité, en plus des minéraux silicatés (zircon) phosphatés (monazite, brabantite, apatite, etc.).

On suppose que les actinides dans la titanite ($CaTiSiO_5$) occupent les sites du Ca de coordinence 7. De nombreux auteurs (Lemarchand et al., 1987) ont observé que le Th est plus enrichi dans les titanites par rapport à U et les teneurs en Th dans la titanite sont très faibles. La présence de Th dans la structure de la titanite permet d'étudier et de comprendre l'effet de l'irradiation dans les minéraux.

Les minéraux analogues cités ci-dessus font l'objet de cette étude. Des échantillons de différentes localités à travers le monde ont été sélectionnés et caractérisés. Une analyse chimique par microsonde électronique a permis de quantifier les teneurs en actinides dans chacun des échantillons. La caractérisation par diffraction des rayons X (DRX) est l'un des moyens permettant l'évaluation rapide et efficace de l'état métamicte ou cristallin des minéraux.

La spectroscopie d'absorption par rayons X (XAFS : *X-ray Absorption Fine Structure*) est utilisée pour étudier l'environnement structural dans les minéraux analogues. Cette méthode d'analyse est très pointue et permet l'étude, à l'échelle microscopique (Angström : Å), du comportement de la structure locale autour des éléments majeurs et mineurs dans les minéraux. Bien que cette méthode soit fiable, elle n'est pas facilement accessible (nombre limité de synchrotrons). Les spectres XANES (Teo, 1986 ; Brown et al., 1988) donnent des informations sur la géométrie du site et de l'état d'oxydation de l'élément absorbant (Zr, Si, Th et U dans le zircon ; P et Th dans la monazite ; Th et U dans la zirconolite et Th dans la titanite). Les spectres EXAFS nous permettent l'extraction des paramètres structuraux autour de l'atome absorbant dans la structure et par conséquent une approche de la structure locale autour de l'élément absorbant.

Une étude théorique de simulation des dégâts d'irradiation, dans un modèle de dynamique moléculaire (DM) du zircon, est réalisée afin de confirmer les résultats expérimentaux XAFS. Les modèles de DM du zircon sont validés et présentent un bon accord avec les observations expérimentales. Cette étude par DM permet, après validation des modèles, l'étude de l'environnement structural à moyenne et à longue distance autour des éléments dans le zircon métamicte. L'état métamicte est dû à l'irradiation simulée par une désintégration α générant une énergie du noyau de recul de 4 keV et de 5 keV (énergie calculé en fonction de la taille des modèles de DM : Crocombette et al., 1998). Les modèles des spectres EXAFS calculés à partir des modèles de DM du zircon permettent une meilleure appréciation de l'effet des dégâts d'irradiation sur la structure du zircon, ainsi l'évaluation du désordre local à longue distance autour des éléments absorbants (Zr et U) et par conséquent le rapport EXAFS du désordre.

Dans ce mémoire, nous allons présenter des notions requises sur la radioactivité et l'effet de l'irradiation sur la structure (état métamicte). De façon générale et en bref nous allons présenter le classement des déchets nucléaires selon leur activité et leur durée de vie et les techniques utilisées pour l'étude et la simulation de l'irradiation.

Nous avons opté pour les actinides dans les minéraux analogues comme méthode d'étude de l'irradiation. Donc, des échantillons de minéraux naturels sont sélectionnés et ils sont analysés et caractérisés par microsonde électronique diffraction des rayons X (DRX). Nous donnons une description détaillée de la méthode XAFS utilisée pour l'étude de ces échantillons naturels.

Les données expérimentales EXAFS et XANES sont dépouillées, analysées et interprétés quantitativement en se basant sur les transformées de Fourier inverses pour l'extraction des paramètres structuraux et des transformées en ondelettes pour la détermination des types d'atomes rétrodiffuseurs autour de l'élément absorbant.

Les résultats expérimentaux sont complétés par une étude théorique par simulation des dégâts d'irradiation sur la structure du zircon (Crocombette et al., 1998). Dans cette étude, nous validons d'abord les modèles de DM du zircon en appliquant les règles de Pauling (nombre de coordination, polymérisation et forces de liaisons électrostatiques). Ensuite, une simulation des spectres XAFS dans ces modèles de DM du zircon validés permettant l'étude du désordre absolu dans le zircon métamicte.

Enfin, nous discutons les résultats expérimentaux et théoriques de l'effet des dégâts d'irradiation sur la structure des minéraux analogues en tirant des conclusions.

REFERENCES BIBLIOGRAPHIQUES

Ewing R.C. and Haaker R.F. (1980), the metamict state : implications for radiation damage in cristalline waste forms. *Nucl. Chem. Waste Mgmt 1, 51-57.*

Lemarchand F., Calas G. and Villemant B. (1987) Trace element distribution coefficients in alkaline series. *Geochimica Cosmochimica Acta 51, 1071-1081.*

Matzke Hj. (1988a) Radiation damage effects in nuclear materials. *Nucl. Instruments Meth. Phys. Res. B32, 455-470.*

Wald J. W. and Offerman P. (1982) A study of radiation effects in curium doped $Gd_2Ti_2O_7$ (pyrochlore and $CaZrTi_2O_7$ (zirconolite). *In: Scientific Basis for Nuclear Waste Management XII, Lutze W. (Ed.),pp. 369-378. Elsevier Science, New York.*

Meldrum A., Boatner L.A. and Ewing R.C. (1997) Displacive radiation effects in the monazite- and zircon-structure orthophosphates. *Phys. Rev. B56, n°21, 13 805-13 814.*

Montel J.M., Seydoux-Guillaume A.M. and Wirth R. (2001), Dégâts d'irradiation dans les monazites naturelles, *GdR Nomade à Sète « Atelier Minéraux »*

Seydoux-Guillaume A.M., Wirth R., Nasdala L., Gottschalk M., Montel J.M. and Heinrich W. (2002). An XRD, TEM and Raman study of experimentally annealed natural monazite. *Phys. Chem. Minerals, Vol. 29, 240-253*.

Teo B.K. (1986), EXAFS : Basic Principal and Data Analysis, *Inorganic Chem. Concepts 9,*

Brown G.E.,Jr., Calas G., Waychunas G.A. and Petiau J., (1988), X-ray Absorption Spectroscopy and its Applications in Mineralogy and Geochemistry, in Spectroscopic Methods in Mineralogy and Geology, *Hawthorne F., ed., Reviews in Mineralogy, 18, 431-512, Mineralogical Society of America, Washington, DC*

Crocombette J.P. and Ghaleb D. (1998) Modeling the structure of zircon ($ZrSiO_4$) : empérical potentials, ab-initio electronic structure, *Journal of Nuclear Materials, 257, 282-286*.

CHAPITRE I

1. RADIOACTIVITE : généralités et définitions
1.1. Introduction

La radioactivité a été découverte en 1896, par le physicien français **Henri Becquerel**. Ce dernier avait rangé sa plaque photographique près de sels d'uranium qu'il était en train d'étudier. Il découvrit que le film photographique avait été impressionné sans avoir été exposé à la lumière. Il en conclut que l'uranium émettait des rayonnements invisibles ressemblant aux rayons X, découverts par *Wilhelm Roentgen*, physicien allemand, l'année précédente. Le phénomène découvert est appelé *radioactivité* (du latin « radius » : rayon).

1.2 . Propriété naturelle de certains atomes

Dans la nature, la plupart des noyaux d'atomes sont stables. Cependant, certains atomes ont des noyaux instables, ce qui est dû soit à un excès de protons ou de neutrons, soit à un excès des deux. Ils sont dits radioactifs et sont appelés radio-isotopes ou radionucléides.

Les noyaux d'atomes radioactifs se transforment spontanément en d'autres noyaux d'atomes, radioactifs ou non. Ainsi, de noyaux radioactifs en noyaux radioactifs, l'uranium 238 tend à se transformer en une forme stable, le plomb 206. Cette transformation d'un atome radioactif en un autre atome est appelée désintégration. Elle s'accompagne d'une émission de différents types de rayonnements.

Un élément chimique peut donc avoir à la fois des isotopes radioactifs et des isotopes non radioactifs. Par exemple, le carbone 12 n'est pas radioactif, alors que le carbone 14 l'est. Étant donné que la radioactivité ne concerne que le noyau et pas les électrons, les propriétés chimiques des isotopes radioactifs sont les mêmes que celles des isotopes stables.

1.3. Type de radioactivité
1.3.1. Désintégration alpha

Elle se traduit par l'émission d'un noyau d'hélium - édifice particulièrement stable - appelé particule α, de charge égale à deux fois celle du proton. Ce rayonnement peut être arrêté par l'air ou par une feuille de papier.

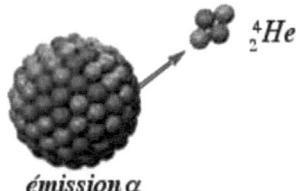

émission α

Fig. - I.1 *Schéma représentatif d'une désintégration alpha*

1.3.2. Désintégration béta

Elle se traduit par la transformation dans le noyau d'un neutron en proton et l'émission d'un électron. Ce rayonnement peut être arrêté par un écran d'aluminium.

Il existe également une *radioactivité β+* (qui se traduit par la transformation d'un proton en neutron et l'émission d'un électron positif ou positon) rencontrée uniquement dans les radioéléments artificiels produits par des réactions nucléaires.

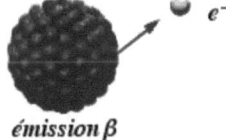

émission β

Fig. – I.2 *Schéma représentatif d'une désintégration beta*

1.3.3. Rayonnement gamma

Elle se traduit par l'émission d'un photon. Cette émission résulte de la réorganisation de la distribution des nucléons dans le noyau (par analogie avec la réorganisation du cortège électronique d'un atome qui conduit à l'émission X). Ce rayonnement peut être atténué par des épaisseurs significatives de plomb ou de béton.

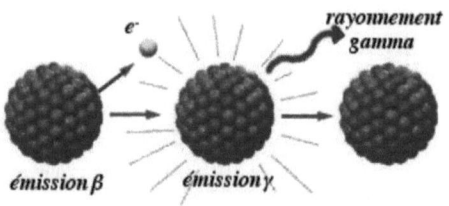

Fig. – I.3 *Schéma représentatif d'un rayonnement gamma*

1.3.4. Fusion

La fusion est un processus nucléaire qui permet de combiner deux noyaux légers pour former un noyau plus lourd. Une telle réaction libère une très grande quantité d'énergie, *plus d'un million de fois plus qu'une réaction chimique*. Une telle quantité d'énergie est libérée car la masse des produits de la fusion est plus petite que celles des 2 noyaux initiaux (toujours grâce au principe d'Einstein qui relie la masse et l'énergie). Ces réactions de fusion ont pourtant lieu depuis des millénaires dans l'univers, en particulier au centre des étoiles, comme notre Soleil. Sur Terre, de telles réactions n'ont pu être réalisées par des physiciens que depuis une soixantaine d'années.

1.3.5. Fission

Les réactions de fission se produisent essentiellement pour les noyaux lourds : un noyau lourd se scinde en deux parties (les fragments ou produits de fission) en libérant de l'énergie. L'exemple le plus courant est la fission de l'uranium 235 (le seul noyau fissile existant à l'état naturel sur Terre). Il a été utilisé dans les premières bombes atomiques et est utilisé dans la plupart des réacteurs nucléaires civils pour la production d'énergie.

La fission produit d'une part des neutrons et d'autre part des produits de fission. Tout comme la fusion, la fission libère une quantité d'énergie considérable. Elle n'est possible que pour les noyaux lourds en raison de la répulsion électrostatique qui existe entre le grand nombre de protons de ces noyaux (cette répulsion est beaucoup plus faible pour les noyaux légers). La fission peut être soit *provoquée* (dans ce cas, il est nécessaire de fournir un neutron à l'uranium pour qu'il fissionne) soit *spontanée* comme dans le cas du plutonium 242 par exemple.

Depuis une cinquantaine d'années, la fission est utilisée dans les réacteurs pour produire de l'énergie (le premier réacteur a été fabriqué par **Enrico Fermi** en 1942). Cependant, les réacteurs nucléaires existent depuis beaucoup plus longtemps : en 1972, il a été trouvé à *Oklo,* au Gabon, *plusieurs réacteurs nucléaires naturels* qui datent d'environ 2×10^9 millions d'années ; ces réacteurs naturels ont fonctionné de façon analogue à ceux actuellement utilisés.

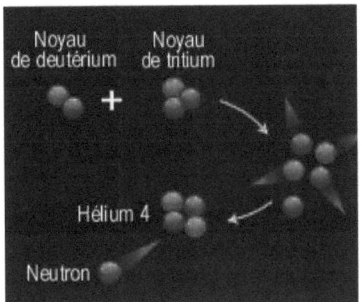 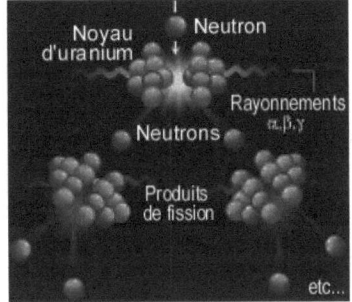

Fig. – I.4 *Schéma représentatif d'une fusion (à gauche) et fission (à droite)*

Tableau I.1 *Caractéristiques des rayonnements nucléaires*

Type	Origine	Processus	Charge	Masse (MeV)	Spectre (energie)
Particule α	Nucléides	Désintégration nucléaire ou réaction	+2	4	Discret [MeV]
Rayons β⁻ (β⁻)	Nucléides	Désintégration nucléaire	-1(+1)	1/1830	Continu [keV-MeV]
Rayons γ	Nucléides	Excitation nucléaire	0	0	Discret [keV-MeV]
Rayons X	Nuage d'électrons	Excitation atomique	0	0	Discret [eV-keV]
Fission	Nucléides	fission	≈20	80-160	Continu 30-150 MeV

1.4. Période radioactive

Elle peut s'étendre de quelques fractions de seconde à plusieurs milliards d'années. Au fur et à mesure que ses atomes se transforment, une substance radioactive voit sa radioactivité diminuer. Le temps nécessaire à ce que cette activité diminue de moitié est appelé la *période*.

1.5. Loi de désintégration radioactive

La loi de désintégration radioactive a été établie expérimentalement pour la première fois au début du siècle par **Rutherford** et **Soddy**. Ils supposent que l'activité d'un échantillon radioactif varie exponentiellement en fonction du temps. En termes de mécanique quantique moderne, cela peut être facilement dérivé en considérant le fait que le processus nucléaire de désintégration est gouverné par la probabilité de transition par unité de temps (λ) (caractéristique d'une espèce nucléaire). Si un nucléide a plusieurs modes de désintégration, λ est la somme des constantes de chaque mode.

$$\lambda = \lambda_1 + \lambda_2 + \ldots\ldots$$

Dans un échantillon de N nucléides, le nombre moyen de nucléides se désintégrant dans un temps dt est de :

$$dN = -\lambda N dt$$

Avec

N : nombre de nucléides
λ : constante de désintégration

Cette équation peut être considérée comme une forme différentielle de la loi de désintégration radioactive. Intégrant cette équation, on trouve la fonction exponentielle suivante :

$$N(t) = N(0)e^{-\lambda t}$$

Avec :

$N(0)$ nombre de nucléides à $t=0$

Dans la pratique, il est plus facile d'utiliser l'inverse de λ ($\tau_m=1/\lambda$), connue sous le nom de durée de vie moyenne (*mean lifetime*). C'est le temps que prend un échantillon pour désintégrer $1/e$ de son activité initiale. On définit également la demi-durée de vie (*half-lifetime*) $T_{1/2}$ comme étant le temps d'un échantillon pour que la moitié de son activité initiale ait disparue, alors :

$$1/2=e^{-\lambda\, T1/2} \rightarrow T_{1/2}=ln2/\lambda = \tau_m\, ln2$$

1.6. Unités de mesure de la radioactivité

On se souvient que la radioactivité provient de la désintégration spontanée d'atomes. Dans une substance radioactive, si on observe en moyenne une désintégration par seconde, on dit que cette substance a une activité de 1 **Becquerel (Bq)**. Il est important de bien noter que l'activité d'une substance va dépendre directement de la quantité de matière radioactive, qu'elle soit solide, liquide ou gazeuse.

La **dose** reçue par un corps exposé à un rayonnement correspond à la quantité d'énergie reçue par ce corps. L'unité utilisée est le **Gray (Gy)**, elle correspond à une énergie de 1 joule par kg de matière irradiée

Chaque rayonnement a des effets spécifiques sur la matière vivante, c'est pourquoi on a été amené à créer une unité qui tient compte des différents effets biologiques des rayonnements pour mesurer les dégâts occasionnés à un organisme vivant. L'effet biologique mesuré s'appelle équivalent de dose et est donné en **Sievert (Sv)**.

1.7. Origines des radioéléments
1.7.1. Les radio-isotopes naturels

Lors de la formation de la Terre, il y a environ 5 milliards d'années, la matière comprenait des atomes stables et instables. Mais depuis, la majorité des atomes radioactifs se sont désintégrés et la plupart d'entre eux ont fini par atteindre la stabilité. Cependant, il existe toujours quelques atomes radioactifs naturels :

➢ les radio-isotopes caractérisés par une très longue demi-vie comme l'uranium 238 (4,5 milliards d'années) et le potassium 40 (1,3 milliard d'années). Depuis qu'ils ont été créés, tous ces éléments n'ont pas encore eu le temps de se désintégrer ;

♦ les descendants radioactifs des précédents comme le radium 226 qui est en permanence régénéré après désintégration de l'uranium 238. Le radium 226 se transforme régulièrement en un gaz lui-même radioactif, le radon 222 ;

➢ les radio-isotopes créés par l'action des rayonnements cosmiques sur certains noyaux d'atomes. C'est le cas, par exemple, du carbone 14 qui se forme en permanence dans l'atmosphère.

1.7.2. Les radio-isotopes artificiels

La production de radio-isotopes artificiels rend possible de nombreuses applications. Certains radio-isotopes (le cobalt 60, l'iridium 192, etc.) peuvent être utilisés comme source de rayonnements pour des radiographies gamma (ou gammagraphies) ou comme source d'irradiation pour la radiothérapie ou pour des applications industrielles. De telles sources sont couramment utilisées en médecine et dans l'industrie. D'autres applications des radio-isotopes sont décrites dans le chapitre suivant.

D'autres radio-isotopes artificiels sont créés dans les réacteurs nucléaires (le strontium 90, le césium 137, etc.). Certains ne sont pas utilisés par l'homme. Ils constituent ce que l'on appelle les déchets nucléaires. Fortement radioactifs, ils doivent être stockés sous haute surveillance et isolés de l'homme.

1.7.3. Radioactivité artificielle

On parle de radioactivité artificielle quand il s'agit d'isotopes synthétisés par l'homme (au laboratoire ou par les centrales nucléaires, par exemple), on note :

Les irradiations médicales :

Il s'agit de radiographies médicales et dentaires qui provoquent en moyenne pour un français une irradiation, externe d'environ 1 millisievert par an

Les activités industrielles non nucléaires :
La combustion du charbon, l'utilisation d'engrais phosphatés, la télévision, les montres à cadrans lumineux (etc...) entraînent en moyenne une irradiation de 0,01 millisievert par an.

Les activités industrielles nucléaires :
Les centrales nucléaires, les usines de retraitements, les retombées des anciens essais nucléaires atmosphériques et de Tchernobyl, etc... Elles exposent chaque homme en moyenne à 0,02 millisievert par an.

2. DEFINITION DE L'ETAT METAMICTE
2.1. Introduction

Récemment, les mots « métamicte » ou « métamictisation » ont été de plus en plus utilisés (Pascucci et al. 1983) au lieu des termes « amorphe » ou « amorphisation ». Ces termes présentent l'effet de la transition de phase d'un état cristallin à un état apériodique dans les minéraux naturels. Le terme (d'origine Grec « metamikte » qui veut dire « mélange autrement » à cause de la complexité des compositions) a été proposé par Broegger (Broegger, 1893) dans une encyclopédie allemande comme l'une des trois classes des substances amorphes : porodine (= colloïdale), hyaline et metamikte. Les minéraux considérés comme métamictes sont jugés amorphes à cause de leurs propriétés optiques et isotopiques ; cependant, les faces en cristal bien développées ont démontré l'état cristallin antérieur.

Humberg a été le premier à suggérer que la métamictisation est induite par la radiation (Humberg, 1914). La transition de phase depuis un état périodique à un état apériodique est causée par les particules α émises par les radionuléides, résultants des radionucléides constitutifs des séries de désintégration de l'uranium et du thorium. Rinne (1915) puis Vegard (1916) ont confirmé, par les études par diffraction des rayons-X, que les minéraux métamictes ont été soit amorphes soit finement cristallins. Des travaux postérieurs ont accepté l'idée de la transformation induite par la radiation (Mügge, 1922 et Kostyleva, 1954). Stackelberg et Rottenbach (1939a et 1939b) ont établi que la diminution de la densité, de l'indice de réfraction et de la biréfringence étaient corrélées avec la détérioration de la structure avec l'augmentation de la dose α. Ils ont essayé de tester de façon directe cette hypothèse par le bombardement d'une galette mince de zircon par des particules α. Les résultats ont été concluants parce que la galette s'est fracturée, mais cela été l'une des premières expériences dans lesquelles un « faisceau d'ions » était utilisé pour « modifier » un matériau.

Après ces travaux, peu d'études ont été entreprises sur des minéraux métamictes, excepté le bref intérêt pour l'utilisation des dommages de radiation accumulés dans le zircon comme technique de datation géologique des minéraux (Hurley et al., 1953 ; Holland, 1954).

2.2. Classification des matériaux

Les matériaux se divisent en deux classes suivant qu'ils sont cristallins ou amorphes. Les matériaux cristallins comprennent les métaux, une grande partie des céramiques, une partie des polymères et la plupart des minéraux. Les atomes y sont disposés régulièrement suivant un réseau tridimensionnel.

L'état amorphe est caractérisé au contraire par des atomes placés de façon plus irrégulière dans lesquels on ne peut construire aucun réseau à longue distance. Sa structure inaccessible par les rayons X ou par la diffraction électronique est plus difficile à étudier. Les recherches concernant cette structure se sont développées de façon considérable notamment à l'aide de la microscopie électronique.

Les matériaux amorphes comprennent en dehors des verres, de nombreux polymères de poids moléculaire considérable (élevé), quelques composés inorganiques et un petit nombre d'éléments chimiques. Cette classification des matériaux qui ne tient compte que de la géométrie suivant laquelle sont disposés les atomes permet de comprendre une partie de leurs propriétés.

2.2.1. Solide cristallin

Le solide cristallin, comme tout solide, présente lui aussi des propriétés isotropes mais seulement le long d'une direction (On parle alors d'isotropie directionnelle). Ces propriétés peuvent différer d'une direction à l'autre. Ceci fait du cristal en fin de compte un solide anisotrope. Il peut être caractérisé par rayons X dont le spectre est sous forme de raies discrètes (voir chapitre II) et par sa température de fusion qui est bien définie. Mais la caractéristique spécifique d'un cristal est son ordre et sa périodicité dans les trois directions de l'espace. Il se présente sous des formes géométriques bien définies (cubes, rhomboèdres...).

La régularité des formes extérieures (présence de faces externes bien définies) ainsi que l'anisotropie des propriétés laissent supposer l'existence d'une certaine régularité interne ou structure ordonnée jusqu'au niveau microscopique ou atomique. C'est cet arrangement régulier des atomes à grande distance qui distingue essentiellement les solides cristallins des solides amorphes.

2.2.2. Les mouvements d'atomes dans un corps amorphe

Les positions mutuelles de l'atome, à un instant déterminé (à 10^{-13} seconde près) dans un amorphe et dans le liquide correspondant sont en fait très semblables, souvent même presque identiques. Ce qui différencie les deux états, ce sont les mouvements des atomes. En schématisant deux cas extrêmes, nous pouvons considérer que dans le liquide une molécule donnée « ou un atome » (à cause de son mouvement et de celui de ses voisins) diffuse de plus en plus à mesure que le temps passe. Par opposition, dans un solide amorphe, comme dans le cristal, la molécule est attachée à un site : elle vibre constamment, mais reste limitée dans un petit volume de position fixe.

En fait, toute situation réelle est intermédiaire entre ces schémas simplistes. D'une part, dans le liquide, la molécule vibre dans la cage formée par ses voisines pendant un certain temps, que nous appellerons τ, avant de sauter dans une position voisine ce qui est le processus élémentaire de la diffusion. Dans le solide amorphe, le temps d'encagement devient très long, mais néanmoins il peut se produire aussi de temps en temps un saut en un site voisin. Le temps caractéristique τ varie pour une substance donnée avec la température et à température donnée, dépend de la nature de la substance. Ce sont les images dynamiques de la structure des amorphes qui vont expliquer les variations de leurs propriétés avec la température.

2.2.3. Transition de phase cristallin / métamicte

Les minéraux naturels peuvent contenir des quantités significatives de U et Th qui, en combinaison avec l'âge de ces minéraux (10^6 à 10^9ans) donnent des doses jusqu'à 10^{17} α/mg. Nous utilisons l'unité α/mg au lieu de l'unité standard α/m^3 parce que la dose est plus souvent déterminée directement à partir des mesures de la densité de l'échantillon, et que la densité varie en fonction de la dose α,. Pour les minéraux naturels que nous allons étudier une dose de 10^{15} α/mg est approximativement égale à 10^{25} α/m^3. Dans le chapitre II, nous allons discuter les doses reçues par différents échantillons utilisés pour la réalisation de cette thèse.

Pour certains minéraux abondants, comme le zircon ($ZrSiO_4$), les teneurs en U et Th sont variables, et les dommages dus aux désintégrations α peuvent être étudiés systématiquement hors de l'intervalle de doses pour lequel un état métamicte se produit lors de la transition de la phase cristalline à la phase apériodique. Cette transition se produit sur un intervalle de dose étroit (e.g. 10^{15} à 10^{16} α/mg pour le zircon). Cette zone de transition a fait l'objet de plusieurs études, on note les travaux d'Ewing sur des séries des échantillons présentant différentes formes allant du cristallin jusqu'au métamicte (Ewing et al., 1988). La figure suivante (Fig. I.5) est une représentation schématique des changements dans les propriétés structurales (e.g. dimensions de la maille) et les propriétés physiques (e.g. densité) en fonction de la dose. On note que l'intervalle de changement pour la densité est plus large que celui couvert par le changement des paramètres de la maille (Murakami et al., 1987 ; Chakoumakos et al., 1987).

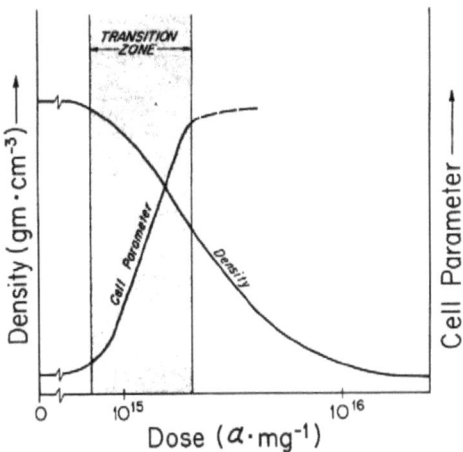

Fig. - I.5 *Diagramme schématique montrant les changements typiques des paramètres de la maille et la densité en fonction de nombre de doses* **(Chakoumakos et al.,1985)**

Cette différence souligne que les changements se produisent toujours avec l'augmentation de la dose α, cela même après qu'un matériel devienne amorphe à la diffraction par rayons X. Cela veut dire que les caractérisations appropriées de cette transition requièrent des séries de techniques d'analyse qui permettent la visualisation de la structure sur une échelle de plus en plus fine.

Afin de suivre la progression des dommages, plusieurs techniques ont été utilisées avec l'augmentation de la dose α, incluant Diffraction par rayons X (DRX), EXAFS (Extended X-ray Absorption Fine Structure), XANES (X-ray Near Edge Structure), Résonance magnétique multinucléaire (RMN) et spectroscopie infrarouge (IR).

2.3. Calcul de la dose reçu par un échantillon

Dans l'étude des matériaux contenant des isotopes émetteurs de radiation α, la dose reçue par un matériaux est habituellement mesurée en unités α/cm^3 ou α/mg. Parce que le calcul de la dose dans une unité de volume nécessite de mesurer la densité, une tache peu pratique pour les échantillons naturels qui généralement présentent différentes zones chimiques et parce que la densité varie avec la dose (Lumpkin et al. 1989) ; le calcul de la dose est similaire à celui utilisé par Holland et Gottfried (Holland et al., 1955), incluant deux termes pour les désintégration dues à ^{238}U et à ^{232}Th selon l'équation suivante :

$$D = 8N_{238}\left[e^{4t_{238}-1}\right] + 6N_{232}\left[e^{4t_{232}-1}\right]$$

Ou :
- D : la dose reçue par l'échantillon,
- t : age géologique de l'échantillon,
- τ_{238} et τ_{232} : demi-durée de vie moyenne « *half-life* », respectivement de ^{238}U et ^{232}Th
- N_{238} et N_{232} : le nombre d'atomes/mg de ^{238}U et ^{232}Th respectivement (calculé d'après les résultats d'analyse chimique, quantitative, par microsonde électronique.

Note

Les désintégrations α dues à ^{235}U ne sont pas considérées dans ce cas de figure.

Les valeurs des déplacements par atome (dpa) sont calculées par la sommation de 1500 déplacements atomiques par désintégration α (Matzke et al., 1982 ; Weber et al., 1982).

$$dpa = \frac{1500[D \cdot M]}{N_f \cdot N_a}$$

Avec

M : la masse moléculaire en [mg],
N_f : nombre d'atomes par unité de formule,
N_a : nombre d'Avogadro.

2.4. Dommages induits par radiation alpha

Les dommages dus aux désintégrations α dans les minéraux résultent des désintégrations des radionucléides naturels et de la production de leur fils dans ^{238}U, ^{235}U et ^{232}Th. Ces radionucléides se désintègrent jusqu'au ^{207}Pb (7 désintégrations α) et ^{208}Pb (6 désintégrations), respectivement. Les dommages sont provoqués par deux processus simultanés, mais séparés liés à l'événement de désintégration α :

> une particule α ($\approx$4,5 MeV) possède un parcours d'environ 10 μm pendant lequel la majeure partie de son énergie est absorbée par ionisation du milieu environnant ; cependant, à basse vitesse près de la fin de son parcours, elle déplace plusieurs milliers d'atomes, formant des défauts ou paires de Frenkel ;

> le recul du noyau (atome) dû à la désintégration alpha ($\approx$0,09MeV) possède un parcours d'environ 10 à 20 nm produisant plusieurs milliers de déplacements et forme ainsi des « itinéraires » de désordre du matériau.

Les deux surfaces endommagées (dûes aux deux processus) sont séparées des distances de plusieurs milliers d'unités de mailles et elles ont des effets différents sur la structure cristalline du matériau. Cela a été montré par Weber (Weber et al., 1981) dans son étude sur le changement des paramètres de l'unité de maille dans UO_2 résultant de l'émission α comparé au recul du noyau résiduel (0,8 % pour le dommage dû au particule α et 0,4 % pour le dommage dû au recul du noyau).

2.5. Effets de radiation dans les céramiques pour les déchets nucléaires

L'observation la plus importante réside dans la comparaison des transformations structurales observées dans les minéraux résultants des dommages de α, et celles qui sont observées dans les matériaux cristallins (e .g., zircon, zirconolite etc.) dopés avec des actinides de courte période. Ces études (Wald et al., 1982 ; Matzke et al., 1982) ont révélé un ordre semblable de la modification structurale qui a mené aux changements du volume, de la densité, du module élastique et de la microstructure. C'est une évidence, à l'appui de l'utilisation des expériences de dopage par actinides dans la simulation des effets à long terme des dommages par les radiations α. La seule différence majeure, entre les résultats pour les deux types d'études, a trait aux valeurs plus élevées en déplacements par atome (*dpa*) auxquelles la transition se produit pour les matériaux naturels. Dans les structures dopées par des actinides, la transition à l'état apériodique se produit approximativement vers 1 dpa. Comme il est décrit dans les études de HRTEM, sur le microlite naturel, cette transition ne peut pas se produire avant une valeur de ~10 dpa. Dans d'autres cas extrêmes le nombre d'atomes déplacés, calculé pour UO_2 et ThO_2 naturels, atteint des valeurs supérieures à 100 dpa, mais ces matériaux restent encore cristallins. Ces valeurs élevées de dpa calculées pour des spécimens naturels sont le résultat d'un recuit continu des dommages radiation α dans les matériaux naturels pendant une longue période dans des conditions ambiantes. Une dose corrigée doit être donc calculée, sur la base de la période de demi-vie (*half-life*) de l'émission α et des dommages dus au noyau de recul. Ces types de données peuvent êtres extraites à partir de matériaux naturels « c'est à dire que l'âge des échantillons est grand par rapport à la durée de vie moyenne de la zone endommagée (Lumpkin et al 1988). Donc, à l'exception de la nécessité de calculer la dose corrigée pour les matériaux naturels (recuits), les minéraux fournissent une excellente prise d'essai des effets d'endommagement à long terme par radiation α dans les céramiques cristallines. Les effets observés dans les minéraux naturels sont présentés ci-dessous.

2.5.1. Changement structurel du niveau atomique

Il y a eu des discussions considérables sur la structure de l'état metamicte. Ringwood concluait sur la base de ses études de la zirconolite naturelle que la structure reste essentiellement celle de la zirconolite cristalline et ne ressemble pas à la structure fortement désordonnée d'un verre (Sinclaire et al., 1981 ; Ringwood, 1982 ; Ringwood, 1985). Ringwood a proposé que l'effet principal d'irradiation α cause un degré de désordre des cations, laissant l'anion de la fluorite essentiellement intact. Cette vue reste en contradiction avec les changements observés et décrit précédemment dans la structure atomique durant la transition de phase de l'état cristallin à l'état métamicte (Lumpkin et al., 1986[a,b]; Ewing et al., 1983 ; Chakoumakos et al., 1987). Cela ne veut pas dire que toute phase métamicte est nécessairement un faible hôte pour les actinides. L'objectif principal est de prévoir quel type de structure deviendra apériodique et de prédire la dose α à laquelle la transition se produit. De plus, on doit prévoir les changements fondamentaux dans les propriétés physiques et chimiques des matériaux dus aux évolutions dans la structure atomique.

2.5.2. Changements dans les propriétés physiques et chimiques

Le modèle systématique des microfissures dans le zircon (Chakoumakos et al., 1987) donne des changements excessifs dans les propriétés mécaniques d'un matériau avec l'augmentation de la dose α. Cela est en accord avec des observations précédentes montrant qu'avec l'augmentation de la dose α, les fissures augmentent tandis que le module d'élasticité diminue. En ce qui concerne les propriétés chimiques (durabilité en particulier) il y a peu de données, à ce jour, sur l'effet de la transition de phase cristalline métamicte dans les matériaux naturels. Il paraît évident que l'altérabilité accrue résultant de la présence des dommages d'irradiation est responsable de la discordance systématique de U/Th/Pb dans les matériaux géologiques (Steiger et al., 1966 ; Krogh et al., 1982). Les données de corrosion (Ewing et al., 1982 ; Tole 1984 ; Helean, 1998) montrent clairement la dissolution du zircon à cause des dommages dus aux désintégrations α.

2.5.3. Extension du volume

L'extension du volume de la maille (jusqu'à 10%) associé à la conversion des minéraux de la phase cristalline à la phase métamicte a été bien décrite pour le zircon naturel (Murakami et al., 1987), zircon dopé en Pu (Exarhos et al., 1984) et pour la zirconolite dopée en Pu et Cm (Clinard, 1986 ; Weber et al., 1986). Dans les céramiques polyphasées, l'expansion différentielle des phases anisotropes et entre les différentes phases peut causer la formation des fissures le long des limites principales (Clinard, 1986). Des travaux ont montré un gonflement relatif de 18.4 % de la maille du zircon par irradiation (Weber et al., 998). Dans cette étude, on s'intéressait plus particulièrement à cet effet des dégâts d'irradiation sur les matériaux, mais à une échelle microscopique. Cette échelle permet de mieux comprendre le comportement des atomes autour des actinides dans les matériaux cristallins et métamictes pour le stockage des déchets nucléaire (Harfouche et al., 2000).

3. RADIOACTIVITE ET DECHETS NUCLEAIRES
3.1. Introduction

L'histoire proche du développement des matériaux de stockages des déchets nucléaires a été résumée par Lutze (1988). Ces efforts, principalement dans les années 1950, se focalisent sur l'incorporation des déchets radioactifs dans des verres de compositions variées. Les premiers déchets radioactifs ont été incorporés dans un verre de la néphéline à Chalk River, Canada. Le processus de fusion de la néphéline syenite (1350°C) est conduit à une température plus haute que celle des verres borosilicatés largement adoptés récemment (1100 à 1150°C). Durant les années 1960, la majorité des programmes ont été dirigés pour le développement des compositions des verres ayant le point de fusion le plus bas, afin de réduire les pertes de radionucléides par volatilisation. Les déchets sont incorporés dans des verres durables, et pour lesquels la vitrification à une échelle industrielle est envisageable sans difficultés.

Pour la plupart des nations, les verres borosilicatés sont à nos jours les compositions (matrices) de choix pour le stockage des déchets radioactifs à haute activité. L'utilisation industrielle du processus de vitrification a été mise au point depuis 1978.

Durant la période de 1977 à 1982, il y avait une énorme dispersion des formes pour le stockage des déchets nucléaires (Lutze and Ewing 1988). En France, la plupart de ces travaux ont abouti à la décision de l'utilisation des verres borosilicatés, comme matrice de confinement pour les déchets radioactifs à très haute activité; c'est le cas pour les USA (Hench et al., 1984) , l'ex-URSS, l'Allemagne, la Grande Bretagne et d'autres pays.

Des recherches de base sur les propriétés du synroc ont été menées en Australie, à l'Université Nationale Australienne par le groupe du professeur Ted Ringwood (Ringwood, 1985 et Ringwood et al., 1988), par l'Organisation Australienne de Science Nucléaire et Technologie (ANSTO) avec la collaboration de l'Institut Japonais de la Recherche à l'Energie Atomique (JAERI). Le Synroc est peut-être la céramique, alternative aux verres borosilicatés, la plus minutieusement étudiée, mais les développements n'ont pas conduit à un programme de recherche de grande ampleur.

Les études des propriétés et des performances d'autres céramiques, pour le choix d'éventuelles matrices pour le confinement spécifique des déchets nucléaires, ont été reprises durant la dernière décennie, pour des applications à des déchets à composition spéciale (déchets nucléaires issues du démantèlement des armes nucléaires). La matrice adaptée pour le stockage de ces déchets nucléaires en études est une dérivée de la composition du **Synroc** en incluant de nouvelles phases : zirconolite, zircon, spinelle et rutile. Bien que la radioactivité soit faible, cela peut illustrer l'omniprésence de certaines séries de phases limitées. Dans le Laboratoire National d'Argonne, des *formes* vitreuses ont été développées pour contenir les déchets mixtes avec une grande teneur en métal (Farges et al., 1994).

3.2. Source de déchets radioactifs en France
3.2.1. Déchets de démantèlement en France

En France, les déchets de type A possèdent un exutoire au Centre de Stockage de l'Aube (CSA). Ces déchets se caractérisent par une faible activité massique pour chaque radionucléide, considéré en fonction de sa durée de vie, de sa toxicité et de sa mobilité dans la matrice de confinement. On retiendra que la période des radionucléides doit être inférieure à 30 ans de façon à ce que, après 300 ans (durée de surveillance du site après sa fermeture), l'activité résiduelle ait décru d'un facteur 10^3 au minimum et qu'elle soit ainsi du même ordre de grandeur que l'activité de l'environnement.

Pour les déchets TFA (Très Faible Activité), le stockage au CSA représente une dépense qui ne se justifie pas, compte tenu de la faible toxicité radiologique de ces déchets (d'après le rapport de l'Académie des Sciences, 2000).

Pour les déchets comportant une fraction importante de radionucléides à vie longue, la solution envisagée réside dans le stockage profond pour lequel l'état français doit prendre une décision en 2006.

3.2.2. Déchets de l'armement

Un des nouveaux et intimidant défi dans la gestion des déchets nucléaires est la destination du plutonium récupérée des armes nucléaires démantelées. Aux termes des premier et deuxième traités stratégiques de réduction des armements, comme des engagements unilatéraux des Etats-Unis et de la Russie, plusieurs milliers d'armes nucléaires seront démantelées. Ce démantèlement aura comme conséquence l'extraction de 100 tonnes de plutonium en excès d'armes qui exigeront une gestion à long terme. La stratégie de stockage devrait non seulement protéger le public et l'environnement, mais devrait également prévenir tout risque de terrorisme nucléaire dans le cadre de non-prolifération en rendant toute ré-extraction du plutonium très délicate.

3.3. Classement des déchets nucléaires

Un classement des déchets radioactifs est nécessaire pour trouver les solutions adaptées à leur nature, à leur volume et aux dangers qu'ils présentent. Si les éléments radioactifs issus du combustible irradié des réacteurs sont ceux qui demandent le plus de précautions, ils ne sont pas les seuls. Parmi les autres sources d'éléments radioactifs, il faut mettre à part le plutonium militaire car il s'agit principalement de démanteler l'arsenal des armes nucléaires.

En dehors de ce cas particulier, on considère cinq grandes catégories de déchets : les déchets miniers provenant de l'extraction de l'uranium ; les déchets de très faible activité ; des déchets de faible, moyenne et haute activité, dits, respectivement, de type A, B et C.

Les résidus miniers de l'industrie de l'uranium sont comptabilisés à part car ils sont naturels et sont laissés sur l'emplacement des mines. Ils proviennent des roches dont l'uranium a été extrait. Les déchets de très faible activité proviendront principalement du démantèlement des centrales, mais ce démantèlement restant à venir ils ne jouent pas encore un rôle important. La priorité concerne actuellement les déchets de types A, B et C.

Les déchets de type A constituent de loin le plus gros lot, avec 90 % du volume, mais ne représentent que 1 % de l'activité totale. Ils contiennent des produits radioactifs qui ne proviennent pas du combustible irradié. Leurs origines sont variées : objets contaminés (gants, résines, filtres) venant des usines nucléaires, mais aussi de laboratoires, de la médecine, ou de l'industrie agroalimentaire ou métallurgique.

Les déchets de type B constituent en France 10 % du volume et 9 % de l'activité de l'ensemble. Ils comprennent des radioéléments de faible et moyenne activité de vie longue. Ils proviennent principalement de résidus du retraitement et des gaines contenant le combustible. Jusqu'à une date récente, les déchets B étaient enrobés dans un matériau très inerte : bitume ou béton. En France, les coques et les embouts sont prochainement destinés à être compactés sous forme de galette et placés dans des conteneurs en acier inoxydable de même type que ceux qui sont utilisés dans les ateliers de vitrification. Cette standardisation facilitera les opérations de manutention, de transport et de stockage.

Les déchets de type C sont ceux dont la gestion demande le plus de précautions. Leur très forte radioactivité provient des produits de fission et des actinides accumulés dans le combustible irradié des réacteurs.

Pour en donner une idée, l'activité du combustible irradié quand il vient d'être déchargé du cœur est de l'ordre de 2500 curies par kilo ($9,2\ 10^{16}$ becquerels par kilo). Cette activité aura beau décroître à 400 curies au bout de 10 ans et à 50 curies au bout de 100 ans, elle restera si importante qu'il faut trouver un conditionnement qui assurera l'absence de contact avec l'environnement pendant de très longues durées.

L'option la plus simple consiste à considérer les assemblages irradiés comme un déchet. Plusieurs assemblages sont déposés tels quels dans un grand caisson de plusieurs tonnes. La protection est assurée par les parois du conteneur et les gaines enrobant les crayons du combustible irradié. Cette option dite du « stockage direct » est celle privilégiée par les Pays Scandinaves et l'Espagne. La seconde option, consiste à retraiter les assemblages, à en extraire les produits de fission et les actinides responsables de plus de 98 % de la radioactivité. Ils sont conditionnés au sein de blocs de verre contre 2000 m^3 de matériaux si l'on ne retraite pas. Les déchets vitrifiés sont placés dans un conteneur en acier. Ces colis d'environ 400 kg sont plus faciles à manutentionner et à stocker que les caissons de l'option sans retraitement.

Chaque année, environ 1000 tonnes de combustible sont déchargées des réacteurs du parc électronucléaire français. Le retraitement permet de réduire les déchets de type C à 125 mètres cubes de verres contre 2000 si l'on ne retraite pas. Avec le retraitement, il suffirait d'environ 4 à 6 000 mètres cubes (le volume d'une station de RER) pour contenir l'ensemble de ces déchets accumulés jusqu'en 2020.

Après conditionnement, les déchets de type C sont gardés en surface pendant environ 30 ans. Comme ils contiennent des radioéléments à vie courte, très actifs, mais dégageant de la chaleur, ils ont initialement besoin d'être refroidi. Par exemple, 100 g de césium-137 dégagent environ une centaine de watts. Une fois refroidis, les déchets de type C sont destinés à un stockage géologique. La transmutation apparaît comme une voie technologique prometteuse, mais encore au stade expérimental. Le principe est de diminuer la radiotoxicité des déchets nucléaires en provoquant leur fission ou en les forçant à capturer un neutron. La transmutation des déchets à vie longue dans les réacteurs est à l'étude depuis une dizaine d'années. Mais une décision ne sera pas prise en France, avant 2006. Il importe qu'un éventuel stockage soit réversible, de façon à ce que les déchets soient aisément accessibles si des progrès techniques pouvaient permettre de les faire disparaître par incinération ou une autre méthode.

3.3.1 Nouvelle formule de classification selon l'ANDRA (Agence nationale pour la gestion des déchets radioactifs).

Selon l'ANDRA, la question se pose de la manière suivante :

Tous les pays ont ressenti le besoin d'effectuer une classification des déchets radioactifs, en particulier pour faciliter le dialogue entre les différentes parties prenantes. De fait, chaque pays possède sa propre classification, souvent basée sur le niveau d'activité du déchet. Un critère supplémentaire, à savoir la période des radionucléides contenus dans le déchet, a parfois été adopté : c'est notamment le cas de la France. On notera au passage, que les organismes internationaux, notamment l'Agence Internationale pour l'Energie Atomique et l'Union Européenne, se penchent sur cette question de classification.

La France a adopté une classification basée sur le niveau d'activité (TFA,FA,MA,HA) et sur la période des radionucléides présents (sous l'appellation « vie courte » ou « vie longue »). En ce qui concerne ce dernier point, il est utile de rappeler que la coupure s'effectue à 30 ans. L'activité initiale des radionucléides de période inférieure à 30 ans est devisée par 1000 au bout de 300 ans. Si le niveau d'activité initiale est lui-même faible ou moyen, cela signifie que la radioactivité après trois siècles est très faible : c'est l'un des fondements de la conception Centre de l'Aube en termes de sûreté. À partir de ces notions, on peut bâtir le tableau I.2, qui donne la possibilité de déterminer les différentes classes de déchets et d'indiquer le statut actuel de leur filière d'élimination.

Tableau I.2 *classification des déchets radioactifs (selon la filière d'élimination existante)*

	Vie courte Principaux éléments < 30 ans	Vie longue > 30 ans
Très Faible Activité (TFA)	Étude en cours pour réalisation	Mise en sécurité à l'étude pour les résidus miniers
Faible Activité (FA)	Stockage de surface (Centre de l'Aube) existant	A l'étude (déchets radifères, déchets de graphite)
Moyenne Activité (MA)	A l'étude pour les déchets tritiés	
Haute Activité (HA)	A l'étude (loi de 30 décembre 1991)	

Les déchets A dans la classification initiale correspondent aux déchets FA et MA à vie courte, les déchets B correspondent aux déchets MA à vie longue, les déchets C correspondent aux déchets HA.

À titre d'illustration, pour la durée de vie du parc existant des centrales nucléaires (hypothèse : 40 ans), on peut indiquer les ordres de grandeur suivants :

♦ Déchets FA et MA à vie courte : 1 300 000 m^3 incluant le Centre Manche,
♦ Déchets MA à vie longue : 60 000 m^3,
♦ Déchets HA (produits de fission vérifiés) : 5 000 m^3,
♦ Combustibles usés 3 000 t.

3.4. La recherche sur les déchets à vie longue.

La protection de l'homme et de son environnement fait l'objet de recherches visant à mettre au point des procédés et des technologies destinés à diminuer sans cesse les risques liés à la radioactivité. La réduction du volume des déchets solides et liquides est au premier rang de ces objectifs de recherche et développement.

Les trois principaux thèmes d'étude sont :
♦ la recherche de solutions permettant la séparation et la transmutation des éléments radioactifs à vie longue présents dans ces déchets ;
♦ l'étude de procédés de conditionnement et d'entreposage de longue durée en surface de ces déchets ;
♦ l'étude des possibilités de stockage réversible ou irréversible dans les formations géologiques profondes, notamment grâce à la réalisation de laboratoires souterrains.

3.5. Principes du confinement

Le verre borosilicaté est, à présent, le matériau (la matrice) de choix pour le stockage des déchets nucléaires pour la plupart des pays ayant des déchets provenant de l'armement de défense ou du traitement des combustibles usés (e.g. France, Grande-Bretagne et les USA).

La sélection des verres borosilicatés est basée sur la simplicité des traitements envisagés, compte tenu du fait que la technologie est bien démontrée pour les déchets radioactifs actuels, et que l'hypothèse selon laquelle les verres, solides apériodiques, vont facilement accommoder de larges variations de composition chimique (29-30 constituants) est finalement vérifiée.

Les céramiques pour le stockage des déchets nucléaires, à l'exception du **Synroc**, n'ont jamais été développées à un degré tel que la technologie de traitement peut être évaluée ou démontrée avec les déchets actuels. La base pour l'évaluation est constituée par des échantillons à petite échelle et habituellement des échantillons non radioactifs. En dépit du manque de données sur les formes de stockage des déchets nucléaires qui incorporent les déchets actuels, la connaissance des effets d'irradiation dans les céramiques de stockage est beaucoup plus avancée que la connaissance des effets d'irradiations dans les verres destinés au stockage des déchets nucléaires.

Contrairement aux verres, dans lesquels les radionucléides sont en principe distribués de façon homogène à travers les déchets solides, les céramiques peuvent incorporer les radionucleides de deux façons :

➢ Les radionucléides peuvent occuper une position atomique spécifique dans les structures périodiques constituant les phases cristallines, comme solution solide diluée. Le polyèdre de coordination dans chaque phase impose une dimension spécifique, aux charges et contraintes de liaison sur les nucléides qui peuvent être incorporés dans la structure. Ceci signifie que les phases idéales pour le stockage des déchets nucléaires ont des structures relativement complexes, avec un certain nombre de polyèdres différents de coordination de diverses phases et formes, et avec des arrangements substitutionnels multiples pour tenir compte de la compensation de charge qui découle de la substitution de radionucléides. L'étendue de la substitution du nucléide peut engendrer sur les cations et les anions, des défauts interstitiels ou des *changements dans la structure*. Les sites des défauts peuvent, eux-mêmes, devenir des sites potentiels pour les radionucléides. Excepté dans des situations peu communes (e.g. monazite $CePO_4$), la complexité de la composition des déchets réside dans la formation d'assemblage des polyphases (e.g. zirconolite $CaZrTi_2O_7$; perovskite, $CaTiO_3$; et hollandite $BaAl_2Ti_6O_{16}$), avec une partition inégale des radionucléides entre les phases (Ewing et al, 1995). Les assemblages de polyphases sont sensibles à la composition des déchets.

➢ Les phases radioactives (résultat du séchage des déchets) peuvent être encapsulées dans des phases non radioactives. La plupart des approches communes ont considéré à encapsuler les grains individuels des phases radioactives dans TiO_2 ou Al_2O_3, principalement à cause de leur solubilité extrêmement faible. Cette approche exige des modifications majeures de la composition des déchets et des considérations de traitements spéciaux pour conserver la température la plus basse possible lors de l'encapsulation pour éviter que les radionucléides ne se volatilisent (Ewing et al., 1995). Une approche similaire peut être envisagée avec des assemblages de basse température (e.g. mélange au béton), mais dans ce cas il y a une possibilité de réaction entre les phases d'encapsulation et les phases radioactives.

3.6. Types de matériaux pour le stockage des déchets nucléaires

Dans ce paragraphe, nous donnons un bref résumé sur les caractéristiques de différentes formes pour le stockage des déchets nucléaires. Une bonne et soigneuse description de ces caractéristiques est essentielle pour l'anticipation des effets potentiels de radiations.

Pour les formes de déchets polyphasés, incluant les verres et les céramiques, la partition des actinides et des produits de fission en phases séparées peut avoir des effets différentiels dramatiques tel que l'amorphisation sélective des phases. L'expansion anisotrope des phases à différentes doses de radiation peut mener à différents types de microfissures et de désagrégation du matériau de confinement des déchets nucléaires. Malgré la complexité de l'état cristallin des céramiques polyphasées, certains types de structures sont communs (avec une large sélection des formes pour le stockage des déchets nucléaires).

Ce résumé se focalise sur les connaissances acquises sur les effets d'irradiation dans les phases les plus connues (e.g. pyrochlore, hollandite, perovskite, zirconolite, zircon, apatite et monazite). Les effets d'irradiation et les propriétés des matériaux de stockage des déchets nucléaires ont été largement discutés durant les 20 dernières années (Weber et al., 1988, 1998).

3.6.1. Verres

Les verres destinés au stockage des déchets radioactifs peuvent être d'une grande variété de composition, incluant les verres silicatés, les verres borosilicatés et les verres phosphatés (Lutze, 1988). En principe, les radionucléides sont dispersés au sein du verre, bien que certains métaux nobles puissent précipiter.

3.6.2. Synroc

Une céramique polyphasée à base de titane, développée à l'Université Nationale d'Australie. Les phases primaires sont : zirconnolite ($CaZrTiO_2$), hollandite ($A_2B_8O_{16}$ avec **A** cation mono ou divalent et **B** cation de valence comprise entre 2 et 5), perovskite ($CaTiO_3$)et oxyde de titane (TiO_2). Les autres phases telles que le pyroclore [$A_2B_2O_7$ avec **A** cation de grand rayon ionique comme Na, Ca, U, Th, Ln ou Y et **B** cation à valence élevée et de petit rayon comme Nb, Ta, Zr, Ti, Fe] peuvent être abondantes et dépendent des compositions des déchets. Les phases mineures incluent aussi bien les titanates, les aluminates que les métaux nobles. Chacun des composés (synroc) peut contenir une large sélection de radionucléides : la hollandite peut retenir les produits de fission tel que le Cs et Rb ; la zirconolite U,Th,Np et Pu et la perovskite peut retenir le Sr et les transuraniens tel que Np et Pu. Les compositions variables des déchets sont accommodées en une plus large échelle par des substitutions atomiques simples ou complexes dans la structure des phases individuelles et par les changements des proportions des phases principales. La stratégie est de modifier la composition des déchets de telle façon qu'ils soient sous une forme spécifique, stable, comme assemblage de phases cristallines.

3.6.3. Monazite

La monazite ($CePO_4$) développée à Oak Ridge National Laboratory est unique, elle est constituée, essentiellement, d'une phase simple (Boatner and Sales, 1988). Cette composition peut être synthétisée pour toute la série des lanthanides orthophosphatés. En fonction de la composition des lanthanides et de la température, trois types de structures sont possibles :

> une phase hexagonale de basse température pour des compositions de la première moitié de la série de lanthanide (de **La** à **Dy**) ;
> la phase hexagonale est métastable et ne se formera pas une fois que la structure aura évolué vers une forme monoclinique (Beall et al., 1981 ; Mullica et al., 1985) ;
> les lanthanides plus lourds (Er à Y) imposent une structure tétragonale à haute température isomorphe de celle du zircon ($ZrSiO_4$) (Mullica et al., 1990).

Les actinides sont incorporés dans les sites des lanthanides. Des produits de fission divalents importants (Sr et Ba) sont également accommodés dans la structure afin de fournir un équilibre de charge pour les actinides tétravalents. Comme avec beaucoup d'autres céramiques, pour les déchets nucléaires, il y a une importante amélioration de la durabilité chimique (facteur de 20 dans le taux de relâchement pour les éléments sélectionnés) par rapport à celle des verres borosilicatés (Ewing et al.,1995). Ces composés ont également une stabilité thermique élevée avec des points de fusion supérieurs à 2000°C. Les chargements typiques des déchets simulés de la défense des Etats Unis sont de 20 % en masse (la masse volumique de la monazite est de 4,0 à 5,0 g cc^{-1}).

3.7. Sources de radiation et doses

Les principales sources de radiation dans les déchets nucléaires de haute activité sont l'émission α, des actinides (e.g. U,Th,Pu, etc.) et l'émission β, des produits de fission (e.g. ^{137}Cs et ^{90}Sr). Des contributions mineures de fissions spontanées des actinides viennent s'ajouter aux processus d'endommagement, ainsi que les réactions (α, n) et la production des fragments de fission et de neutrons. Les rayonnements β sont les sources primaires de radiation durant les premières 500 années de stockage, elles proviennent de produits de fission à vie courte (e.g. demi-vie du ^{137}Cs est de 30,2 ans et celle du ^{90}Sr est de 28,1 ans). Les rayonnements β des produits de fission génèrent de la chaleur ce qui augmente rapidement la température du milieu de stockage des déchets nucléaires. Les rayonnements α deviennent la source de radiation dominante après1000 ans (e.g. période de demi-vie du ^{239}Pu est de 24360 ans et celle de ^{238}U est de 4.47 10^9 ans). Compte tenu de l'âge des échantillons naturels de zircon et de monazite que nous avons utilisé pour réaliser nos études, nous nous sommes intéressés plus spécifiquement aux sources de rayonnements α.

Les désintégrations α et β peuvent causer des dommages structuraux dans la matrice de stockage selon trois processus :

❖ les collisions élastiques entre les particules nucléaires (e.g. particules α, β et noyau de recul de α) et les atomes de la matrice qui engendrent des déplacements atomiques, et crée des paires des défauts isolées (paires de Frenkel) ou des cascades de collisions intenses ;

❖ les effets d'ionisation associés aux rayonnements γ et aux particules α et β ;

❖ les transitions des nucléides radioactifs (parents) en différents éléments.

Parmi ces trois effets, le plus pertinent résulte des processus qui engendrent des déplacements atomiques, responsables du réarrangement de la structure à l'échelle atomique qui mène à des grands changements dans les propriétés physiques et chimiques du matériau de stockage. Chaque désintégration α provoque approximativement 1 500 déplacements atomiques, tandis qu'une désintégration β provoque seulement en moyenne $0{,}10 - 0{,}15$ déplacements. Il est évident que les événements d'ionisation ont comme conséquence des changements importants dans la structure pour la plupart des céramiques (Weber et al., 1981,1982,1984 ; Weber et Roberts, 1983) ; Cependant, des travaux récents par DeNatale et Howitt (1985, 1987) résumés par Weber (1991a) ont montré que les verres borosilicatés complexes peuvent se décomposer par un procédé d'ionisation radiolytique et des bulles contenant des molécules d'oxygène sont produites.

Les doses cumulatives des matériaux pour le stockage des déchets nucléaires peuvent être substantielles. Les figures (Fig. I.6 et Fig. I.7) représentent les doses cumulatives dans les verres de Savannah incluant les doses des déchets générés par la défense U.S.. La figure (Fig. I.7b) montre les doses cumulées α dans le Synroc pour 20 et 10 % (voir l'article de Ewing et al.,1994).

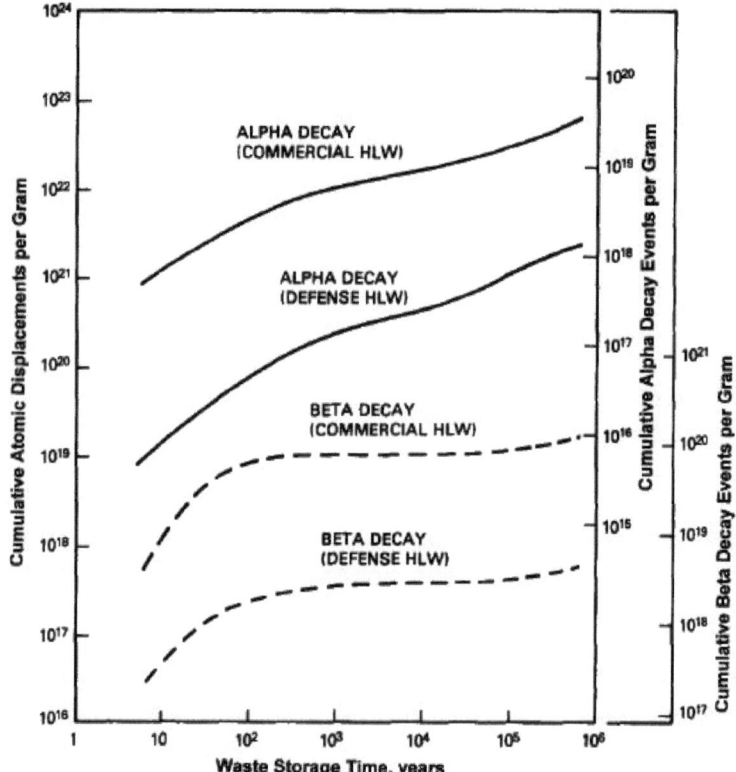

Fig. – I.6 *Déplacements atomiques cumulés et le nombre de désintégrations par gramme dans les céramiques (ou les verres) pour les matériaux de stockage des déchets nucléaires (d'après Weber et al.,1982).*

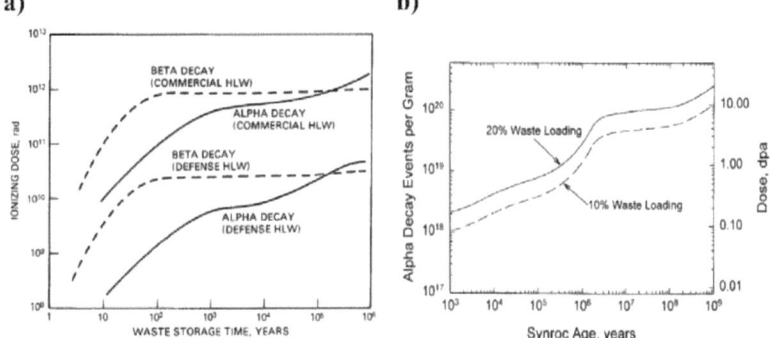

Fig. - I.7 **a)** *Doses de radiation d'ionisation dans les matériaux de stockage des déchets nucléaire à haute activité* **(Weber et Roberts, 1983).**

b) *Doses α pour le Synroc, exprimée en α/g et dpa) en fonction de l'âge équivalent de Synroc* **(Ringwood et al., 1988).**

3.8. Processus d'endommagement par radiation

Quand des solides sont soumis à l'irradiation, une ou plusieurs des trois réponses sont possibles : élévation de température, déplacements localisés des atomes constitutifs (désordre local), désordre étendu marqué par d'autres réarrangements collectifs de ces atomes. Les rayonnements eux-mêmes peuvent, dans certains cas, avoir des effets significatifs sur l'évolution des dommages de la microstructure, à travers leur dépôt dans la structure. Dans cette partie (paragraphe), nous montrons comment varient les effets de dommage avec le type de radiation (principalement : radiation α, recul du noyau α, radiation β et rayonnementγ), et comment les mécanismes d'endommagement peuvent varier avec le type des matériaux de stockage des déchets nucléaires.

3.8.1. Elévation de température

Quand l'énergie, à partir de n'importe quel type de radiation, est absorbée dans un solide, une augmentation de la température se produit. La magnitude de l'augmentation de la température dépend : du taux d'absorption d'énergie, des propriétés physiques du solide et de l'ampleur de la conductivité thermique du système environnant. Dans le cas des déchets nucléaires, un chauffage significatif est possible : il peut être montré que les formes commerciales des déchets nucléaires contenant des chargements de déchets typiques, une fois placé dans un dépôt, produisent assez d'auto-chaleur à partir des désintégrations des produits de fission donnant une première température de stockage supérieure à 600°C. Même après 100 ans d'emplacement (stockage), la température peut aussi rester aussi haute que 300 °C. Les augmentations de la température peuvent profondément affecter la réponse des matériaux de stockage des déchets nucléaires aux dommages d'auto-irradiation.

3.8.2. Irradiation α et recul du noyau α

L'auto-endommagement dans les matériaux de stockage des déchets nucléaires résulte principalement des émissions α des isotopes d'actinides. La particule α (ion d'Hélium) a une énergie de 4,5 à 5,5 *MeV* ; tandis que, le noyau de recul a une énergie de 70 à 100 *keV*. La particule α emporte donc environ 98 % de l'énergie totale libérée lors de la désintégration. Dans l'estimation des conséquences de l'irradiation d'un solide par les particules lourdes d'énergie variable, il est important d'estimer si une particule donnée déposera son énergie principalement par le processus balistique (collision élastique) ou par ionisation (collision inélastique). Cela est déterminé par la vitesse relative de la particule de bombardement par rapport aux électrons orbitaux de l'atome cible ainsi que par le pouvoir d'arrêt du matériau vis-à-vis de l'ion (la somme de l'énergie perdue lors des chocs nucléaires et l'énergie perdue par interaction avec les électrons de la cible, exprimé en eV/Å). Si la vitesse de la particule est inférieure à celle des électrons orbitaux, la probabilité d'excitation électronique est petite et l'énergie sera transférée directement au noyau de l'atome. Par contre, si la vitesse de particule est supérieure à celle des électrons orbitaux, l'excitation domine. Comme règle approximative, les processus inélastiques sont importants si l'énergie de la particule de bombardement, exprimé en *keV*, est supérieure à sa masse atomique (Ewing et al., 1995). Donc, une particule α de masse 4 g/mol et d'une énergie de 5 MeV déposera principalement son énergie par ionisation, tandis que le recul du noyau d'un atome de masse 240 g/mol et d'une énergie de 100 keV perdra la majeure partie de son énergie dans des collisions élastiques. Reeve et Woolfrey (1980) ont estimé que la particule α participe pour seulement 6% de l'énergie totale de déplacement due à une désintégration α. Cette énergie est déposée dans un cylindre de matière de 10 à 20 μm de longueur, et la plupart des dommages se produisent près de l'extrémité du parcours de la particule α.

Reeve et Woolfrey (1980) ont donc montré que 94 % de l'énergie totale de déplacement résultant d'un évènement de désintégration α provient du noyau de recul. un tel ion voyage sur une courte distance dans un solide (de l'ordre de 10 nm). Ainsi, le désordre se compose d'un grand nombre d'atomes déplacés dans un micro volume compact. Dans ce cas, la plupart des atomes désordonnés sont eux-mêmes entourés par d'autres atomes désordonnés, menant à une plus grande probabilité de rétention de dommages.

Quand une particule α s'arrête dans un solide, elle devient un atome d'hélium. La présence de ces atomes en nombre suffisant et à une température assez haute peut générer la formation des bulles de gaz (Clinard et al., 1970). Dans certains cas, ces agrégats affectent les propriétés mécaniques, en particulier s'ils sont situés aux bords du grain.

L'émission α (recul du noyau) a été la source principale utilisée pour la modélisation par Dynamique Moléculaire (DM) des dégâts d'irradiation dans des boîtes de zircon (ZrSiO$_4$) (Chapitre IV).

3.8.3. Irradiation β

Dans les déchets nucléaires, les produits de fission génèrent des électrons de haute énergie (particules β). En raison de leur faible masse, habituellement ces électrons provoquent seulement des déplacements simples (paires de Frenkel). La majorité de l'énergie de ces particules se dissipe par le processus d'ionisation, à travers des interactions Coulombienne. Cependant, pour les matériaux de stockage de déchets nucléaires dans lesquels les dommages radiolytiques sont significatifs, les effets d'ionisation à partir de particules β pourraient représenter la source majeure des dommages. En plus, les désintégrations β vont être la source principale de dégagement de chaleur dans les matériaux de stockage des déchets nucléaires durant 500 ans stockage ; par conséquent, elles jouent un rôle important sur la température et ainsi sur le recuit éventuel des dommages.

Des calculs ont été menés (Weber et al., 1982) pour déterminer le nombre cumulatif de déplacements atomiques non-radiolytiques dans les déchets nucléaires à haute activité qui peuvent résulter des deux sources les plus pertinentes des dommages de déplacement, à savoir les désintégrations α et β. Les résultats montrés sur les figures (Fig. 1.6 et Fig. 1.7) démontrent que la radiation α est dominante et que les flux d'irradiation par conséquent les effets de température ont plutôt lieu pendant le cycle.

3.8.4. Irradiation γ

La radiation ionisante comme les photons γ peut, par des procédés d'ionisation, causer des dommages de déplacement ou même une amorphisation si le solide est sensible à la radiolyse. Une autre source de dommages associée à l'irradiation γ provient des électrons énergétiques qui résultent de l'interaction entre le solide et les radiations électromagnétiques à haute énergie. Cependant, l'inefficacité de production de ces électrons et leur inefficacité dans la production des dommages de déplacement signifié que les photons γ ne sont pas une source significative de modification induites sur les matériaux pour le stockage des déchets nucléaires. La dose totale d'ionisation en fonction de l'âge du matériau pour le stockage des déchets nucléaires est illustrée sur la figure 4 (Ewing, 1995).

3.9. Techniques de simulation de l'irradiation

Plusieurs méthodes ont été développées pour simuler les dégâts d'irradiation dans les matériaux de stockage des déchets nucléaires. Nous donnons une brève description de chacune de ces techniques en essayant de détailler un peu plus celle que nous avons utilisé dans ce travail. Certaines de ces techniques peuvent être combinées pour une bonne simulation de la synergie des effets d'irradiation sur les matériaux de stockage (e.g. l'irradiation simultanée par des ions $^4He^+$ et par des ions lourds).

3.9.1. Irradiations par neutron.

Le bombardement d'un matériau de stockage des déchets nucléaires, par des neutrons permet l'amorphisation partielle ou totale du matériau. Avec cette technique, la formation d'hélium à des taux élevés est possible. La capture thermique de neutron par les nucléides peut mener à la fission nucléaire, formant des zones étendues de déplacements atomiques.

3.9.2. Irradiations par particules chargées

Les particules chargées : électrons (Hobbs et Pascucci, 1980), protons, particules α (Weber, 1981, 1982, 1985) ou les ions lourds (Weber et al.,1994) ont été utilisées pour l'étude des dommages induits par l'irradiation. Des doses significatives peuvent être atteintes dans une courte période (quelques minutes), mais l'analyse des résultats est difficile parce que les zones endommagées sont localisés et relativement peu épaisses. Le volume de la matière environnante peut agir en tant que puits pour la migration des défauts (Ewing et al., 1995), et la dose requise pour l'amorphisation peut alors être plus grande que celle pour des irradiations homogènes en volume.

3.9.3. Irradiation γ

Les irradiations γ peuvent être facilement réalisées sur les matériaux de stockage des déchets nucléaires en utilisant les sources de ^{60}Co ou ^{137}Cs. L'avantage de ce type d'irradiation est que les rayons γ sont si pénétrants que les matériaux de stockage peuvent êtres irradiés dans des conteneurs scellés. Cependant, les dommages structuraux dus aux irradiations γ sont minimaux, à l'exception de ceux dans les matériaux de stockage des déchets nucléaires endommagés par radiolyse (Hobbs et Pascucci, 1980).

3.9.4. Dopage en actinides des matériaux de stockage des déchets nucléaires et de leurs composants

Les désintégrations α des actinides et la génération des produits de filiation produits sont responsables des dommages structuraux qui se produisent dans les matériaux de stockage des déchets nucléaires à l'échelle atomique.

Les effets à long terme des émissions α peuvent êtres simulés en incorporant, dans le matériau pour le stockage des déchets nucléaires, un actinide à haute activité et à vie courte, tel que ^{238}Pu (durée de demi-vie 87,7 ans) ou ^{244}Cm (durée de demi-vie de 18,1 ans) avec des concentrations assez grandes afin que la dose intégrée atteigne des valeurs de 10^{18} à 10^{19} α /g dans une période de temps raisonnable (ceci peut nécessiter plusieurs années). C'est la procédure acceptée par les normes de l'International Standard Organization. Cependant, cette méthode est la plus utilisée pour la préparation et la caractérisation des matériaux dopés par les actinides pour étudier le comportement à long terme des matrices de stockage des déchets nucléaires (Weber et Turcotte, 1982)

3.9.5. Minéraux considérés comme analogues naturels

C'est sur cette méthode de simulation que nous nous sommes basés pour la réalisation de la partie expérimentale de cette thèse. Cette méthode part du fait que les minéraux naturels contiennent ^{238}U, ^{235}U et ^{232}Th et leurs produits fils. Les concentrations varient d'un minéral à l'autre et dépendent de l'âge des échantillons. Dans certaines phases contenant des traces d'uranium allant jusqu'à 5000 ppm, avec des âges allant jusqu'à 10^{9} ans (e.g. zircon), les doses cumulées d'irradiations α peuvent atteindre 10^{19} α /g.

Dans plusieurs cas, ces doses sont suffisantes pour causer une transition induite d'une structure périodique (cristalline) à une structure apériodique (métamicte). Les minéraux métamictes sont une classe de matériaux amorphes qui ont été, pendant longtemps, reconnus comme résultant des dommages induits par irradiation (Ewing, 1994). Les propriétés de ces matériaux métamictes ont été résumées par plusieurs auteurs (Pabst, 1952 ; Ewing, 1975 ; Ewing et al., 1987). Les minéraux isomorphes avec des phases cristallines dans les céramiques pour le stockage des déchets nucléaires, peuvent servir d'analogues naturels dans les études sur les effets d'endommagement par irradiation (Ewing et Haaker, 1980 ; Ewing et al., 1988). Les minéraux naturels ont l'avantage de représenter les effets de radiations à long terme puisque ils ont reçu de très faibles doses de radiation durant des centaines de millions d'années (forte dose intégrée avec un faible débit de dose).

Malheureusement, il n'y a pas de verres naturels contenant de l'uranium et du thorium en quantités importantes, qui peuvent servir d'analogues naturels pour l'étude des effets de radiation à long terme dans les verres pour le stockage des déchets nucléaires.

REFERENCES BIBLIOGRAPHIQUES

Beall G.W., Boatner L. A.,Mullica D. F. and Milligan W.O. (1981) The structure of cerium orthophosphate , a synthetic analogue of monazite. *J. Inorganic Nucl. Chem.* **43**, 101-105.

Boatner L. A. and Sales B. C. (1988) Monazite. In: *Radioactive Waste forms for the Futur*, Lutze W. and Ewing R.C. (Eds), pp.459-464. North-Holland, Amesterdam.

Broegger W.C. (1893) Amorf : *Salmonsens store illustrrerede Konversationslexikon* **1**, p. 742

Chakoumakos B.C. and Ewing R.C., (1985) Crystal chemical constraints on the formation of actinides pyrochlores. In :*Scientific Basisfor Nuclear Waste Management VIII*, Jantzen C. M., Stone J. A. and Ewing R. C. (Eds), Materials Research Society Proceeding, Vol. 44, pp. 641-646. Pittsburg, Pennsylvania.

Chakoumakos B. C., Murakami T., Lumpkin G. R. and Ewing R.C. (1987) Alpha-decay induced fracturing in zircon : the transition from the cristalline to metamict state. *Science* **236**, 1556-1559.

Clinard F. W., Douglass D.L. and Woods R. (1970) Helium release from alpha-bombarded ThO_2. In : Plutonium 1970 and Other Actinides, Miner W. N. (Ed.),pp.585-595. The Mutallurgical Society, AIME.

Clinard F. W., Jr (1986) Review of self-irradiation effectsin Pu-substituted zirconolite. Ceram. Bull. 65(8), 1181-1187.

DeNatale J.F. and Howitt D.G. (1985) The gamma-irradiation of nuclear waste glasses. Radiation effects 91,89-96.

DeNatale J.F. and Howitt D.G. (1987) Importance of ionization damage to nuclear waste storage in glass. Am. Ceram. Soc. Bull. 66, 1393-1396.

Ewing R.C. (1975) The cristal chemistry of complex niobium and tantalum oxides-IV. The metamict state. Am. Mineral. 60, 728-733.

Ewing R.C. and Haaker R.F. (1980), the metamict state : implications for radiation damage in cristalline waste forms. Nucl. Chem. Waste Mgmt 1, 51-57.

Ewing R.C., Haaker R.F. and Lutze W. (1982b) Leachability of zircon as a function of alpha-dose. In : Scientific Basis for Radioactive Waste Management-V, Lutze W. (Ed.), pp 389-397. North-Holland, New york.

Ewing R.C. and Headley T.J. (1983) Alpha-recoil damage in natural zirconolite (CaZrTi2O7). J. Nucl. Mater. 119, 102-109.

Ewing R.C. (1983), transition from the cristalline to the metamict state in Zirkellite. Annual Meeting of Geological Association of Canada and th Mineralogical Association of Canada, Vectoria, p.A21

Ewing R.C., Chakoumakos B.C., Lumpkin G.R. and Murakami T. (1987) The metamict state. Mater. Res. Soc. Bull. 12, 58-66.

Ewing R.C., Chakoumakos B.C., Lumpkin G.R., Murakami T., Greegor R. B. and Lytle F. W. (1988) Metamict minerals : natural analogues for radiation damage effects in ceramic nuclear waste forms. *Nucl. Instruments Meth. Phys. Res.* **B32**, 487-497.

Ewing R.C. (1994) The metamict state : 1993-the Centennial. *Nucl. Instruments Meth. Phys. Res.* **B91**, 22-29.

Ewing R.C. , Weber W.J. and Clinard F.W., (1995) Radiation effects in nuclear waste forms for high-level radioactive waste ; *Progress in Nuclear Energy* **29**(2), 63-127.

Exarhos G. R. (1984) Induced swelling in radiation damaged $ZrSiO_4$. *Nucl. Instruments Meth. Phys. Res.* **B1**, 538-541.

Farges F. and Calas G. (1991) Structural analysis of radiation damage in zircon and thorite: an X-ray absorption spectroscopic study. *Am. Mineral.* **76**, 60-73.

Farges F., Ewing R.C.and Brown G.E. (1993) The structure of aperiodic, metamict (Ca, $ThZrTi_2O_7$: an EXAFS study of the Z, Th and U sites. *J. Mater. Res.* **8**, 1983-1995.

Farges F. (1994) The structure of metamict zircon : a temperature-dependent EXAFS study. *Phys. Chem. Minerals* **20**, 504-514.

Harfouche M., Farges F. and Petit P.E. (2000) Structural characterization of natural actinides (Th and U) in ceramics and analogues: XANES and EXAFS studies on natural zircons. *European Union of Geosciences XI* **J1**, p. 2671

Hazen, R. M. and Finger L. W. (1979) Crystal structure and compressibility of zircon at high pressure, *Am. Mineral.* **64**, 196-201.

Hench L. L., Clark D.E. and Campbell J. (1984) High level waste immobilization forms. *Nucl. Chem. Waste Mgmt* **5**, 149.

Hobbs L. W. and Pascucci M. R. (1980) Radiolysis and defect structure in electron-irradiated a-quartz. *J. Physique* **41**, C6-237-241.

Holland H. D. and Gotfried D. (1955) The effect of nuclear radiation on the structure of zircon. *Acta Crystall.* **8**, 291-300.

Holland H. D. (1954) In : *Nuclear Geology : A Symposium on Nnuclear Phenomen in the Earth Siences* (John Wiley and Sons, Inc., New York, 1954) p. 175.

Humberg A. (1914) *Geol. För. Förch.* **36**, P. 31

Hurley P. M. and Fairbairn H. W. (1953), *Bull.Geological Soc. Am.* **64**, p.659

Kolesov B. A., Geiger C. and Ambruster Th. (2001). *Eur. J. Mineral.* **13**, 939-948

Kostyleva E. E. (1954) *U.S. Geological survey* **TEI-369**, 116 pp.

Krogh T. E. (1982) *Geochim. Cosmochim. Acta* **46**, pp. 637

Lemarchand F., Calas G. and Villemant B. (1987) Trace element distribution coefficients in alkaline series. *Geochimica Cosmochimica Acta* **51**, 1071-1081.

Lumpkin G. R., Chakoumakos B. C. and Ewing R. C. (1986a) Mineralogy and radiation effects of microlite from the Harding pegmatite, Taos Country, New Mexico. *Am. Mineral.* **71**, 569-588.

Lumpkin G. R., Ewing R. C., Chakoumakos B. C., Greegor R. B., Lytle F.W., Foltyn E. M., Clinard F. W. Jr, Boatner L. A. and Abraham M. M. (1986b) Alpha-recoil damage in zirconolite ($CaZrTi_2O_7$). *J. Mater. Res.* **1**, 564-576.

Lumpkin, G. R., Faltyn, E. M. and Ewing, R. C. (1986) Thermal recrystallization of alpha-recoil damaged minerals of the pyrochlore structure type. *J. of Nucl. Materials* **139**(2), 113-120

Lumpkin G. R. and Ewing R. C.(1988) Alpha-decay damage in minerals of the pyrochlore group. *Phys. Chem. Minerals* **16**, 2-20.

Lutze W. and Ewing R.C. (1988) Summary and evaluation of nuclear waste forms. *Radioactive Waste Forms for the Future*. North-Holland, Amsterdam.

Lutze W. (1988) Silicate glasses. In: *Radioactive Waste Forms for the Future,* Lutze W. and Ewing R.C. (Eds.), pp1-159. North-Holland, Amsterdam.

Matzke, Hj., Turos A. and Rabette, P. (1982) Radiation damage, its recovery and platinum behavior and lattice location in ion bombarded MgO and Al_2O_3 as used for catalytic studies. *Radiation Effects* **65**, 1-9

Matzke Hj. (1988a) Radiation damage effects in nuclear materials. *Nucl. Instruments Meth. Phys. Res.* **B32**, 455-470.

Matzke Hj. (1988b) Concluding remarks to the workshop on radiation effects in nuclear waste materials. . *Nucl. Instruments Meth. Phys. Res.* **B32**, 516-517.

Mügge O. (1922) *Akad. Wiss. Gottingen. Math.-Phys. K1. Nachr.* **2**, p.110

Mullica D. F., Grossie D. A. and Boatner L. A. (1985)Coordination geometry and structural determination of $SmPO_4$, $EuPO_4$ and $GdPO_4$. *Inorganica Chimica Acta* **109**, 105-110.

Murakami T., Chakoumakos B. C. and Ewing R.C. (1987) X-ray powder diffraction analysis of alpha-event radiation damage in zircon ($ZrSiO_4$). In : *Advances in Ceramics : Nuclear waste Management II, Vol. 20,* Clark D.E., White W. B. and Machiels J. (Eds.), pp. 745-753. American Cerami Society, Columbus, OH

Murakami T., Chakoumakos B. C., Ewing R.C., Lumpkin G. R. and Weber W. G. (1991) Alpha-decay events damage in zircon. *Am. Mineral.* **76**, 1510-1532.

Pabst A. (1952) The metamict state. *Am. Mineral.* **37**, 137-157.

Pascucci M. R., Hutchison J. L. et Hobbs L. W. (1983), *Radiation effects* **74**, p. 219.

Reeve K. D. and Woolfrey J. L. (1980) Accelerated irradiation testing of SYNROC using fast neutrons-I. First results on barium hollandite, perovskite, and undoped YNROC B. *J. Aust. Ceram. Soc.* **16**, 10-15.

Ringwood A.E. (1982) Immobilization of radioactive wastes in SYNROC. *Am. Sci.* **70**, 201

Ringwood A. E. (1985) Disposal of high-level nuclear wastes : a geological perspective. *Mineral. Mag.* **49**, 159-176.

Ringwood A. E., Kasson S. E., Reeve K. D., Levins D. M. and Ramm E. J. (1988) Synroc (for radwaste solidification). In :*Radioactive Waste Forms for the Future*, Lutze W. and Ewing R.C. (Eds), pp. 233-334. North-Holland, Amsterdam.

Rinne F. (1915) *Ber. Verh. Saechs.Akad. Wiss. Leipzig Math. Phys. Kl.* **67**, p. 303.

Robinson K., Gibbs G. V. and. Ribbe P. H (1971). *Amer. Mineral* **56**, 783-789.

Rossel C., Seeber B. and Fischer O. (1980) Critical current densities in powder processed $PbMo_6S_8$ wires. *Phys. Stat. Sol.* **59**, K43-K47

Sinclaire W. and Ringwood A. E. (1981) Alpha-recoil damage in natural zirconolite and perovskite. *Geochem. Jl* **15**, 229-243.

Stackelberg M. V. and Rottenbach E. (1939a) *Z. Kristallogr.* **102**. P.173.

Stackelberg M. V. and Rottenbach E. (1939b) *Z. Kristallogr.* **102**. P.207

Taylor, M. and Ewing, R. C (1978) The crystal structures of the $ThSiO_4$ polymorphs: Huttonite and thorite, *Acta Crystallographica, Section B (Structural Crystallography and Crystal Chemistry)* **B34**, 1074-1079

Tole M. P. (1985) The kenetics of dissolution of zircon ($ZrSiO_4$). *Geochimica Cosmochimica Acta* **49**, 453-458.

L. Vegard (1916) *Philos.Mag.* **32**, p.65

Wald J. W. and Offerman P. (1982) A study of radiation effects in curium doped $Gd_2Ti_2O_7$ (pyrochlore and $CaZrTi_2O_7$ (zirconolite). *In: Scientific Basis for Nuclear Waste Management XII, Lutze W. (Ed.),pp. 369-378. Elsevier Science, New York.*

Weber W. J., Wald J. W. and Gray W. J. (1981) Radiation effects in crystalline high-level nuclear waste solids. In: Scientific Basis for Nuclear Waste Management, Vol. 3, Moore J. G. (Ed), pp.441-448. Plenum Press, New York.

Weber W. J. (1981) Ingrowth of lattice defects in alpha irradiation UO_2 single crystals. *J. Nucl. Mater.* **98**, 206-215.

Weber W. J., Turcotte R. P. and Roberts F. P. (1982) Radiation damage from alpha ddecay in ceramic nuclear waste forms. *Radiation Waste Management* **2**(3), 295-319.

Weber W. J. (1982) Radiation damage in rare-earth silicate with the apatite structure. *J. Am. Ceram. Soc.* **65**, 544-548.

Weber W. J. and Roberts F. P. (1983) A review of radiation effects in solid nuclear waste forms. *Nucl. Technol.* **60**, 178-198.

Weber W. J., Pederson L.R., Gray W. J. and McVay G. L. (1984) Radiation effects on nuclear waste storage materials. *Nucl. Instruments Meth. Phys. Res.* **B229**, 527-533.

Weber W. J. ; Wald, J.W.; McVay, G.L (1985) Effects of α-radiolysis on leaching of a nuclear waste glass. *Journal of the American Ceramic Society* **68**, C253-C255.

Weber W. J., Wald J. W. and Matske Hj. (1986) Effects of self-radiation damage in Cm-doped Gd2Ti2O7 and $CaZrTi_2O_7$. *J. Nucl. Mater.* **138**, 196-209.

Weber W. J. (1988) Radiation effects in nuclear waste glasses. *Nucl. Instruments Meth. Phys. Res.* **B32**, 471-479.

Weber W. J. (1991a) The effects of radiation on nuclear waste forms. *J. Minerals, Metals Mater. Soc.* **43**, 35-39.

Weber W. J. and Wang L. M. (1994) Effects of temperature and recoil-energy apectra on irradiation-induced amorphization in $Ca_2La_8(SiO_4)_6O_2$ *Nucl. Instruments Meth. Phys. Res.* **B91**, 22-29.

Wyckoff R. W. G. (1963). *Crystal Structures* **3**, 33-34.

CHAPITRE II

1. STRUCTURE MINÉRALOGIQUE DES MINERAUX

De nouveaux matériaux, le plus souvent analogues de minéraux qui existent dans la nature, sont envisagés pour confiner de manière spécifique les radionucléides à vie longue et en particulier les actinides. Parmi eux, le zircon ($ZrSiO_4$) est l'un des plus vieux minéraux présents sur terre (plus de 4 milliards d'années pour certains échantillons). Il présente une très grande affinité pour l'uranium et le thorium (de quelques centaines de ***ppm*** « partie par million » en poids à quelques %) émetteurs α et capables de causer la destruction partielle de la structure du réseau cristallin de ce matériau. Pour cette raison, dans le milieu minéralogique, on distingue souvent les zircons à cristallisation normale de ceux dans lesquels le réseau a été transformé, en raison de désintégrations, en un assemblage plus au moins amorphe dit ***métamicte***.

1.1. Zircon

La structure du zircon est l'une des structure les plus simples que l'on puisse rencontrer. Il (zircon) se cristallise suivant une structure ***quadratique*** de groupe d'espace ***I4₁/amd*** *(dimensions de la maille : a= b = 6,60 Å, c = 5,98 Å et α = β = γ = 90°* ; Robinson et al., 1971 ; Hazen and Finger, 1979 ; Kolesov et al., 2001). Les cristaux de zircon ont une structure prismatique trapue à section carrée, les extrémités sont souvent terminées par des faces bi-pyramidales, plus rares sont les cristaux allongés ou exclusivement bi-pyramidaux. Le zircon est composé essentiellement de tétraèdres de silicium (SiO_4) et de dodécaèdres de zirconium (ZrO_8).

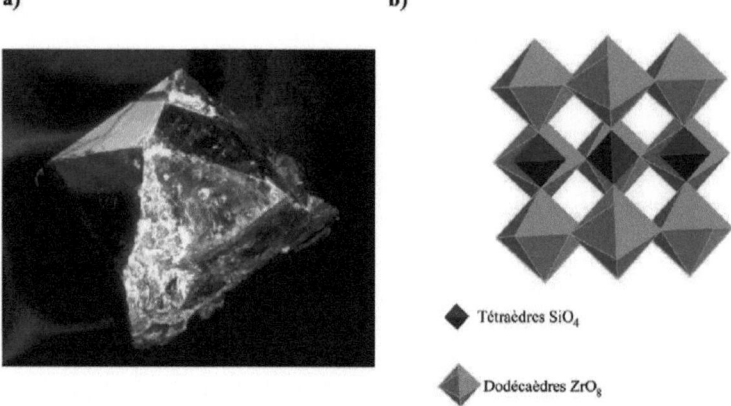

a)   b)

◆ Tétraèdres SiO$_4$

◆ Dodécaèdres ZrO$_8$

Fig. - II.1   **a)** *Image d'un zircon naturel : on distingue plusieurs couleurs, dues à la concentration en éléments par endroits*
         b) *Structure minéralogique cristalline du zircon : les dodécaèdres ZrO$_8$ et les tétraèdres SiO$_4$ sont bien distinctifs (Robinson et al., 1971).*

Il est aisé de synthétiser au laboratoire le zircon par une méthode de type sol-gel du zircon (Haaker et al., 1981 ; Ushakov et al., 1999). Il est également très facile d'incorporer lors de la synthèse de l'uranium, du thorium ou bien une terre rare sous forme d'oxyde dans le zircon puis d'étudier le comportement du nouveau matériau ainsi élaboré. L'étude du comportement structural du zircon nous sert de référence pour l'étude d'autres minéraux dont la structure est moins symétrique comme la monazite.

1.2. Monazite

Ce minéral a donné son nom à un groupe de phosphates qui comprend actuellement huit espèces. La monazite proprement dite, définie plus correctement comme monazite (Ce), indiquant la prépondérance de l'élément cérium dans sa composition chimique.

La monazite (en théorie CePO$_4$) est un minéral de composition très complexe, elle peut contenir de l'uranium et du thorium, parfois en abondance (jusqu'à 150000 ppm : voir analyses par microsonde). Les faces des cristaux sont souvent irrégulières, rugueuses ou striées.

a)   b)

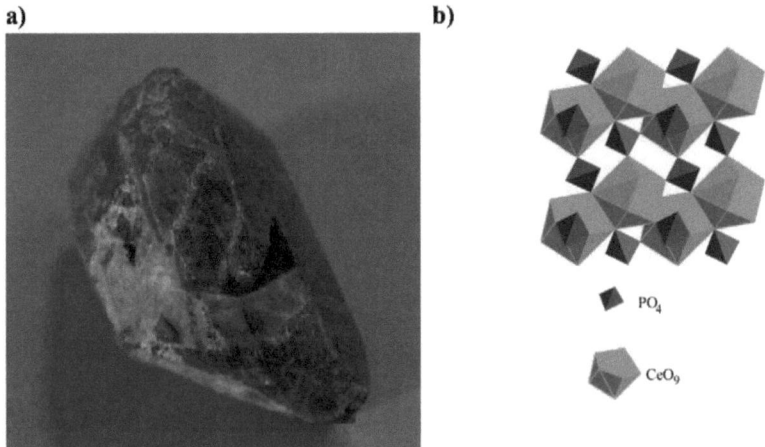

Fig. - II.2   **a)** *Monazite naturelle*

                b) *Structure cristalline monoclinique de la monazite (Wyckoff, 1963) : plus compliquée par rapport à celle du zircon (page précédente).*

La monazite cristallise dans un système ***monoclinique*** de groupe d'espace ***P2₁/n*** (*a = 6,76 Å, b = 7,00Å, c = 6,4400, α = γ =90° et β = 104,63°* ; Wyckoff, 1963). Le Ce (ou Th) dans la monazite est en coordinence 9 de structure très distordue. la monazite naturelle contient entre 0 et 1 % poids de UO_2 et entre 2 et 14 % poids de ThO_2.

Outre la monazite, des brabantites de composition ATh $(PO_4)_2$, (A = Ca, Cd, Ce et Pb) ont été étudiées. Dans la monazite, les actinides naturels sont incorporés à travers deux types de substitution (Cuney and Friedrich, 1987 ; Forster, 1998 ; Montel et al., 2002). Une substitution de type huttonite ($Ln^{3+} + P^{5+} = An^{4+} + Si^{4+}$) et l'autre de type brabantite ($2Ln^{3+} = An^{4+} + Ca^{2+}$). De plus, la structure des brabantites est semblable à celle de la monazite. Donc, les brabantites servent de référence, à structure cristalline, pour l'étude de l'environnement local autour de Th dans les monazites.

1.3. Zirconolite

La zirconolite cristallise dans les espaces entre les cristaux de feldspath, avec baddeleyite, la magnétite manganifère et la monazite-(La), membre rare du groupe de la monazite. Cette suite de minéraux, avec une composition chimique inhabituelle, a cristallisé à partir de fluides tardifs d'origine métasomatique, enrichis en Nb et Mn, avec un enrichissement exceptionnel en La parmi les terres rares.

La zirconolite cristallise suivant un système *monoclinique* de groupe d'espace *C 2/c* (*a = 12,45 Å, b = 7,27Å, c = 11,39 Å, α = γ = 90° et β = 100,53°*), présentant donc peu de symétries dans sa structure (Rossel, 1980). Dans les échantillons de zirconolites naturelles le Zr est en coordinence 7 [d(Zr-O) ≈ 2,14-2,17 Å : Farges et al., 1993]. Le Ca est en coordinence 8 [d(Ca-O) ≈ 2,37-2,60 Å].

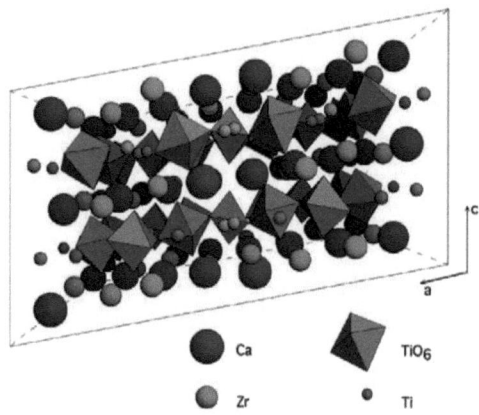

Fig. - II.3 *Structure cristalline du zirconolite*
(Rossel, 1980)

1.4. Titanite

La titanite est un silicate de calcium et de titane de formule $CaTiSiO_5$. Ces éléments sont en partie substitués par du sodium, des terres rares, de l'aluminium, du fer ou du manganèse. La titanite appartient au système monoclinique, ses cristaux sont prismatiques, trapus, fréquemment aplatis, avec des sections en forme de rhombe aux angles très aigus, ou bien maclés par contact ou par des angles rentrants.

Commune en tant que minéral accessoire dans les roches ignées, la titanite se trouve en cristaux de bonnes dimensions dans les veines hydrothermales à l'intérieur de fissures des roches gneissiques, amphibolitiques, et dans les granites. En tant que produit du métamorphisme de contact, on la trouve dans les roches silico-carbonatées. Dans quelques localités, on l'a découverte aussi comme minéral détritique à la probable genèse secondaire.

On suppose que les actinides dans la titanite occupent les sites du Ca de coordinence 7 (Ribbe, 1988). Mais, une coordinence de 7 autour du Th est inconnue (règle de Zachariasen). De nombreux auteurs (Staatz et al., 1977 ; Lemarchand et al., 1987) ont observé que le Th est plus enrichi dans les titanites par rapport à U et les teneurs en Th dans la titanite sont très faibles (Hurley et Fairbairn, 1957).

a)   b)

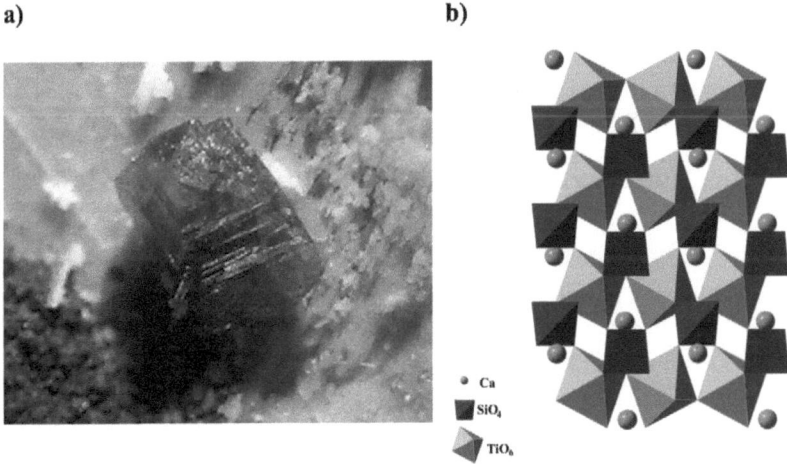

Fig. - II.4 **a)** *Image de la titanite naturelle ;*
   b) *Structure minéralogique de la titanite cristallisant dans le système monoclinique.*

1.5. Thorite

La thorite (α-ThSiO$_4$) est un minéral accessoire qui est nettement visible en lame mince dans des roches à « forte » teneur en Th (~1000-25000 ppm). A l'opposé du zircon, la thorite est très rare dans les alluvions détritiques (Pastre, 1988). Quelques rares placers à thorite sont connus, notamment en Nouvelle-Zélande. Mais la thorite de ces gisements n'est jamais métamicte, ce qui est exceptionnel pour ce minéral. En effet, la thorite doit devenir métamicte à cause de l'activité nucléaire naturelle du ^{232}Th, auquel s'ajoute quelquefois celles de ^{235}U et ^{238}U dans les thorites uranifères (variété uranothorite). Dans notre travail, la thorite à été utilisée comme référence pour l'étude de l'environnement structural local autour du thorium dans le zircon cristallin. C'est pourquoi nous n'avions besoin que de la thorite cristalline.

Comme le zircon, la thorite est composé essentiellement des tétraèdres de silicium (SiO$_4$) et de dodécaèdres de thorium (ThO$_8$). De même, elle cristallise dans un système *quadratique* de groupe d'espace *I4$_1$/amd* ($a = 7,07$ Å, $b = 8,71$ Å, $c = 6,56$ Å, $\alpha = \gamma = 90°$ et $\beta = 113,82°$; Taylor et Ewing, 1978). D'un point de vue cristallographique, seules les dimensions de la maille primitive (distances interatomiques) de la thorite varient par rapport au zircon isostructural.

1.6. Huttonite

La huttonite (β-ThSiO$_4$) est très rare et représente le polymorphe haute température >1300°C de la thorite. Elle a une structure de type monazite : monoclinique et de groupe d'espace P2$_1$/a (Taylor et Ewing, 1978). Le thorium dans l'huttonite est en coordinence 9 très distordue, avec des distances Th-O variant de 2,39 Å à 2,81 Å. La distance interatomique moyenne Th-O dans l'huttonite est nettement supérieure de celle de la thorite.

Puisque la structure de la monazite et celle de la huttonite se ressemblent, cette dernière (huttonite) a été choisie et utilisée comme référence pour l'étude de l'environnement structural autour du thorium dans la monazite et les brabantites.

1.7. Conclusion

Nous venons de présenter différents types de minéraux, pour lesquels on veut étudier leur environnement structural autour des actinides ou être utilisés comme référence. Autre que leur possibilité d'analogues naturels, et leur candidature comme matériaux potentiels pour le stockage des déchets nucléaires, nous avons choisi ces échantillons par rapport à la géochimie de coordinence que peuvent prendre les actinides une fois substitués aux cations de ces minéraux (coordinence 7 pour les titanites, 8 pour le zircon et 9 pour les monazites et brabantites). Pour mieux appuyer notre choix nous avons représenté en 2D sur la figure suivante (Fig. II.5) deux structures de différentes coordinences.

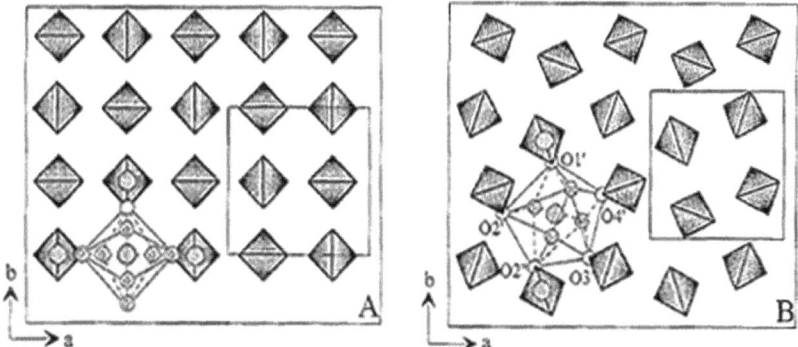

Fig. - II.5 *Comparaison de la structure du zircon (A) et celle de la monazite (B).*
Les mailles primitives sont représentées par un rectangle

2. LISTE DES ECHANTILLONS ETUDIES

Sur la base des analyses chimiques obtenues par microsonde électronique (utilisées pour le calcul de la dose cumulative reçue par l'échantillon durant une période d'année), nous avons sélectionné une large liste d'échantillons permettant une étude de l'environnement structural dans des échantillons analogues aux céramiques pour le stockage des déchets nucléaires à haute activité.

2.1. Zircons

On a pu rassembler plusieurs échantillons de différentes tailles et de différent degré de métamictisation. Certains échantillons de zircon (Naegy et Sri Lanka), métamicte à l'origine ont été recuits sous une température d'environ 1200 °C, en vue d'une cristallisation de la structure. Ces échantillons recristallisés serviront de références pour l'étude de l'environnement structural dans les zircons métamictes. Dans le tableau suivant, nous avons récapitulé la plupart des échantillons de zircon que nous avions pré-étudiés. Les doses cumulées (α/mg) de chaque échantillon est calculée d'après l'équation présentée dans le chapitre I ($\S$ *Calcul de la dose reçue par un échantillon*).

Tableau II.1 *Liste des échantillons de zircon*

Nom	Origine	Couleur	Age $[10^9 ans]$	Dose α $[10^{\alpha} \alpha/mg]$
Mud Tank	Australie	Marron	*	*
Naegy	Japon	Vert - Gris	0,125	2,0[a]
Ampagabe	Madagascar	Marron	0,5 - 1,65	3,0[a]
Hittero	Norvège	Blanc	0,9 – 1,64	2,0[a]
Kinkel's Quary	USA	Marron – Noir	0,3 –0,35	6,0[a]
Betafo	Madagascar	Marron	0,5-1,65	3,0[a]
Diamantina	Brésil	Marron		
Ural	Sri-Lanka[b]	Vert-Marron	0,32-0,42	0,2[a]
200-300	Sri-Lanka	Vert	0,32-0,42	1,3
200-350	Sri-Lanka	Vert	0,32-0,42	0,9
250-350	Sri-Lanka	Vert	0,32-0,42	2,2
300-700	Sri-Lanka	Vert	0,32-0,42	1,5
100-1000	Sri-Lanka	Vert	0,32-0,42	6,1
Beers Kimberly	Afrique du sud	Marron-Gris	*	*
Marasoly	Madagascar	Noir-Marron	0,5-1,65	2,0
Turvallah	Arabie Saoudite	Marron-Noir	*	*
Tété	Mozambique	Marron-Gris	0,5-0,6	0,6

[a] *(Farges et al. 1991).* - [b] *Origine « Ural » sur l'étiquette du Muséum National d'Histoire Naturel de Paris mais plus certainement de Sri Lanka.*

Une synthèse de zircon avec 4000 ppm d'uranium [(U, Zr) SiO_4] a été faite au Laboratoire de Géomatériaux (IFG, Marne la Vallée). Nous avons utilisé cette synthèse comme référence pour l'étude de l'environnement local autour de U dans le zircon. La méthode sol-gel utilisée pour synthétiser les précurseurs du zircon est semblable à celle rapportée par Haaker et Ewing (1981). Nous avons mélangé dans du méthanol, du tétraéthyle orthosilicate [$Si(OC_2H_5)_4$] (connue aussi sous le nom de tétraethoxysilane) et de l'oxychlorure de zirconium (à 8 molécules d'eau, $ZrOCl_2$ $8H_2O$). L'uranium est ajouté par le biais du nitrate d'uranyle avec 6 molécules d'eau [$UO_2(NO_3)_2$ $6H_2O$]. Le mélange de ces produits est hydrolysé (par l'ammoniaque), puis séché à une température d'environ 90 °C puis calciné jusqu'à environ 1200°C durant 4 heures dans du graphite pour réduire U sous forme tétravalente.

2.2. Monazites et brabantites

Une bonne partie de nos échantillons proviennent du musée de minéralogie de l'Ecole Nationale Supérieure des Mines de Paris (ENSMP). D'autres échantillons de monazites ont été obtenus chez des collaborateurs, leur caractérisation est déjà réalisée (i.e. monazites FG et MOAC données par J.M. Montel : Montel et al., 1996). Afin de mieux étudier la structure des monazites et comprendre le processus d'irradiation (metamictisation), deux monazites, FG et MOAC, à l'origine métamicte, ont été recristallisées par recuit (Montel et al., 1996).

Tableau II.2 *Liste des échantillons de monazite*

Nom	Origine	Couleur	Age [$10^9 ans$]	Dose α [$10^{16} \alpha/mg$]
FG	Madagascar	*	0,45-0,60	0,6
Governador	Brésil	Vert-Marron	0,45-0,52	0,5
Herfoss	Norvège	Marron	1,0-1,02	0,9
Madiaombé	Madagascar	Marron	0,65-0,80	0,31
Marijao	Madagascar	Gris-Marron-Vert	0,35-0,45	0,35
MOAC	Brésil	*	0,41-0,49	0,4

Des échantillons de brabantite [$CdTh(PO_4)_2$, $CaTh(PO_4)_2$, $PbTh(PO_4)_2$ et $BaTh(PO_4)_2$] ont été synthétisés (Vielzeuf and Montel, 1994 ; Montel et al., 1996 ; Montel and Devidal, 2001). L'évolution des paramètres de maille en fonction du rayon ionique des cations est très régulière et représente l'évolution de la série REEPO$_4$ (Montel and Devidal 2001).

2.3. Titanites et Zirconolites

Bien que les titanites soient très peu étudiées dans le cadre du stockage des déchets radioactifs à haute activité, nous les avons tout de même examinées à titre comparatif aux résultats des zircons et des monazites. Tous les échantillons ont été collectés au musée de minéralogie de l'Ecole Nationale Supérieure des Mines de Paris.

Nous avons étudié aussi la structure de la zirconolite naturelle pour pouvoir interpréter et comparer les résultats des études sur les zircons et monazites. Deux échantillons naturels de zirconolite de Sri Lanka ont été utilisés dans cette étude. Le premier provient du Muséum National d'Histoire Naturelle de Paris (échantillon « **Paris** »), le second provient de National Museum of Natural History de Washington, DC (échantillon « **Wash** »). Un autre échantillon de zirconolite naturelle (Palabora, Afrique du Sud) est également étudié ici.

Tableau II.3 *Liste des échantillons de titanite et zirconolite*

Nom	Origine	Couleur	Age [$10^9 ans$]	Dose α [$10^k α/mg$]
Titanite				
Bevia	Madagascar	Gris-Blanc	0,50 - 1,00	0,2
Localité inconnue	Madagascar	Vert-Marron	0,50 – 1,00	0,2
Ontario	Canada	Marron	2,60 -2,67	0,1
Capilinha	Brésil	Vert	2,68- 2,74	0,1
Zirconolite				
Palabora	Afrique du Sud	Noir	0,18-0,23	0,8
Localité inconnue	Sri-Lanka	Marron	0,32-0,42	0,9

D'autres échantillons, à structure connue, ont été utilisés comme références pour l'analyse XAFS des échantillons cités ci-dessus (zircons, monazites, titanites et zirconolites). Comme composés de références, la thorite α-ThSiO$_4$, la thorianite (ThO$_2$) et l'huttonite (β-ThSiO$_4$) ont largement contribué à la calibration des données XAFS et à l'analyses des résultats.

La thorite synthétisée par M.P. Lahalle (Institut de Physique Nucléaire, Orsay, France) (Farges et al., 1991) selon la procédure de Chase et Osmar (1966) a été récupérée pour servir de référence lors de cette étude.

La thorianite présente une structure locale autour de Th à courte distance différente de celle de la thorite est c'est pourquoi son utilisation pour l'analyse des données XAFS est nécessaire pour l'étude de l'environnement local autour de Th dans les minéraux analogues de céramiques irradiées et on note spécialement le zircon. Nous avons utilisé un composé de ThO$_2$ de chez PROLABO à 99% de pureté.

Un échantillon de thorite de Brevig (Norvège) métamicte à l'origine est recuit à l'air libre et à haute température 1350 °C pendant environ 15 heures. A cette température la structure de la thorite se distord et donne le polymorphe d'huttonite. La coordinence 9 de Th dans la structure de l'huttonite fait de cet échantillon une bonne référence pour l'étude de l'environnement local autour de Th dans les monazites et les brabantites.

3. ANALYSE CHIMIQUE (MICROSONDE ELECTRONIQUE)

3.1. Introduction

La microsonde électronique est un outil de choix pour la microanalyse à l'échelle du μm^3. La méthode d'analyse consiste à produire à l'aide d'un canon à électrons un faisceau d'électrons plus ou moins fortement accélérés. Ce faisceau d'électrons bombarde l'échantillon sur une surface d'environ 1μm^2 et pénètre jusqu'à une profondeur d'environ 1 μm, provoquant une perturbation des cortèges électroniques des atomes constitutifs de la cible. La zone bombardée va émettre des photons X qui seront détectés par un ou plusieurs spectromètres. Cette technique a le grand avantage de ne pas détruire les minéraux et donc de préserver la structure de la roche.

Nous avons utilisé un micro-analyseur à sonde électronique de marque CAMECA CX, avec un courant de 0,3 mA et avec une différence de potentiel d'environ 15 kV. Il comprend une colonne de moins de 1m de haut, entourée de 5 détecteurs, les spectromètres, pilotés par ordinateur, avec visualisation sur écran vidéo des échantillons étudiés au microscope.

Les résultats des analyses par microsonde électronique ont permis d'écrire la formule chimique pour chaque échantillon en tenant compte de la composition minéralogique et des probables substitutions interatomiques. Nous récapitulons dans le tableau II.4, les formules chimiques de certains échantillons.

Dans le zircon, le Zr est généralement substitué par les actinides U et Th, certains éléments aussi peuvent remplacer Zr dans la structure du zircon. Généralement, le signal de Zr domine et il est plus fort dans des échantillons cristallins (Mud Tank et Ural) que dans les échantillons métamictes (Sri Lanka, Naegy, Kinkl's Quarry, etc.). Mis à part les zircons de Sri Lanka, le Hf n'a pas été sondé dans les autres échantillons de zircon, à cause du nombre limité des éléments à sonder en une seule fois.

Dans les monazites, le signal de Ce domine dans tous les échantillons et il est plus fort dans la monazite FG de Madagascar. On note aussi l'abondance de Th dans les échantillons de monazite, tous comme les autres terres rares « REE », tandis que l'uranium et l'yttrium sont les éléments mineurs les moins abondants.

La coordinence de Ca dans la structure de la titanite et de la zirconolite ainsi que son rayon ionique plus grand (0,99 Å) facilite sa substitution par les actinides (Th et U) ou par Y. Ces cations sont les seuls sondés par la microsonde dans l'analyse chimique des titanites et des zirconolites.

Tableau II.4 *Formulation de la structure des minéraux naturels étudiés sur la base des analyses chimiques par microsonde électronique.*

Echantillon	Formule chimique
Zircons	
Mud Tank (Australia)	$[Pb_{0,0007}Ca_{0,0018}U_{0,0002}Th_{0,0001}Zr_{0,9972}]\ SiO_4$ *(pas de Y ni de P)*
Ural (Sri Lanka)	$[Pb_{0,0002}Ca_{0,0009}Y_{0,0020}U_{0,0001}Th_{0,0017}Zr_{0,9950}](\ Si_{0,9999}P_{0,0001})O_4$
Naegy (Japon)	$[Pb_{0,0001}Ca_{0,0008}Y_{0,0009}U_{0,0184}Th_{0,0203}Zr_{0,9191}](\ Si_{0,9989}P_{0,0011})O_4$
Ampagabé (Madagascar)	$[Pb_{0,0015}Ca_{0,0236}Y_{0,0040}U_{0,0112}Th_{0,0029}Zr_{0,9567}](\ Si_{0,9998}P_{0,0002})O_4$
Kinkel's Quarry (USA)	$[Pb_{0,0013}Ca_{0,0545}Y_{0,0146}U_{0,0347}Th_{0,0001}Zr_{0,8948}](\ Si_{0,9869}P_{0,0131})O_4$
Sri Lanka 200-300	$[Pb_{0,0004}Ca_{0,0007}Hf_{0,0110}Y_{0,0007}U_{0,0052}Th_{0,0004}Zr_{0,9815}]SiO_4$
Sri Lanka 250-350	$[Pb_{0,0007}Ca_{0,0013}Hf_{0,0196}Y_{0,0002}U_{0,0077}Th_{0,0004}Zr_{0,9701}]SiO_4$
Sri Lanka 300-700	$[Pb_{0,0004}Ca_{0,0004}Hf_{0,0183}Y_{0,0007}U_{0,0058}Th_{0,0006}Zr_{0,9739}]SiO_4$
Sri Lanka 300-700	$[Pb_{0,0002}Ca_{0,0004}Hf_{0,0093}Y_{0,0004}U_{0,0019}Th_{0,0004}Zr_{0,9875}]SiO_4$
Monazites	
Morijao (Madagascar)	$[Y_{0,0435}U_{0,0030}Th_{0,2803}Sm_{0,0375}Pr_{0,0697}La_{0,1177}Nd_{0,1477}Ce_{0,3006}](P_{0,8415}Si_{0,1585})O_4$
Madiaombé (madagascar)	$[Y_{0,0580}U_{0,0042}Th_{0,1499}Sm_{0,0608}Pr_{0,0833}La_{0,1157}Nd_{0,1982}Ce_{0,3297}](P_{0,9176}Si_{0,0824})O_4$
MOAC (Brésil)	$[Y_{0,0139}U_{0,0049}Th_{0,1983}Sm_{0,0246}Pr_{0,0656}La_{0,1852}Nd_{0,1213}Ce_{0,3861}](P_{0,9108}Si_{0,0892})O_4$
FG (Madagascar)	$[Y_{0,0010}U_{0,0019}Th_{0,0949}Sm_{0,0028}Pr_{0,0128}La_{0,0404}Nd_{0,0247}Ce_{0,8215}](P_{0,8416}Si_{0,1584})O_4$
Titanite	
Bevia (Madagascar)	$[Y_{0,0002}U_{0,0003}Th_{0,0075}Ca_{0,9920}]Ti(Si_{0,9988}P_{0,0012})O_4$
Capilinha (Brésil)	$[Th_{0,0002}Ca_{0,9998}]Ti(Si_{0,9979}P_{0,0021})O_4$
Zirconolite	
Palabora (Afrique du Sud)	$[Pb_{0,004}Y_{0,0005}U_{0,0036}Th_{0,082}Ca_{0,91}]ZrTi_2O_7$

4. ANALYSE PAR DIFFRACTION DES RAYONS X (DRX)

4.1. Introduction

Nous avons utilisé l'analyse par diffraction des rayons X pour caractériser la structure des matériaux. Il existe au moins deux techniques : la diffraction X sur monocristal et la diffraction X sur poudre.

Généralement, la diffraction par rayons X sur poudre permet l'identification des phases en présence dans le matériau étudié, c'est-à-dire qu'elle peut nous renseigner sur le type d'arrangement des atomes en présence. C'est le cas de la zirconolite d'Afrique du Sud qui présente d'autres phases cristallines. Bien que cette méthode ne nous permette pas d'étudier la structure (dimension de la maille) des échantillons amorphes, néanmoins elle permet de sélectionner les échantillons selon leur degré de métamictisation.

4.2. Principe de la méthode

Les rayons X font partie des rayonnements électromagnétiques, leurs longueurs d'onde sont de l'ordre de l'angström. La diffraction a pour origine un phénomène de diffusion élastique sur l'élément de la structure cristalline. Les atomes étant arrangés de façon périodique en un réseau, les rayons X diffusés ont des relations de phases entre eux, ces relations peuvent être destructives ou constructives, suivant leurs directions. Les directions constructives correspondent aux faisceaux diffractés et sont définies par la loi de Bragg. D'après la figure II-6b, la loi de Bragg s'exprime :

$$\left.\begin{array}{l} n\lambda = AB + BC \\ AB = d\,\sin\theta \\ n = 2AB \end{array}\right\} n\lambda = 2d\sin\theta$$

Avec :

λ longueur d'onde des rayons X,

d représente la distance entre les plans,

θ représente l'angle d'incidence du faisceau X primaire par rapport au plan, *n* est un entier, on le prend généralement égal à 1, ce qui correspond à un angle du faisceau diffracté de *2θ*.

a)   b)

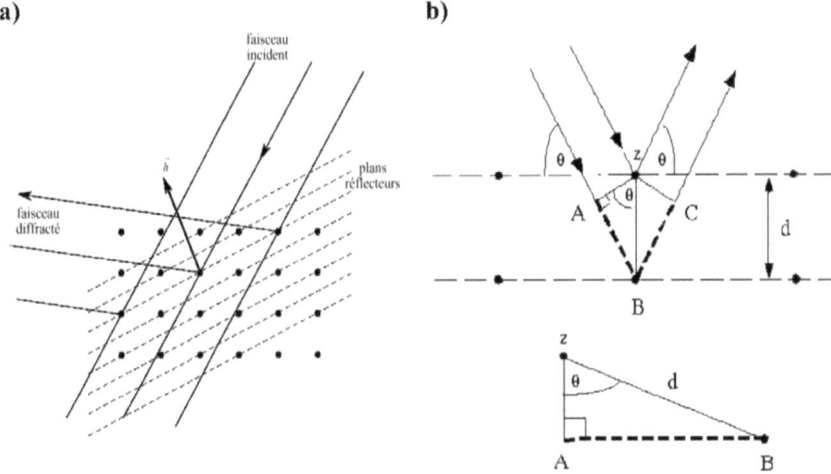

Fig. - II.6   **a)** *La diffraction d'un faisceau de rayons X correspond à une réflexion de l'onde incidente sur des plans atomiques denses. Les réflexions du faisceau sur les atomes d'un des plans denses sont indiquées.*
      b) *Schéma pour la formulation mathématique de la loi de Bragg*

Comme un réseau cristallin est constitué d'un ensemble d'atomes (ordonnés en plans réticulaires équidistants), les cristaux vont se comporter comme un réseau optique et donnent des figures de diffraction, à condition que la longueur d'onde des rayons X utilisée *λ* soit du même ordre de grandeur que la distance entre les plans (qui est d'environ 0,1 nm). Pour pouvoir utiliser les rayons X en vue de déterminer la structure de la molécule, il est indispensable d'avoir des cristaux de taille suffisante (quelques dizaines de nanomètres).

Rappelons donc qu'un cristal parfaitement ordonné, exposé à un faisceau de rayons X va produire, dans des directions bien définies, un ensemble de faisceaux secondaires intenses, caractéristiques de la structure interne du cristal. C'est un des aspects du phénomène de diffraction. La mesure et l'analyse de l'intensité de ces faisceaux, nommés réflexions de Bragg, constituent l'activité principale des cristallographes et leur permet de localiser les atomes et molécules qui forment les matériaux cristallisés. Lorsque ces atomes ou molécules ne sont pas régulièrement ordonnés dans l'espace et qu'il existe donc un certain degré de désordre, le faisceau incident va également être diffusé (c'est-à-dire dévié) dans des directions moins bien définies que les réflexions de Bragg. C'est le phénomène de diffusion diffuse dont les caractéristiques (distribution angulaire, intensité) sont très riches et nous renseignent sur la nature du désordre.

4.3. Application aux composés métamictes

La méthode générale de diffraction des rayons X ne s'appliquant pas aux composés non ou peu cristallisés, il faut une autre méthode pour étudier les corps amorphes. La théorie générale de la diffraction nous dit que l'information maximale est contenue dans la fonction de Patterson, c'est-à-dire une vue moyenne de l'entourage de chaque atome, la moyenne étant étendue à l'ensemble des atomes diffractants. Comme la matière est généralement désordonnée et statistiquement isotrope, la fonction de Patterson se réduit à une fonction d'une seule variable, c'est la fonction de répartition des longueurs de tous les vecteurs interatomiques, c'est ce qui a été utilisé avec la diffraction des corps amorphes. La diffraction des rayons X nous donne la moyenne des distances interatomiques, mais d'autres paramètres interviennent tels que le nombre de voisins et l'arrangement dans l'espace.

4.4. Interprétation des résultats

Un solide bien cristallisé donne des raies nombreuses et nettes. A l'inverse, un solide métamicte n'a pas de spectre autrement dit le diffractogramme (courbe) est composé de raies élargies. L'intensité et la largeur des pics du diffractogramme est fonction du degré de métamictisation du minéral.

4.4.1. Caractérisation des échantillons de zircon par DRX

Les diffractogrammes ci-après nous permettent de distinguer la différence entre l'état cristallin, semi cristallin et métamicte d'un échantillon. Dans l'état cristallin, on note sur le diffractogramme des pics intenses dus à la structure bien ordonnée de plans réticulaires (la largeur des pics permet de définir les dimensions de la maille primitive). Dans l'état métamicte les pics du diffractogramme DRX sont moins intenses. Dans ce cas de figure, les diffractogrammes DRX permettent d'évaluer le degré de métamictisation des échantillons.

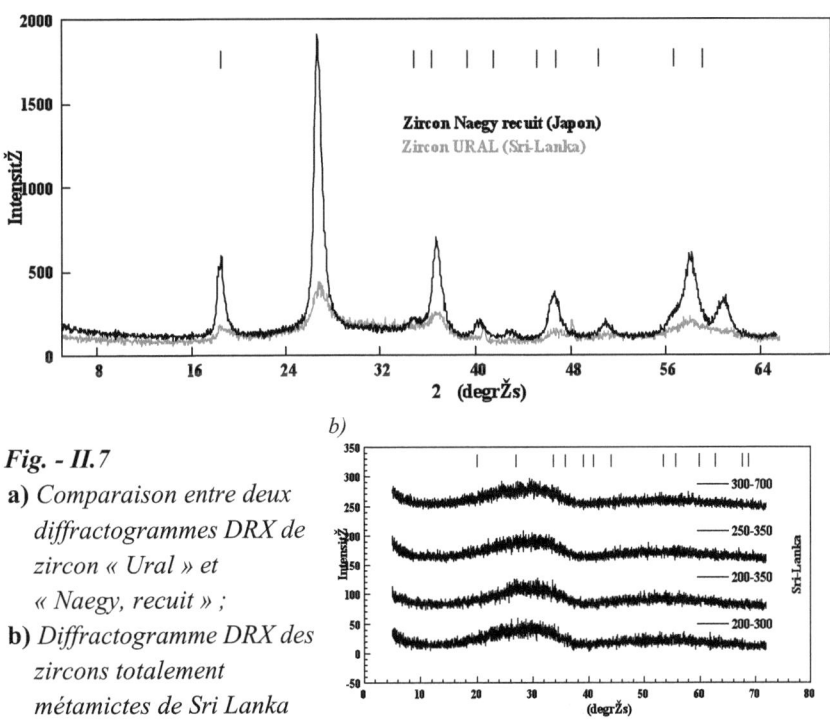

Fig. - II.7
a) *Comparaison entre deux diffractogrammes DRX de zircon « Ural » et « Naegy, recuit » ;*
b) *Diffractogramme DRX des zircons totalement métamictes de Sri Lanka*

4.4.2. Caractérisation des échantillons de monazite par DRX

La structure des monazites a fait l'objet de plusieurs études. Seydoux et Montel (2002) ont utilisé la DRX pour déterminer la cristallinité des monazites. Sur la figure (Fig. II.8a), nous avons représenté les résultats publiés par Seydoux (Seydoux et al., 2002) sur lesquels nous nous sommes basés pour la caractérisation de nos échantillons de monazite. Il a été montré que l'état cristallin ou métamicte peut être caractérisé par les pics notés **A** et **B** (Fig. II.8b). Un échantillon de monazite métamicte est caractérisé par un décalage du pic **A** vers les valeurs basses de **θ** suivi d'un épaulement **B** plus marqué que dans la monazite cristalline.

En se basant sur les résultats d'analyse des diffractogrammes DRX sur les monazites ci-dessus. Nous pouvons facilement déterminer l'état des phases des échantillons que nous allons étudier.

a)   b)

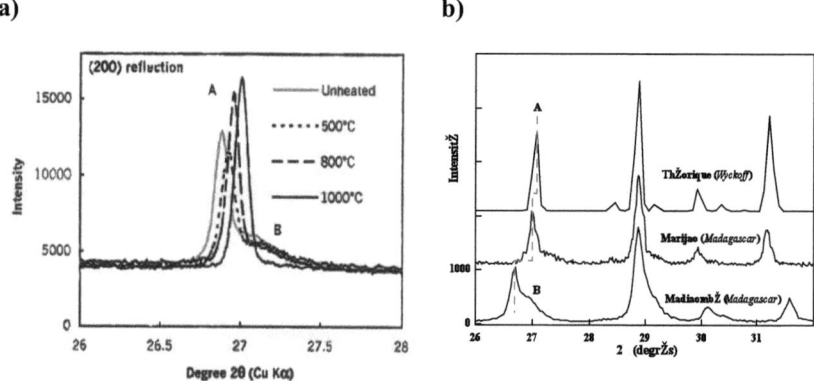

Fig. - II.8 **a)** *Résultats DRX sur une monazite métamicte recristallisée (recuite) à différentes températures (Seydoux et al., 2002).*
       b) *Diffractogramme DRX théorique calculé par CrystalDiffract 3,2 sur la structure de la monazite de Wyckoff (Wyckoff, 1963) comparé avec une monazite naturelle cristalline « Marijao ».*

Nous avons tracé le diffractogramme DRX théorique de la monazite cristalline théorique qu'on a comparé aux diffractogrammes DRX expérimentaux de deux monazites de Madagascar (Madiaombé et Marijao).

Sur la figure, on peut distinguer très clairement, sur le diffractogramme de la monazite « Madiaombé », un décalage du pic **A** vers les basses valeurs de θ suivi d'un pic **B** plus net, caractéristiques de la monazite métamicte. Au contraire, dans le cas de la monazite « Marijao » le décalage du pic A est moins marqué ainsi que le pic **B** quasiment négligeable. Cela nous permet de dire que la monazite « Marijao » présente une structure cristalline plus ou moins préservée.

4.4.3. Caractérisation des échantillons de zirconolite par DRX

Des études récentes (Chizhvskaya et al., 2000) montrent que la zirconolite n'est jamais pure et peut contenir d'autres phases comme la perovskite et la rutile. La zirconolite naturelle, que nous avons utilisée pour des études XAFS, contient des inclusions de phases. En comparant le diffractogramme DRX de la zirconolite naturelle de **Palabora** (Afrique du Sud) avec celui de Chizhvskaya (Chizhvskaya et al., 2000) dans une zirconolite dopée en Pu, nous pouvons distinguer la phase zirconolite par les pics notés **Z** (Fig II.9b).

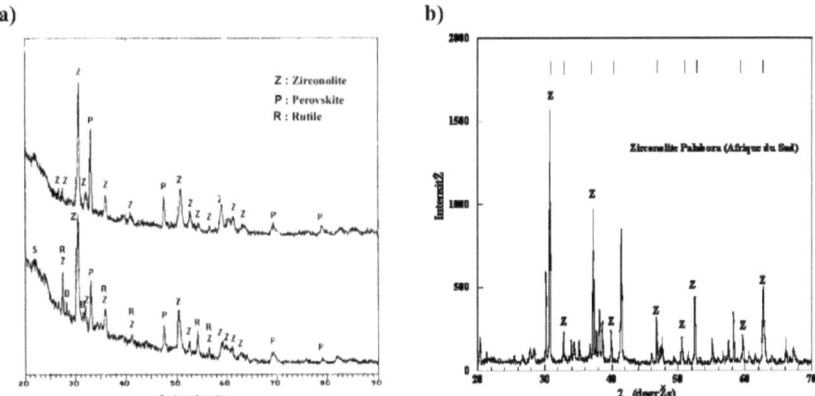

Fig. - II.9 **a)** *Diffractogramme DRX de la zirconolite dopée par du plutonium (Chizhevskaya et al.,2000)*
b) *Diffractogramme DRX d'une zirconolite naturelle.*

4.4.4. Caractérisation des échantillons de la titanite par DRX

Certains échantillons naturels, comme la titanite de Khibina (URSS), présentent des phases cristallines autres que la titanite. Malgré tout, la structure de la titanite (phase dominante dans l'échantillon) est cristalline (intensité des pics). Quoi que la titanite de « Bevia » (Madagascar) ne présente pas de multiples phases, sa structure est moins cristalline par rapport à la titanite Madagascar d'une localité inconnue. Sur la figure (Fig. II.10), nous avons représenté les trois différents cas rencontrés sur les titanites (multiphases, cristalline et métamicte).

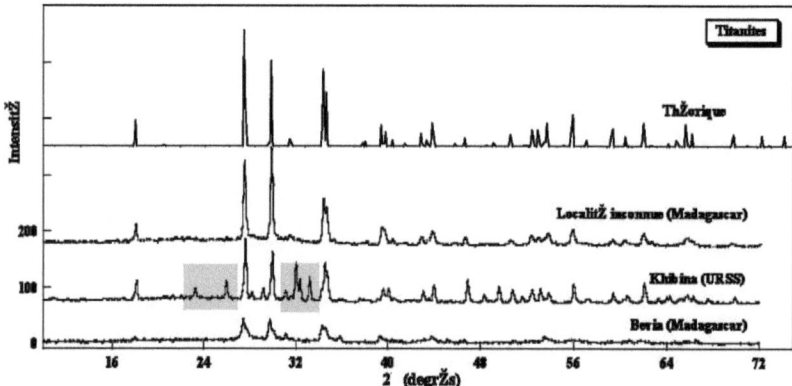

Fig. - II.10 *Diffractogrammes expérimentaux de diffraction par rayons X sur les échantillons naturels de titanite comparés au diffractogramme de la titanite théorique.*

5. SPECTROSCOPIE D'ABSORPTION PAR RAYONS X (*XAS*)

5.1. Introduction

L'existence du seuil de Broglie (1913) et d'oscillations dites de « Krönig » ont été montrées pour la première fois par Fricke (1920) et Hertz (1920), les structures fines du coefficient d'absorption X au-delà du seuil d'absorption d'un atome donné ont été observées quelques années plus tard et une première tentative d'explication est donnée par Kronig (1931 et 1932) puis par Petersen (1932 et 1933). Dans les années 30, Kronig a développé deux théories de l'absorption des rayons X, une théorie pour les cristaux, fondée sur l'ordre à grande distance connue sous le nom **LRO** : (Long Range Order theory) et l'autre pour les molécules, fondée sur l'ordre à courte distance (**SRO** : Short Range Order) ; cette dernière explique les structures observées au-delà du seuil d'absorption comme le résultat d'interférences entre la fonction d'onde directe émise par l'atome central et les fonctions d'ondes rétrodiffusées par les atomes voisins. Petersen a développé davantage la théorie **SRO** de Kronig en ajoutant le déphasage de la fonction d'onde du photoélectron causé par les potentiels de l'atome central et de l'atome rétrodiffuseur. De ces deux théories, seule la théorie **SRO** est largement acceptée par la communauté scientifique depuis la découverte des "*oscillations de Kronig*".

Cependant, il a fallu attendre les années 70 pour bâtir un modèle physique correct de ce phénomène. Sayers et al. en 1971 et 1975 ont donné la forme moderne de la théorie de l'EXAFS (*Extended X-ray Absorption Fine Stucture*) par l'introduction de la transformée de Fourier des oscillations qui conduit à un résultat analogue à la fonction de distribution radiale autour d'un atome donné. Ces travaux ont coïncidé avec l'avènement des sources de rayonnement synchrotron qui fournissent un faisceau de rayons X d'une intensité plusieurs ordres de grandeur supérieure à celle émise par les tubes classiques.

5.2. Principes de la méthode

La spectroscopie d'absorption des rayons X (XAFS) correspond à l'éjection d'un électron de cœur d'un atome choisi dans un matériau. La méthode consiste à utiliser un rayonnement X très énergétique, afin de pouvoir sonder tous les atomes du tableau périodique. En effet, l'énergie du seuil de liaison K,L, M, … s'accroît avec le numéro atomique, et il en va de même pour l'énergie de liaison des électrons de cœur.

Cette méthode (XAFS) présente des atouts majeurs :
➢ elle permet de caractériser l'ordre local dans tout matériau, quel que soit son état structural (gaz, liquide, cristal, …). Le matériau ne doit pas nécessairement présenter d'ordre à longue distance,
➢ chaque atome du matériau peut être étudié séparément (sélectivité chimique). Comparée à d'autres spectroscopies sélectives de volume telles que la RMN, la RPE ou le Mössbauer, elle se distingue par le fait que toutes les espèces atomiques sont accessibles,
➢ il est possible d'étudier des processus réactionnels, en concevant des dispositifs expérimentaux permettant de suivre in situ le matériau en évolution (exemple recristallisation des matériaux initialement amorphes, haute température, haute pression, etc.).

5.3. Rayonnement synchrotron

Toute particule chargée soumise à une accélération perd de l'énergie en émettant un rayonnement électromagnétique. Dans le cas de particules chargées en interaction avec un milieu extérieur, ce rayonnement est appelé rayonnement de freinage. Dans le cas de particules chargées relativistes soumises à l'interaction centripète d'un champ magnétique, ce rayonnement est appelé *rayonnement synchrotron*.

A cause des faibles concentrations en actinides dans les minéraux étudiés, nous avons enregistré les données XAFS au moyen des sources de rayonnements synchrotrons 2nde génération (SSRL, Stanford - USA) et 3ème génération (ESRF, Grenoble - France). Dans le cas des éléments majeurs dans les échantillons, tel que Zr et Si dans le zircon et P dans les monazites nous avons enregistré les données XAFS (XANES) au Laboratoire pour l'Utilisation du Rayonnement Electromagnétique sur la ligne optique SA32 de l'anneau 2nde génération SuperAco.

5.4. Théorie de l'EXAFS

La grandeur mesurée est le coefficient d'absorption μx d'un échantillon qui varie en fonction de l'énergie des photons le traversant.

Le spectre EXAFS peut être modélisé correctement, en l'absence de la diffusion multiple des photoélectrons parmi les différents atomes dans le voisinage de l'atome absorbeur, en utilisant le formalisme de diffusion simple, où les modulations du coefficient d'absorption $\chi(k)$ sont donnée par (Crozier et al., 1988) :

$$\chi(k) = S_0^2 \, rf \sum_j \frac{N_j |F_{vr}(k,R)|}{k} \int_0^\infty \frac{g(R_j)}{R_j^2} \, e^{-2R/\lambda} \sin\left(2kR_j + \sum \phi(k,R)\right) dR$$

(1)

Avec

S_0^2 facteur de réduction de l'amplitude,

rf facteur de réduction pour les pertes totales,

N_j le nombre d'atomes rétrodiffuseurs de type j situés à la distance interatomiques R_j,

$|F_{vr}(k,R)|$ Amplitude effective de l'onde rétrodiffusée,

$g(R_j)$ la fonction de distribution radial (partielle) des distances des atomes voisins autour de l'atome absorbeur,

λ libre parcours moyen du photoélectron. Ce terme rend compte des processus inélastique (en $\mathring{A}^{-1}$),

$\sum \phi(k,R)$ la somme des fonctions de déphasage (déphasage central et retrodiffuseur).

Cette formulation est valide pour chaque donnée XAFS expérimentale. Cependant, la formule peut être simplifiée en se basant sur des approximations.

5.5. Le cas des actinides à travers le code de calcul FEFF

Le code de calcul FEFF (Rehr et al., 1992), que nous avons utilisé pour la modélisation des spectres XAFS, utilise l'approche de la fonction de Green. Ce programme permet le calcul du coefficient d'absorption normalisé [$\chi(k)$]. Il présente plusieurs caractéristiques :

➤ Les potentiels et les déphasages sont obtenus par un calcul *ab-initio* ;
➤ Une méthode automatique permet l'énumération des différents chemins
➤ Le désordre thermique est modélisé par des facteurs de type Debye-Waller ;
➤ Utilisation d'un formalisme en onde courbe permettant un calcul approché de la fonction de Green développée par Rehr et Albers (1990).

Le calcul *ab-initio* des potentiels et des déphasages inclut les pertes inélastiques (Rehr et al.,1991 ; Mustre de Leon et al., 1991). Tout d'abord, les potentiels atomiques sont calculés pour chaque type d'atome séparément, puis on regroupe les potentiels des différents atomes, en utilisant l'approximation de « muffin-tin ». Pour les états excités, le potentiel d'échange et de corrélation est remplacé par l'énergie propre de Heidin –Lunqvist. Le libre parcours moyen est alors déterminé à partir de la partie imaginaire du potentiel interstitiel moyen.

La nouvelle version du code de calcul FEFF8.2 (Rehr et al., 1992 ; Ankudinov et al. 1998) permet d'effectuer des calculs relativement précis pour la modélisation des spectres XAFS. L'utilisation d'un potentiel partiellement non-local [i.e. Hedin-Lunqvist pour les électrons de valence, la constante de la partie imaginaire (option « *EXCHANGE* »)] donne de bons résultats avec les actinides (Ankudinov et al. 1998). Malgré la puissance de calcul disponible, certains spectres XANES (seuil K de Si dans le zircon et le seuil K de P dans les monazites) n'ont pas pu être calculés de façon précise, certainement à cause de la non prise en compte de l'électronégativité (ou covalence) dans les potentiels. Cet artefact est notoire dans le cas d'ordres locaux fortement hybridés, tels sp3 (silicates, phosphates, sulfates, carbonates, etc.)

Les charges ioniques des atomes du cluster d'atomes se calculent automatiquement en utilisant la carte SCF dite d'auto-cohérence du code

FEFF8 et les versions ultérieures. La figure ci-après montre la variation des charges durant un calcul EXAFS fait sur 10 itérations au seuil L_{III} du Th dans la structure du zircon. On note qu'après un certain nombre d'itérations, les charges ioniques de chaque atome tendent vers une valeur constante qui respecte la hiérarchie des charges « officielles » de la chimie $(Zr \approx Si \approx O/2)$.

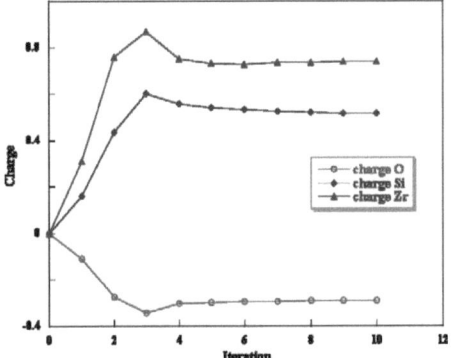

Fig. - II.11
Variation de la charge ionique calculée par FEFF8 en fonction du cycle d'auto cohérence.

L'auto-cohérence (*self-consistency*) permet le calcul des charges ioniques des cations et anions dans la structure pour une valeur d'ionisation d'environ 5 à 10 fois inférieure à l'état d'oxydation formel, toute en tenant compte de l'*électroneutralité*. Autrement dit, la somme de toutes les charges positives et négatives donne une valeur nulle. Dans notre cas de calcul dans le zircon $(ZrSiO_4)$, comme montré sur la figure ci-dessus, on a

$$Z_{Zr} + Z_{Si} + 4xZ_O = 0 \Rightarrow 1x\ 0,5 + 1\ x\ 0,7 + 4x(-0,3) = 0$$

5.6. Excitations multiélectroniques

Durant les dernières années, la théorie de l'électron unique, qui néglige les excitations multiélectroniques, a dominé la spectroscopie d'absorption des rayons X (XAFS). Néanmoins, on a déjà observé des excitations multiélectroniques dans le coefficient d'absorption des rayons X des atomes (Schnopper, 1963 ; D'Angelo et al., 1993 ; Solera et al., 1995 ; Filiponni et al., 1995). La présence de pics anormaux superposés aux oscillations du signal à fréquence unique, a été expliquée comme étant des transitions de doubles électrons $2p4d \Rrightarrow 5d^2$ dans le cas des seuils L_{III} et L_{II} (Solera et al., 1995). Nous avons observé ce genre de pics sur la plupart de nos spectres EXAFS enregistrés sur la ligne ID26 de l'ESRF (Grenoble, France) au seuil L_{III} de Th.

Les excitations multielectroniques probables sont mieux détectées en utilisant une déconvolution multiélectronique (Filipponi, 2000) des excitations. Si l'excitation multiélectronique situé vers 10 Å^{-1} est facilement visible sur le signal EXAFS, celle vers 5,5 Å^{-1} n'est visible qu'après la déconvolution (Fig. II.12).

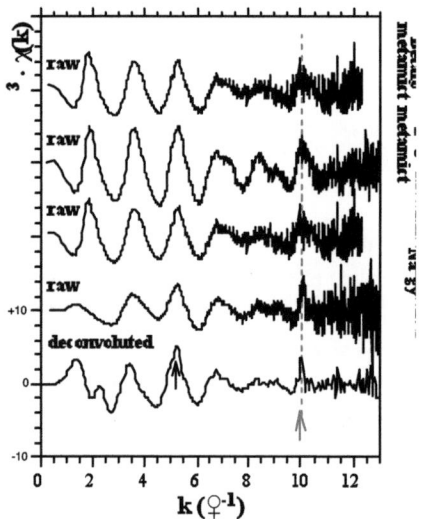

Fig.- II.12 *Situation des excitations multiélectroniques dans les spectres EXAFS au seuil L_{III} de Th dans les zircons et le spectre déconvolué (Farges et al. 2000).*

L'intensité associée à ce genre d'excitation est comparable avec l'amplitude des oscillations EXAFS dans quelques systèmes, permettant une identification sans ambiguïté de leur position et forme d'énergie. En conséquence, les transitions multiélectroniques n'ont été identifiées facilement que dans un nombre de cas limité, principalement dans les systèmes désordonnés, rarement dans les échantillons cristallins (Filipponi et al., 1988 ; Garcia et al,. 1989 ; Purans et al., 1993).

La présence des excitations multiélectroniques dans les spectres EXAFS nuit à l'exploitation adéquate des données. A l'exception de GNXAS (Filipponi et al., 1995), les codes de calcul ne tiennent pas compte du problème des excitations multiélectroniques, mais ce programme ne peut pas être utilisé pour les actinides ou les éléments radioactifs pour des raisons éthiques imposés par les auteurs de ce code. La figure II.13a suivante montre la ligne de base estimée par les programmes classiques lors de la normalisation, Par contre en tenant compte des excitations multiélectroniques la ligne de base est comme le montre la figure II.13b. Cela engendre une contribution de basse fréquence sur la Transformée de Fourier sur une distance corrigée (R+φ) comprise entre 0 et 1Å, qui ne peut être structurale.

a)   b)

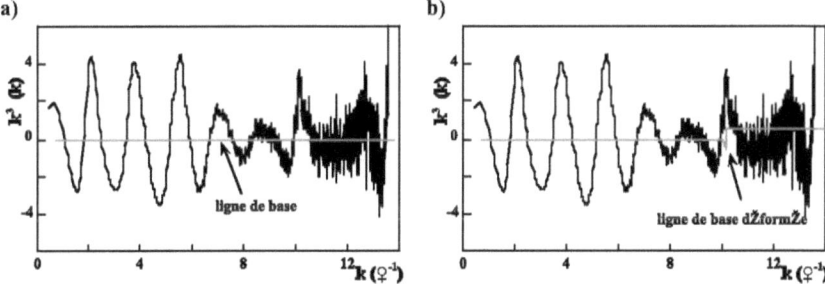

Fig. - II.13   *Ligne de base lors de normalisation du signal EXAFS*
> **a)** *normalisation sans tenir compte des excitations multielectroniques,*
>
> **b)** *effet des excitations multielectroniques sur la ligne de base.*

Pour éliminer ou du moins minimiser les dégâts causés par ce phénomène, nous devons extraire la vraie ligne de base (peu de codes de calcul le font comme VIPER : www.desy.de/~klmn/viper.html), par conséquent il faut minimiser la TF entre R = 0 à 1 Å.

5.7. Etat redox dans les minéraux

Trois états d'oxydation sont connus pour l'uranium dans les matériaux : U(IV), U(V) et U(VI). L'uranium trivalent a été trouvé dans des systèmes géologiques provenant de la Lune (Bea, 1999). La quantité relative de ces états d'oxydation dépend de la fugacité de l'oxygène (fO_2). Dans le système géologique, l'uranium est présent surtout sous les formes U(IV) et U(VI), bien qu'il soit le plus souvent sous la forme U(IV) comme dans l'uraninite et la coffinite. L'uranium tétravalent se trouve en composants mineurs dans d'autres minéraux comme le zircon, les monazites, les titanites, etc. L'uranium tétravalent est aussi probablement l'état d'oxydation dominant de U dans les minéraux du manteau terrestre. Sous des conditions d'oxydation plus importante, Calas (1979) a trouvé que U(V) est un état oxydation stable de l'uranium dans les silicates fondus. U(V) est rarement trouvé dans les minéraux, on le trouve en quantité moindre associé à U(IV) dans des zircons métamictes (Farges et al., 2000).

En conditions oxydantes, U(VI) est l'état d'oxydation le plus stable probablement sous lequel il peut être transporté dans les systèmes hydrothermaux (supercritique) et aqueux (Farges et al., 2000). Les spectres XANES au seuil L_{III} de U, enregistrés dans les même conditions, permettent une sélection de l'état redox de U, car il a été montré (Farges et al., 1992) que les seuils des spectres sont décalé par rapport à U(IV) d'une valeur de 3 à 4 eV. Nous avons utilisé cette technique pour déterminer l'état redox de U dans certains de nos échantillons (voir chapitre III). Contrairement à l'uranium, le thorium dans les minéraux terrestres se présente sous la forme unique tétravalente Th(IV).

5.8. Influence de la température sur les spectres XAFS

Afin d'éviter le piège de l'agitation thermique des atomes dans le matériau, nous avons enregistré, sur la même source de rayonnement « ID26 à l'ESRF, Grenoble », presque dans les mêmes conditions et pour un même échantillon, deux types de spectres XAFS. Le premier est enregistré à température ambiante, tandis que le second à été enregistré dans un thermostat fixant la température de l'échantillon à 30 K. Nous avons représenté sur la figure II.14 les deux spectres avec leur transformées de Fourier respectives.

Nous avons déduit de cette étude, que l'effet de l'agitation thermique sur spectres XAFS peut être négligé car différence entre les deux spectres XAFS présentés ci-dessus est négligeable.

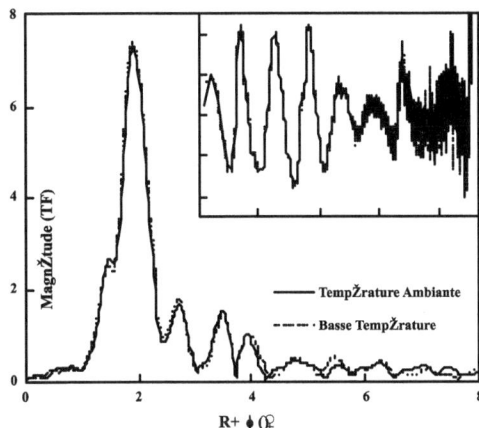

Fig. - II.14 *Transformées de Fourier des deux spectres (EXAFS)* **« en haut à droite »** *montrant l'influence de l'agitation thermique sur les spectres EXAFS.*

5.9. Problèmes au seuil L_{III} de U liés à Y et Zr

Parmi les problèmes rencontrés lors d'une étude XAFS autour de U, il faut noter d'une part la présence du seuil K de Y à une énergie de 17038 eV proche du seuil L_{III} de U à 17166 eV et d'autre part la teneur en U (100-1 000 ppm) ne permet pas d'enregistrer des spectres XAFS aux seuils L_I ou L_{II} de U sauf acquisition très longue.

Un autre problème est lié à la présence du seuil K de Zr dans les échantillons (Zr est un élément majeur) limite l'exploitation rationnelle des informations sur l'environnement structural autour de U à moyenne et longue distances. Cela est dû au fait que l'énergie du seuil K de Zr (18000 eV) ne permet pas d'avoir, en terme EXAFS, un grand domaine en

$$k = \sqrt{\frac{2m}{\hbar^2} E - E_0} \quad \text{(Fig. II.16)}$$

a)   b)

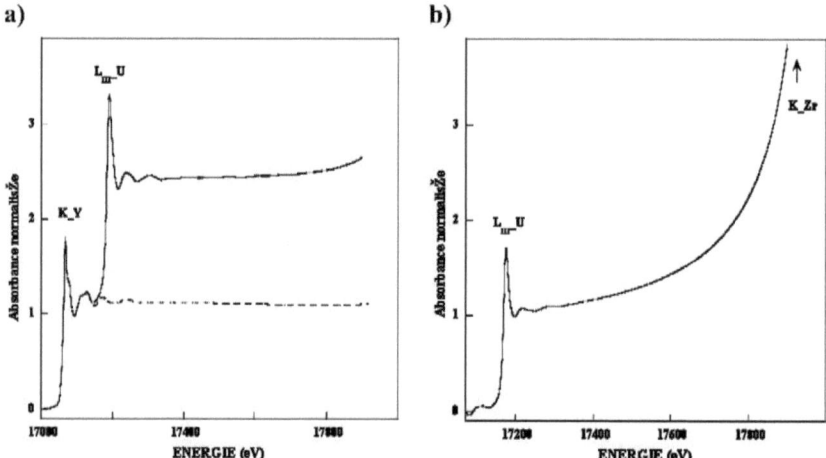

Fig. - II.15 *Spectres normalisés représentant absorbance en fonction de l'énergie absorbée et montrant les problèmes rencontrés lors de l'acquisition des données :*
  a) *problème dû à la présence de l'yttrium dans le zircon,*
  b) *problème dû au seuil K du zirconium dans le zircon.*

De plus, les rapports Y/U donnés par la microsonde sont incompatibles avec les sauts observés en XAFS comme c'est le cas aussi avec le zircon de Naegy (saut de 0,05 pour U de plus de 20 fois supérieure celle de Y) et dont le spectre EXAFS aux seuils K de Y et L_{III} de U sont présentés sur la figure II.15.

5.9.1. Contournement des problèmes

Nous avons réalisé une étude sur plusieurs échantillons de zircon avec différentes teneurs en Y et un rapport U/Y variable (U/Y = 1,2,3 et 5). Les résultats de cette étude (Fig. II.16) nous ont permis de déterminer la valeur minimale du taux U/Y dans l'échantillon pour que les oscillations du spectre EXAFS au seuil K de Y n'influencent pas ou de façon négligeable le spectre XAFS au seuil L$_{III}$ de U.

Des spectres XAFS ont été enregistrés au seuil L$_{III}$ de U dans une série de trois échantillons de Sri Lanka soigneusement sélectionnés en se basant sur les résultats d'analyses chimiques par microsonde électronique (chapitre II).

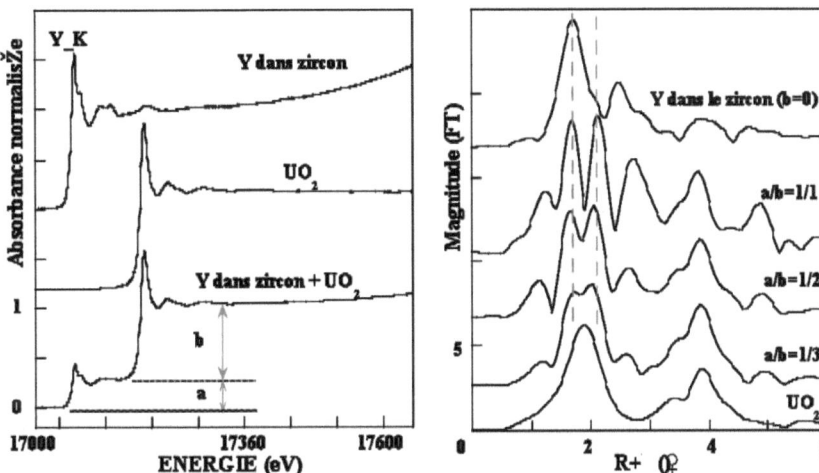

Fig. - II.16 *Sommation de spectres EXAFS au seuil de U dans UO$_2$ et le zircon à différentes teneurs en Y.*

Transformées de Fourier du spectre UO$_2$ + zircon en fonction du rapport a/b exprimant la teneur en Y par rapport à U.

L'étude de l'influence de la teneur en Y sur les spectres XAFS dans les échantillons du zircon montre qu'après un rapport Y/U de 1/5 le spectre EXAFS au seuil L$_{III}$ de U n'est pas influencé et peut être exploitable (Fig. II.16)

Nous avons utilisé le code de calcul VIPER pour rectifier les spectres EXAFS au seuil L$_{III}$ de U. Ce code permet de redresser le spectre EXAFS à absorbance plus importante vers les grandes énergies (de 17500 à 18000 eV). Les résultats enregistrés sont très encourageants et permettent d'avoir un spectre exploitable et qui peut être traité par d'autres programmes de traitement des données (XAFS de M. Winterer).

5.10. Problèmes au seuil K de Si

Le Zr est un élément majeur dans la structure du zircon et sa concentration ne permet pas d'enregistrer des spectres EXAFS au seuil K de Si. En effet, le seuil L_I de Zr est situé à environ 680 eV du seuil K de Si (~ 7 Å^{-1}). Donc, nous avons enregistré des spectres XANES au seuil K de Si, bien que leur interprétation soit plus compliquée par rapport à l'EXAFS.

En spectroscopie d'absorption de rayons X (XAS), un électron est éjecté d'une couche profonde vers un état situé au-dessus du niveau de Fermi, laissant un trou de cœur (core-hole). Au seuil K de Si, les effets dus au trou de cœur sont importants et l'approximation dite « Z+1 » de base telle qu'elle est implanté dans FEFF8.28 est insuffisante. L'approximation « Z+1 » consiste à enlever l'électron correspondant à l'atome concerné. Il s'agit simplement de prendre pour l'atome absorbeur, de numéro atomique Z (silicium), les orbitales atomiques de l'atome Z+1 (phosphore). C'est pourquoi, on n'a pas pu calculer de spectres XANES aux seuils K de Si dans le zircon et P dans la monazite. Nous nous sommes contentés d'interpréter qualitativement les spectres en nous basant sur des références expérimentales permettant de déterminer le degré de polymérisation dans les échantillons.

5.11. Effet de la polarisation

La structure cristallographique de certains échantillons se présente sous forme de feuilles ou de plaques séparées qui risquent d'influencer le spectre par effet de polarisation. Pour mieux apprécier ce phénomène, on a enregistré deux spectres XANES sur un même matériau « échantillon de talc » présentant cette structure ; une première fois avec une poudre, puis un sans presser la poudre (orientation des plaques en feuilles de la structure cristallographique respectée). La figure (II.17) ci-dessous montre qu'il n'y a pas une grande différence, susceptible de fausser l'interprétation des résultats, entre les deux spectres XANES.

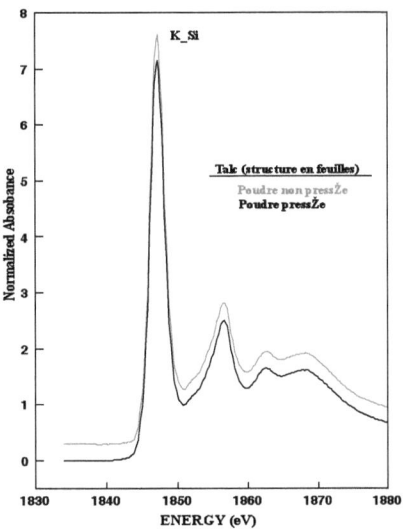

Fig. - II.17
Spectres XANES au seuil K de Si pour déterminer les effets de polarisation

6. DYNAMIQUE MOLECULAIRE (DM)

6.1. Introduction

La dynamique moléculaire est une simulation du mouvement des atomes et des molécules par calcul de leurs déplacements. Cette technique est largement utilisée pour simuler les propriétés des solides, des liquides et des gaz.

Malgré plusieurs études expérimentales sur les effets d'irradiation dans le zircon (Weber et al., 1994), on ne connaît pas bien les processus élémentaires des dégâts d'irradiation et l'amorphisation induite. Dans cette étude, nous visons à obtenir via des simulations par DM (dynamique moléculaire), des informations sur les déplacements des atomes le long de la trajectoire du noyau de recul engendrés par des collisions atomiques. Ainsi, nous pouvons suivre les modifications structurales dues à ces cascades dans le zircon cristallin et le zircon dopé en U.

La simulation par DM a le grand avantage de permettre le traitement réaliste des mouvements atomiques et inclut naturellement les effets de la structure du cristal. Avec cette méthode, il est donc possible de calculer les énergies des seuils de déplacements nécessaires comme données d'entrée pour atteindre un niveau de description plus macroscopique (Crocombette et Ghaleb, 2001). On peut aussi reproduire tous les mouvements atomiques qui se produisent durant la cascade de déplacement (DC). L'inconvénient principal est que ce genre de simulations nécessite des gros moyens de calcul. Comme conséquence, seulement une petite impulsion pour les Premiers Atomes Frappés (PAF) peut être considérée. D'ailleurs, le temps simulé est de quelques dizaines de pico-secondes. Il n'est pas possible de prédire la réponse à long terme du matériau par la simulation DM. Cependant, une bonne description des processus élémentaires durant une cascade de déplacement et dans la pico-seconde suivante permet de comprendre les dégâts d'irradiation.

Nous avons utilisé les modèles de DM, simulant les dégâts d'irradiation dans le zircon, construites au CEA-Saclay par Crocombette et Ghaleb (Crocombette et al. 1998, 2001) pour réaliser une étude XAFS, permettant la comparaison des résultats de simulation des dégâts d'irradiation dans le zircon.

6.2. Déduction des forces

Les forces exercées sur chaque atome peuvent être déduites du potentiel $\Phi(r_{ij})$ par la relation suivante :

$$F_i = \sum_j \nabla_i \Phi(r_{ij})$$

Pour des raisons pratiques de programmation, des rayons de coupure, permettant de délimiter l'ensemble des atomes j indispensables au calcul de la force exercée sur un atome i, sont introduits. Les forces répulsives agissent à courte portée, tandis que les forces coulombiennes sont à longue portée, il est nécessaire d'introduire deux rayons de coupure, $R_{c.rep}$ et $R_{c.coul}$, respectivement. L'optimisation de ces deux rayons a été réalisée en étudiant l'évolution du module de la force exercée sur un atome de Si par un atome d'O pour les contributions répulsives et Coulombienne (Delaye, 1994). Les rayons de coupure sont déterminés de façon à négliger les forces dont le module est inférieur à 10^{-6} (CGS). Il est possible d'écrire explicitement l'Hamiltonien mécanique en fonction des coordonnées généralisées des atomes (positions atomiques et moment cinétique). Les trajectoires atomiques sont calculées, pas à pas, sur un intervalle de temps de quelques centaines de pico-secondes en échantillonnant le temps. Le choix du temps dépend du niveau de précision que l'on souhaite sur la conservation de l'énergie totale et de la valeur des fréquences de vibration atomique (Rossano 1998).

6.3. Description des boîtes DM

Trois boîtes (modèles) de DM *périodiques* ont été réalisées par J.P. Crocombette (CEA-Saclay). Un premièr modèle représente un zircon cristallin quasi-pur (un seul atome de U substituant un Zr). Il peut être utilisé comme référence pour les études sur les deux autres modèles « dopage en U, à différents niveaux de concentration » et permettra, par comparaison, de déterminer l'influence de la concentration en U dans le zircon sur le processus de métamictisation.

Les boîtes de DM sont formées d'un nombre total de 139 968 atomes dont 93 312 atomes de O, 23 328 atomes de Si, , 23 327 atomes de Zr dans le cas du zircon cristallin à un seul atome de U pour la simulation de la désintégration α et le noyau de recul. Dans les autres boîtes de DM, un bon nombre d'atomes de Zr sont remplacés par des atomes de U, par substitution ionique ; par exemple, dans une boîte « B2 », 1 000 atomes Zr sont remplacés par des atomes de U, ce qui fait 4% d'atomes Zr sont substitués. Dans l'autre boîte « B3 », 12% d'atomes de Zr sont substitués par des atomes U (~3 000 atomes). Des cascades de 4 et de 5 keV et ont été réalisées dans chacune des boîtes pour le but de simuler les dégâts d'irradiations sur le zircon.

Note : *Sur la boîte DM du modèle de zircon à 3 000 atomes de U, seule la cascade à 5 keV a été réalisée.*

6.3.1. Périodicité des boîtes de DM

Les boîtes de DM pour la simulation des dégâts d'irradiation dans le zircon présentent une périodicité tridimensionnelle. Cela permet de mieux gérer les problèmes sur les bordures, qui généralement donnent des résultats aberrants lors des cascades simulant les dégâts d'irradiation ce que suggère que le zircon subit plus de dégâts sur les bordures « *dans les trois directions* » qu'au voisinage de la trajectoire du noyau de recul. La simulation de cette périodicité réside dans le fait de considérer l'hypothèse qu'une distance interatomique d_{ij} entre deux ions i et j ne peut avoir ni des valeurs supérieures à $L/2$ (*demi largeur de la boîte*) ni des valeurs inférieures à $-L/2$, autrement dit $-L/2 < d_{ij} < L/2$ (avec L *dimension de boîte*). Nous nous retrouvons devant trois cas de figures possibles formulés et illustrés ci-après :

> ➢ Le premier cas et le plus simple correspond à $-L/2 < d_{ij} < L/2$, la distance est donc acceptable et n'influence pas la périodicité *et $d_{ij} = d_{ij}$* (Fig. II.18a).
> ➢ Le second cas se rencontre lorsque $d_{ij} > L/2$ (c'est à dire $L/2 < d_{ij} < L$), on prend la distance $d_{ij} = d_{ij} - L$ (Fig. II.18b).
> ➢ Dans le dernier cas $d_{ij} < -L/2$ (c'est à dire $-L < d_{ij} < -L/2$), on prend la distance
> $d_{ij} = d_{ij} + L$ (Fig. II.18c).

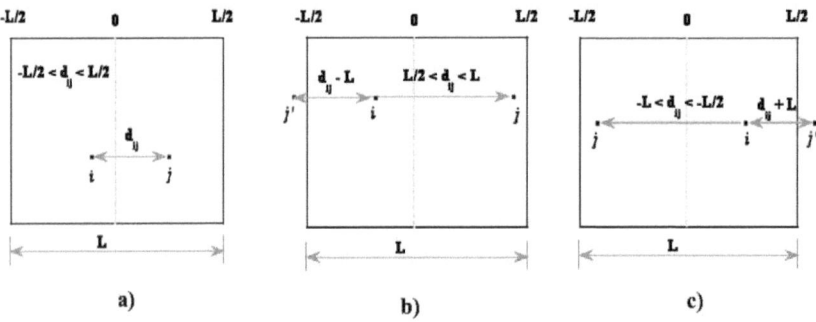

Fig. - II.18 *Illustration des trois cas pour la résolution du problème de périodicité des boîtes de DM simulant les dégâts d'irradiation dans le zircon.*

Cette équation mathématique pour la résolution du problème de périodicité a été prise en compte par les codes de calculs pour les différents calculs réalisés sur les boîtes de DM tels que coordinence, forces de liaisons électrostatiques, XAFS, etc..

6.4. Potentiels

Plusieurs types de potentiels sont utilisés pour modéliser les interactions entre particules, suivant le système étudié (Poole et al., 1995). Dans le cas des composés silicatés (zircon), bien que le potentiel puisse prendre des formes différentes, il contient toujours un terme d'interaction Coulombienne à longue portée, et un terme répulsif qui agit à courte distance. Il faut noter que ces potentiels sont semi-empiriques (on parle de potentiels effectifs) et vont être choisis pour leur capacité à reproduire les résultats expérimentaux. Le potentiel de pair, de type Born-Mayer-Huggins est basé sur un modèle ionique, utilisé dans cette étude permet de rendre compte de la majorité des propriétés des silicates (Soules, 1979).

6.4.1. Potentiel de type Born-Mayer-Huggins

L'énergie potentielle totale du système est la somme des contributions de chaque paire d'atomes. L'énergie d'une interaction de pair correspond à la somme de deux termes dus à l'interaction Coulombienne entre les ions et à une interaction répulsive. Les potentiels empiriques utilisés dans cette étude sont ceux de Born-Mayer-Huggins (***BMH***) correspondant à la formule suivante :

$$\Phi(r_{ij}) = b\left(1 + \frac{q_i}{n_i} + \frac{q_j}{n_j}\right)\exp\left(\frac{\sigma_i + \sigma_j - r_{ij}}{\rho_{ij}}\right) + \frac{1}{4\pi\varepsilon_0}\frac{q_i q_j}{r_{ij}}$$

Avec:

q_i et q_j représentent les charges des ions i et j (+4 pour les cations et −2 pour les oxygènes),

n_i et n_j nombre d'électrons pour la couche de valence ($n_i = 8$ pour tous les ions),

r_{ij} est la distance entre les atomes i et j,

b, ρ_{ij} et σ sont des paramètres ajustables permettant de rendre compte des distances entre les premiers voisins et de la forme de la fonction de distribution radiale pour chaque élément (voir Tableau II.10).

Dans le modèle que nous utilisons, les ions sont considérés comme des charges ponctuelles affectées de la valeur de la charge ionique. Tous les paramètres des potentiels ont été assignés aux valeurs numériques déterminées par Delaye et Ghaleb (1997) dans leurs études sur les verres, à l'exception de σ_{Zr}. Les paramètres associés aux atomes Si et O sont bien connus.

Le paramètre σ_{Zr} a été ajusté à travers des trempes rapides répétitives de la structure expérimentale du zircon à faible pression (Crocombette et al., 1998). Une condition additionnelle est que les calculs de dynamique moléculaire à une température « raisonnable » au-dessous de la température à laquelle le matériau se décompose pour former ZrO_2 et SiO_2 (environ 1750K) préservent les propriétés de la structure cristalline. La répulsion autour du zirconium est alors diminuée en réduisant la valeur du paramètre σ_{Zr} de 1,45 jusqu'à 1,31.

Tableau II.5 *Paramètres utilisés pour le potentiel*

	Si	O	Zr	U
σ (Å)	1,11	1,42	1,31	2,019

$b = 0,221$ eV ; $\rho_{ij} = 0,29$ Å (sauf $\rho_{O-O} = 0,35$ Å et $\rho_{U-O} = 0,40$ Å)

Les distances interatomiques et les angles obtenus par trempe rapide de la structure expérimentale sont indiqués dans le tableau II.5 où l'on peut noter que les distances Zr-O sont surestimées tandis que les distances Si-O sont sous-estimées. Les angles calculés O-Si-O sont plus proches d'un tétraèdre idéal (109°) que les angles observés expérimentalement.

D'ailleurs, indépendamment de la température de simulation entre 300 et 1 750 K, l'amorphisation structurale n'a pas été observée à l'échelle du temps de simulation (4×10^{-12} s). Cependant, la valeur de répulsion a diminué autour de l'ion de Zr, l'amorphisation s'est produite rapidement et indépendamment de la température. Le maintien de la structure cristalline à haute température nécessite l'utilisation de valeur des paramètres qui surestiment légèrement les distances interatomiques Zr-O (Tableau II.6).

Tableau II.6 *Distances et angles interatomiques calculés à partir du potentiel empirique comparé aux valeurs expérimentales (entre parenthèse)*

	Si-O (Å)		Zr-O (Å)		O-Si-O (°)	
	calc.	exp.	calc.	exp.	calc.	exp.
Basse pression	1,59	1,62	2,06	2,13	101	97
			2,36	2,27	113	116
Haute pression	1,63	1,65	2,18	2,13	105	101
			2,27	2,26	112	114

Les distances interatomiques U-O après substitution sont 2,40 (2,32) et 2,51 (2,51) Å

Après l'optimisation des paramètres précédemment cités, l'énergie du cristal est calculée pour différentes unités de volume élémentaire. Le volume d'équilibre pression-zéro correspondant au point minimal sur les courbes, énergie/volume (Fig.II.19) est indiqué pour les deux phases dans le tableau II.7. Comme la pression atmosphérique est très proche de zéro, par rapport à la pression de la phase de transition, le volume d'équilibre pression-zéro calculé peut être comparé avec les volumes expérimentaux à pression ambiante ; l'accord résultant est satisfaisant pour les deux phases.

Tableau II.7 *Les volumes d'équilibre et le module de charge à basse pression.*

Volume d'équilibre (*basse pression*)	Volume d'équilibre (*haute pression*)	Module de charge (*basse pression*)
127 Å^3 (130)	115 Å^3 (116)	167 Gpa (225)

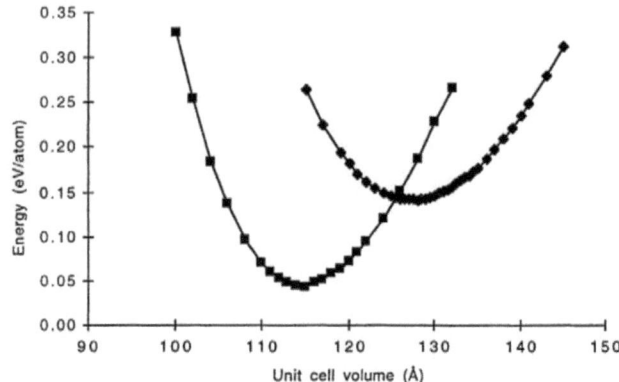

Fig. - II.19 *Courbes énergie/volume calculées à partir des potentiels empiriques* BMH (***Crocombette et al., 1998***).

La grandeur des modules, déterminée à l'aide de la formule de Murnaghan (Murnaghan et al., 1945), est indiquée dans le tableau II.12 pour la phase à basse pression, la valeur est relativement en accord avec la valeur expérimentale.

Les positions relatives des deux courbes énergie/volume calculées montrent que la phase la plus dense est la plus stable à haute pression ainsi qu'à pression ambiante. Expérimentalement, cependant, cette phase n'est stable qu'à des pressions dépassant 10-20 GPa ; la stabilité relative des deux phases, par conséquent, n'est pas reproduite.

Les potentiels empiriques ***BMH*** introduisent une erreur significative sur la stabilité relative des deux phases. Cette erreur, prédite, peut être analysée en considérant les angles O-Si-O des tétraèdres SiO_4. Expérimentalement, les tétraèdres sont distordus : les angles O-Si-O tendent à dériver de la valeur idéale de 109°. Les potentiels ***BMH*** tendent à minimiser cette distorsion ; ceci est logique, car ces potentiels favorisent la configuration la plus symétrique possible pour des tétraèdres isolés.

7. CRISTALLOCHIMIE

7.1. Règles de Pauling

Les principes structuraux de Goldschmidt pour les cristaux ioniques ont été rassemblés par Pauling en une série de règles dans les années 30 (Pauling, 1931). Ces règles ont été très utilisées et le sont encore dans de nombreux cas. Elles nous sont d'une grande utilité pour les calculs sur les boîtes de DM.

7.1.1. Règle n°1 : Polyèdres de coordination

La première loi de Pauling suggère qu'un polyèdre d'anions de coordination soit formé autour de chaque cation (et vice-versa). Il sera stable si le cation est au contact de chacun de ses voisins. Les cristaux ioniques peuvent alors être considérés comme des assemblages de polyèdres connectés. *Les polyèdres de coordination les plus communs sont résumés sur la figure suivante :*

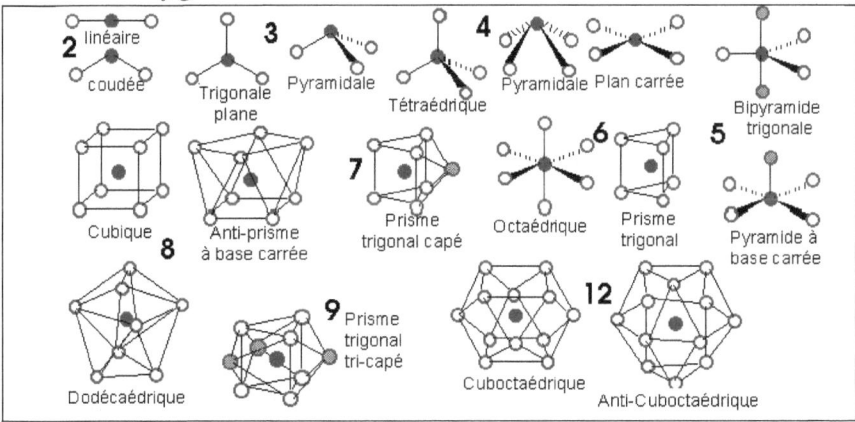

Fig. - II.20 *différents nombre et formes de coordination dans la cristallographie*

Dans les matériaux moléculaires, les nombres de coordination absolue sont contrôlés par la valence. Dans les matériaux non-moléculaires, la valence a seulement une influence indirecte sur le nombre de coordination. Le nombre de coordination d'un cation sera le plus élevé possible pour respecter le critère de contact Cation-Anion.

Cette première loi de Pauling est peu sensible à des faibles variations du potentiel, ce paramètre va être représentatif de la structure étudiée. La connaissance du nombre de coordination s'avère être d'autant plus intéressante que l'EXAFS n'en permet pas toujours une détermination très précise (± 20%). La première étape, dans le calcul du nombre de voisins, consiste à calculer la distance à partir de laquelle on considère que les atomes ne font plus partie de la couche de coordination. Le nombre de voisins est sélectionné selon le type d'atomes à étudier (exemple : pour le Zr et Si, ce sont les oxygènes qui forment le polyèdre de coordination).

En pratique, la coordinence moyenne est donnée par la formule suivante :

$$N_i(r) = \sum \frac{n_{ij}(r)}{N_i}$$

Avec :

$n_{ij}(r)$: le nombre moyen de paires d'ions $i - j$ à une distance r,

N_i : le nombre total d'espèce i dans la structure.

La valeur de la coordinence moyenne peut être sensible à la valeur du rayon de coupure. Souvent délicate à déduire de la fonction de distribution, la coordinence peut être obtenus à partir du nombre d'atomes de types bien définie (les oxygènes pour le Si et Zr et Zr et Si pour la coordinence de O). Nous nous sommes basé sur la structure cristallographique du zircon et de la coffinite cristallins pour établir un rayon de coupure en tenant compte des modifications probable pouvant être induite par les dégâts d'irradiation après cascades. Dans le tableau suivant, nous avons montré le rayon de coupure qu'on a utilisé pour les calculs de la coordinence autour de chaque ion (atome) dans les boîtes de DM pour la simulation des dégâts d'irradiation dans le zircon pur et dopé en U.

Tableau II.8 *Rayons de coupure pour le calcul de la coordinence dans les modèles DM du zircon*

Atome central	Type de voisins	Nombre dans le cas cristallin	Rayon de coupure *[Å]*
Zr	O	8	2,93
U	O	8	2,93
Si	O	4	2,3
O	Zr ou U Si	2 1	2,93

Seul l'atome de O contient deux types d'atomes voisins (3 lors de O au voisinage de U) formant la coordinence.

Le nombre d'atomes formant le polyèdre de coordination est l'un des moyens qui permettent la localisation des dégâts causés par une cascade, simulant des dégâts d'irradiation.

7.1.2. Règle n°2 : Principe de la valence électrostatique

Dans une structure ionique stable, la charge d'un ion est équilibrée par la somme des forces de liaisons électrostatiques (**ΣBV ou ΣS**) aux ions de son polyèdre de coordination (*i.e.* une structure ionique stable doit être arrangée de manière à conserver *localement l'électroneutralité*).

Pauling a établi en 1929 une formule empirique permettant de calculer la force de liaison (bond valence) entre deux ions, elle est définie comme étant le rapport entre la valence et la coordinence :

$$S = \frac{Z}{N} \ [unité\ de\ valence(u.v.)]$$

L'expansion de la minéralogie a montré que cette équation connaît des limites d'application, vu la complexité des structures désordonnées. Brown et Altermatt (1985) ont proposé une équation plus adéquate faisant appel au rayon ionique des ions.

$$S = e^{\frac{R_0 - R}{0.37}} \; [u.v.]$$

Où

> R : distance interatomique (Å)
>
> R_0 : tabulée pour chaque liaison

Le concept de la force de liaison électrostatique (*bond valence*) a trouvé une large application dans le domaine de la chimie de l'état solide (Brown et al., 1985 ; Brese et al., 1991). Une des applications est l'utilisation de la somme des « bond valence » autour d'un atome pour le contrôle de la fiabilité d'une structure locale déterminée.

$$\Sigma S = \Sigma BV = |Z|$$

Pour chaque anion (*cation*) la somme des forces de liaison électrostatique des cations qui l'entourent (*anions*) doit équilibrer la charge négative (*positive*) de l'anion (*cation*). Les sommations de forces de liaison électrostatique sont utilisées pour vérifier les résultats des déterminations structurales.

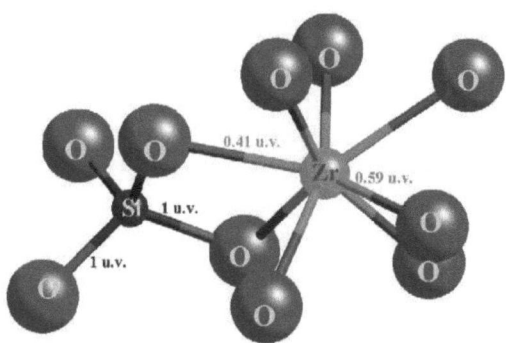

Fig. - II.21 *Forces électrostatiques de liaison interatomique S (bond valence) calculées d'après la formule Brown et Altermatt dans le zircon :*

> ***Pour Zr*** : 0,59 u.v. x **4** *oxygènes à 2,13 Å*
>
> 0,41 u.v.x **4** *oxygènes à 2,27 Å*
>
> ***Pour Si*** : 1,00 u.v. x **4** *oxygènes à 1,63 Å*

L'application cette règle de Pauling (forces de liaison électrostatique) à la DM nous permet de valider le modèle et les potentiels empiriques utilisés. Une force de liaison électrostatique sous-estimée ou surestimée peut mettre en cause l'exactitude des résultats de simulation comme il est d'usage en cristallographie pour « vérifier » la pertinence d'une structure. Nous avons développé au sein de notre laboratoire de Géomatériaux (Université de Marne-la-vallée) un code permettant le calcul de la somme des forces de liaison électrostatique autour de chaque atome. La valeur tabulée de R_0 utilisée est celle de Brown et Altermatt (Brown et Altermatt, 1985).

Lors d'un calcul par DM, nous avons choisi de prendre les mêmes valeurs du rayon de coupure que lors du calcul de la coordinence (Tableau II.9). Cela nous permet par la suite de réaliser une étude statistique sur la relation entre la coordinence et la force de liaison électrostatique dans la DM (voir chapitre IV).

Tableau II.9 *Rayon de coupure pour l'étude des forces de liaisons électrostatiques dans les modèles DM de zircon*

Atome	R_0	Rayon de coupure [Å]
Zr	1,937	2,93
U^{4+}	2,112	2,93
Si	1,624	2,3
O	1,480	2,93

La valeur de R_0 est toujours prise pour une liaison M-O et O-O.

7.1.3. Règle n°3 : Connexions des polyèdres (dont Polymérisation)

Cette règle définie la stabilité des structures selon différents types de connexion des polyèdres (par sommet, par arête ou par face). Une liaison par sommet offre une meilleure stabilité aux matériaux et le partage des arêtes/faces rapproche les ions au centre de chaque polyèdre. Ainsi, les répulsions électrostatiques augmentent (*i.e. La répartition des ions de charge identique se fera de manière à minimiser l'énergie électrostatique entre eux*).

Naturellement, dans un zircon cristallin et monomère les tétraèdres SiO$_4$ sont séparés les uns des autres. Les calculs de dynamique moléculaire montrent que les tétraèdres SiO$_4$ dans la boîte du zircon cristallin sont aussi séparés et présentent un nombre d'atomes d'oxygène pontant nul. Par contre, dans le cas du modèle de zircon métamicte (cascade de 4 keV), certains tétraèdres présentent des liaisons entres-eux allant du dimère jusqu'au plan (voir chapitre IV). Dans le code de calcul pour DM, le rayon de coupure a été choisi de façon à ce que l'on puisse avoir la totalité des atomes premiers voisins.

La distance interatomique Si-O dans les modèles DM du zircon est de d=1,59 Å dans le cas cristallin, et peut atteindre des valeurs jusqu'à d=1,65 Å (valeur moyenne sans les cas exceptions lors des aberrations). Nous avons estimé que lors d'une polymérisation la distance Si-Si est de 2 fois la distance maximale Si-O (1,65 Å * 2) en prenant une marge de sécurité de 0,02Å, cela donne une distance Si-Si de 2,32 Å.

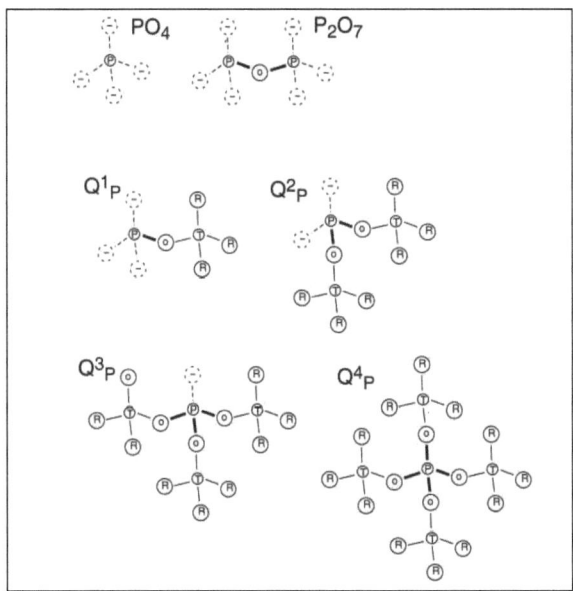

Fig. - II.22 *Représentation schématique des espèces* Q_p^n *sous considération* **(Bjorn et al., 2001)**
Lignes en gras: *liaisons P-O-T.*
lignes discontinue: *liaison à un oxygène nonbridging.*
Cercle discontinue : *oxygène nonbridging.*
T : *les autres voisins (autres que les O) du phosphate*
R : *Réseau alumino-silicate.*

7.1.4. Règle n°4 : Séparation des cations

Dans un cristal contenant différents cations, ceux de forte valence et faible coordinence ne partagent pas leur polyèdre avec les autres. Dans le zircon, le cation Zr est en coordinence 8, et les dodécaèdres ZrO_8 partagent des arrêtes, Si est en coordinence 4, et les tétraèdres SiO_4 sont isolés.

7.1.5. Règle n°5 : Homogénéité de l'environnement

Le nombre de constituants de types différents dans un cristal a tendance à être faible *(i.e. autant que possible, des environnements identiques pour des atomes chimiquement identiques)*. Une force de liaison est satisfaite par un nombre de combinaisons de liaisons, Un seul arrangement possible définit la structure de manière univoque, cependant elle est souvent ***non*** respectée.

7.2. Application de XAFS à la DM

Le fichier input *« feff.inp »* du code de calcul pour la simulation des spectres XAFS *« FEFF7 »* est formé des cartes essentielles dites POTENTIAL et ATOMS des données des boîtes DM (type et coordonnées cartésiennes des atomes).

Pour la carte POTENTIAL, on détermine le type de l'atome central (exemple Zr) et le type des autres voisins (exemple O, Si, U et Zr) avec leur numéro atomique (8, 14, 92 et 40). La carte ATOMES contient les positions des atomes voisins ainsi que les distances interatomiques par rapport à l'atome central. Les positions ne sont que les coordonnées cartésiennes dans la boîte DM qui subissent une translation par rapport à celles « coordonnées » de l'atome central. Les distances interatomiques sont calculées par la suite à partir des coordonnées. Le rayon de coupure autour de l'atome central est choisi largement grand de façon à avoir un nombre d'atomes voisins suffisant pour la simulation du signal EXAFS. Nous avons pris un rayon de 10 Å autour de chaque atome central, alors que le rayon du cluster est fixé généralement de 6 Å, distance jugée suffisante pour avoir toutes les informations sur les atomes rétrodiffuseurs.

Exemple

Fichier type de calcul (FEFF) au seuil L_{III} de U dans le modèle de DM du zircon

```
TITLE Cluster autour de l'atome : 139968  (U    )

HOLE 4   1,0     4=l3 edge, s0^2=1,0

CONTROLS  1  1  1  1
PRINT       0  0  0  0

RMAX   7


POTENTIALS
    0    92    U
    1     8    O
    2    14    Si
    3    40    Zr
    4    92    U


ATOMS
   0,00000    0,00000    0,00000    0   U     0,0000
  -2,32771    0,00222    0,41683    1   O     2,3647
  -0,00369   -2,32773   -0,42054    1   O     2,3654
   0,00162    2,32920   -0,42133    1   O     2,3670
   2,32887    0,00206    0,42405    1   O     2,3672
   1,21305    0,00302   -2,23019    1   O     2,5388
   0,00079    1,21342    2,23162    1   O     2,5402
```

REFERENCES BIBLIOGRAPHIQUES

Ashley C.A. et Doniach S. (1975), Theory of extended x-ray absorption edge fine structure in crystalline solids, *Phys. Rev. A 11, 1279.*

Brese N.E. and O'Keeffe M. (1991), Bond-valence Parameters in Solids, *Acta Crystallogr., B47, 192-197.*

Brown I.D. and Altermatt D. (1985), Bond-valence Parameters Obtained from a Systematic Analysisof the Inorganic Crystal Structure Database, *Acta Crystallogr., B41, 244-247.*

Brown G.E.,Jr., Calas G., Waychunas G.A. and Petiau J., (1988), X-ray Absorption Spectroscopy and its Applications in Mineralogy and Geochemistry, in Spectroscopic Methods in Mineralogy and Geology, *Hawthorne F., ed., Reviews in Mineralogy, 18, 431-512, Mineralogical Society of America, Washington, DC*

Brown G.E.Jr., Farges F. and Calas G. (1995), X-ray Scattering and X-ray Spectroscopy Studies of Silicate Melts, *in Structure, Dynamics, and Properties of Silicate Melts, Stebbins J.F., McMillan P.F. and. Dingwell D.B, eds., Reviews in Mineralogy, Vol. 32, pp. 317-419, Mineralogical Society of America, Washington, DC.*

Crocombette J.P. and Ghaleb D. (1998) Modeling the structure of zircon ($ZrSiO_4$) : empérical potentials, ab-initio electronic structure, *Journal of Nuclear Materials, 257, 282-286.*

Crocombette J.P. and Ghaleb D. (2001) Molecular dynamics modeling of irradiation damage in pure and uranium-doped zircon, *Journal of Nuclear Materials 295, 167.*

Crozier E.D., Rehr J.J. and Ingalls R. (1988), Amorphous and Liquid Systems, in X-ray Absorption. Principles, Applications, *Techniques of EXAFS, SEXAFS and XANES, Koningsberger D.C. and Prins R., eds., Chemical Analysis, Vol. 92, pp. 373-442, John Wiley & Sons, New York.*

Farges F.and Calas G. (1991), Structural Analysis of Radiation Damage in Zircon and Thorite: An X-ray Absorption Study, *Amer. Mineral., 76, 60-73*

Farges F., Ponader C.W., Calas G. and Brown G.E.Jr. (1992), Local Environment Around Incompatible Elements in Silicate Glass/Melt Systems. II: U(VI), U(V) and U(IV), *Geochim.Cosmochim. Acta, 56, 4205-4220.*

Farges F., Ewing R.C.and Brown G.E., Jr. (1993), The Structure of Aperiodic, Metamict, (Ca, Th)ZrTi2O7: An EXAFS Study of the Zr, Th and U sites, *J. Materials Res., 8, 1983-1995*

Farges F., Harfouche M., Petit P.E. et Brown G.E.Jr. (2000) Actinides in earth materials : the importance of natural analogues, *Speciation, Techniques and Facilities for Radioactive Materials at Synchrotron Light Sources, Actinides-XAS-2000, Grenoble P. 63-71*

Fricke, H. (1920). *Phys. Rev. 16, 202-215*

Gauthier C., Solé V.A., Signorato R., Goulon J. and Moguiline E. (1999), The ESRF Beamline ID26:X-ray Absorption on Ultra Dilute Sample, *J. Synchrotron Rad., 6, 164-166.*

Hertz, G. (1920). *Zeit. Phys. 3, 19-25.*

Kronig, R. de L. (1931). *Zeit. Phys. 70, 317-323.*

Kronig, R. de L. (1932). *Zeit. Phys. 75, 191-210*

Lee P.A. et Pendry J.B. (1975), *Phys. Rev. B., 11, 2795.*

McKale A.G., Knapp G.S. et Chan S.K. (1986), *Phys. Rev. B33*

McKale A.G., Veal B.W., Paulikas A.P., Chan S.K. et. Knapp G.S. (1988) *J. Am. Chem. Soc., 110, 3763*

Muller J. E., Jepsen O., Andersen O.K., Wilkins J.W. (1978), Systematic structure in the K-edge photoabsorption spectra of 4d transition metals: theory, *Phys .Rev. Lett. 40, 720.*

Muller J. E., Jepsen O. et Wilkins J. W. (1982), *Solid State Comm. 42, 365*

Muller J. E. et Wilkins J. W. (1984), *Phys. Rev. B 29, 4331*

Pauling, L. (1931)., *J. Amer. Chem. Soc. 53, 1367*

Rehr J. J. and Albers R. C. (1990) Scattering-matrix formulation of curved-wave multiple-scattering calculations of x-ray absorption fine structure. *Phys. Rev. B 41, 8139-8149*

Rehr J. J., Mustre de Leon J., Zabinsky S. I., and Albers R. C. (1991) Theoretical x-ray absorption fine structure standards. *J. Amer. Chem. Soc. 113, 5135-5140.*

Rehr J.J., Zabinsky S.I. and Albers R.C. (1992), High-order Multiple Scattering Calculations of X-ray Absorption Fine Structure, *Phys. Rev. Lett., 69, 3397-4000*

Sayers, D. (1971), A New Technique To Determine Amorphous Structure Using Extended X- ray Absorption Fine Structure, *BSRL Doc. D180-14436-1.*

Sayers D.E, Stern E.A. and Lytle F.W. (1971), New Technique for Investigating Non-crystalline Structures: Fourier Analysis of the Extended X-ray Absorption Fine Structure, *Phys. Rev. Lett., 27, 1204-1207*

Sayers, D., Lytle, F., Weissbluth, M. and Pianetta, P. (1975). *J. Chem. Phys. 62, 2514 - 2515.*

Sharp T.G., Wu Z., Seifert F., Poe B., Doerr M. and Paris E. (1996), Distinction between six- and four-fold coordinated silicon in SiO_2 polymorphs via electron energy loss near edge structure (ELNES) spectroscopy. *Physics and Chemistry of Minerals 23, 17-24.*

Stern, E.A., and Heald, S. M. (1983), Basic principles and applications of EXAFS. *In Handbook on Synchrotron Radiation (ed., E. Koch), pp. 955 - 1014. North Holland Publishing, Amsterdam.*

Teo B.K. (1986), EXAFS : Basic Principal and Data Analysis, *Inorganic Chem. Concepts 9,*

Teo B.K. et Lee P.A. (1979), *J. Am. Chem. Soc., 101, 2815*

CHAPITRE III

1. INTRODUCTION

Le dépouillement des données XAFS permet l'étude de l'environnement structural des minéraux analogues aux céramiques pour le stockage des déchets nucléaires. Par conséquent, ces études vont aider à comprendre l'effet des dégâts d'irradiation sur les céramiques utilisées comme matrices de confinement des déchets nucléaires. Cela est possible par projection des résultats expérimentaux obtenus sur les analogues naturels (voir chapitre I).

Dans le chapitre précédent (chapitre II), Nous avons décrit les étapes et les procédures de la méthode XAFS, de la préparation des échantillons à l'acquisition des données XAFS ainsi que leur dépouillement. Dans ce chapitre (chapitre III), nous allons présenter les résultats issus du dépouillement des données XAFS aux seuils des actinides naturels (Th et U) dans le zircon, la monazite, la zirconolite et la titanite. Cette étude des données XAFS permet de comprendre le comportement de la structure locale autour des actinides dans ces minéraux et l'effet des dégâts d'irradiation sur l'environnement structural de ces ions. De plus, l'étude des spectres XAFS aux seuils des éléments majeurs (formateurs de réseau) dans la structure des minéraux permet de mieux comprendre le phénomène de metamictisation des minéraux, tel que P dans la monazite, Si et Zr dans le zircon.

Pour faciliter l'étude des données XAFS et l'interprétation des résultats dans les minéraux analogues aux céramiques irradiées pour le stockage des déchets nucléaires, nous avons fait appel à des composés de référence.

2. COMPOSES DE REFERENCE

Des échantillons de structure connue et proche de la structure des minéraux à étudier sont utilisés comme références pour l'interprétation des résultats XAFS. Dans le cas des actinides dans le zircon nous avons choisi la thorite et la thorianite pour l'étude de l'environnement structural autour de Th, et la coffinite et l'uraninite autour de U. La structure de la monazite est plus compliquée, comme celle de l'huttonite. Cette dernière est donc, utilisée comme référence pour l'étude de la structure locale autour de Th dans la monazite. Pour l'étude de la structure des minéraux analogues autour de P, Nous avons utilisé la monazite cristalline, l'apatite et P_2O_5 comme références. Autour de Zr et de Si dans le zircon, plusieurs références ont été utilisées présentant des structures différentes autour de Zr et plusieurs formes de polymérisation des tétraèdres SiO_4. Ces références nous permettent de mieux comprendre l'effet des dégâts d'irradiation sur la structure cristalline des minéraux analogues de céramiques irradiés.

Nous avons enregistré des données XAFS dans les composés de référence dans les mêmes conditions que les échantillons à étudier. En plus de leur intérêt pour l'interprétation des résultats d'analyses, ils sont utilisés pour calibrer les spectres EXAFS en énergie.

2.1. Composés de référence pour Zr

Le zircon cristallin est considéré comme référence pour l'estimation du degré de métamictisation des zircons altérés et métamictes étudiés. Ayant subie des dégâts d'irradiation durant une longue période d'années ($\sim 10^9$ années), la structure des zircons métamictes ou altérés compliquée est peu connue. Cela explique notre intérêt à avoir plusieurs composés de référence, de structures différentes d'un composé à l'autre, pour l'étude de l'environnement structural autour de Zr dans ces zircons métamictes. Nous nous sommes intéressés spécialement à l'environnement structural autour de Zr, c'est pourquoi nous nous sommes basés sur l'étude des spectres XANES au seuil L_{III} et L_{II} de Zr (Wu et al., 1996 ; Sharp et al., 1996).

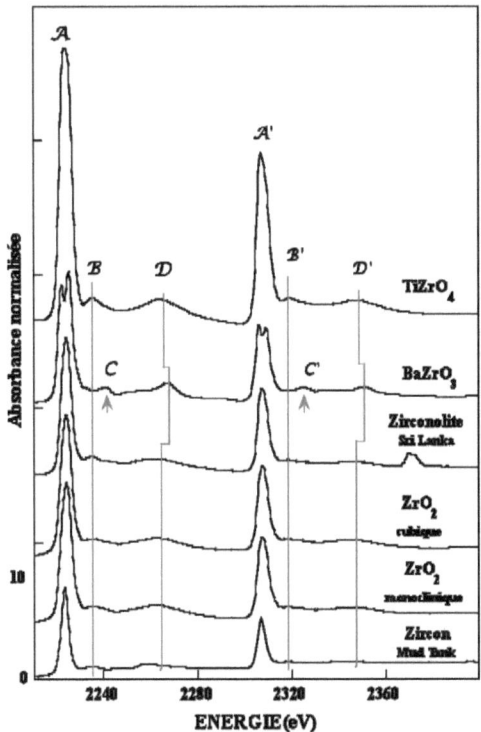

Fig. - III.1   Spectres XANES aux seuils L_{III} (à gauche) et L_{II} (à droite) de Zr
dans des composés de référence des structures différentes.

Des spectres XANES enregistrés au seuil L_{III} de Zr dans les composés
de référence sont comparés à ceux enregistrés au seuil L_{II} dans les mêmes
échantillons (Fig. III.1). Nous avons pu constater qu'il n'y a pratiquement
pas de différences entre les spectres XANES, sauf l'intensité du seuil
d'absorption plus grande dans le cas du seuil L_{III}. C'est d'ailleurs pourquoi
on s'est limité par la suite au seuil L_{III} de Zr.

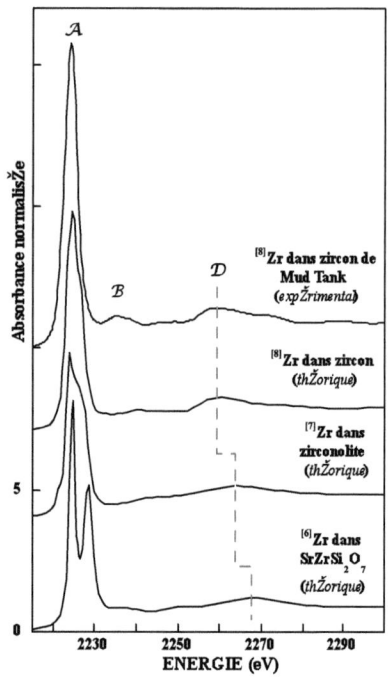

Fig. – III.2

Spectres XANES théoriques calculés au seuil L$_{III}$ de Zr dans le zircon cristallin comparés aux spectres XANES expérimentaux dans les zircons cristallins.

The figure contains the following labels: A, B, D, "Absorbance normalisée", "5", "0", "ENERGIE (eV)", "2230", "2250", "2270", "2290", "[8] Zr dans zircon de Mud Tank (expérimental)", "[8] Zr dans zircon (théorique)", "[7] Zr dans zirconolite (théorique)", "[6] Zr dans SrZrSi$_2$O$_7$ (théorique)".

Servant de référence pour l'interprétation des données XANES, un modèle théorique du spectre XANES au seuil L$_{III}$ a été calculé dans la structure du zircon défini par Robinson (Robinson et al., 1971). Notre familiarité avec le code de calcul FEFF8.28 nous permet de réaliser un modèle de spectre XANES proche à l'expérience. D'autres modèles de spectres XANES ont été calculés au seuil L$_{III}$ de Zr dans des composés de référence dans lesquels le Zr est en coordinence 7 (CaZrTi$_2$O$_7$) et de coordinence 6 (SrZrSi$_2$O$_7$).

Nous avons réalisé plusieurs calculs de spectres EXAFS sur des clusters de taille différente. Cette taille des clusters est définie par le rayon de la diffusion multiple donnée par la carte FMS du code FEFF. nous avons utilisé des potentiels dépendants de l'énergie d'échange de Hedin-Lundqvist (plus une constante imaginaire) avec une correction du seuil de - 2 eV. Cela est réalisé dans FEFF à l'aide de la carte EXCHANGE. Les potentiels H-L utilisés sont calculés automatiquement en utilisant la carte d'auto-cohérence (*self-consistent* SCF). Cette dernière assure la distribution des charges des ions de la structure. Nous n'avons retenu que les modèles représentatifs des spectres XANES expérimentaux.

On sait qu'un spectre XANES aux seuils L_{II}/L_{III} est représentatif de l'ordre à courte distance (Wu et al., 1996 ; Sharp et al., 1996), Les modèles des spectres XANES présenté dans la figure (Fig.III.2) sont calculés sur des petits clusters incluant l'ordre à moyenne distance (~4,5 Å). La résonance $\mathcal{B}$ située après la raie blanche $\mathcal{A}$ est due au fait que le polyèdre de coordination de Zr est régulier dans le zircon. La résonance $\mathcal{D}$ (première oscillation EXAFS) est fonction de la coordinence de Zr (Fig. III.2) et par conséquent elle est fonction de la distance interatomique moyenne Zr-O.

2.2. Composés de référence pour Si

Dans la structure du zircon, les forces de liaisons électrostatiques Si-O sont les plus fortes (~1,0 unité de valence). Woodhead et al. (1991a) ont suggéré, d'après une étude structurale par spectroscopie infrarouge, que dans le zircon apériodique les polyèdres SiO_4 gardent la forme tétraédrique et demeurent, en majeure partie, isolés. C'est pourquoi nous avons accordé une grande importance à l'étude de la structure du zircon autour de Si. Le but de notre étude est de déterminer les polymérisations possibles dans la structure des zircons métamictes en nous basant sur la spectroscopie XANES. L'enregistrement des spectres EXAFS au seuil K de Si (1839 eV) dans le zircon est gêné par la présence du seuil L_{III} de Zr (2223 eV).

Fig. – III.3
Spectres XANES enregistrés au seuil K de Si, dans différents échantillons présentant différents types de polymérisation.

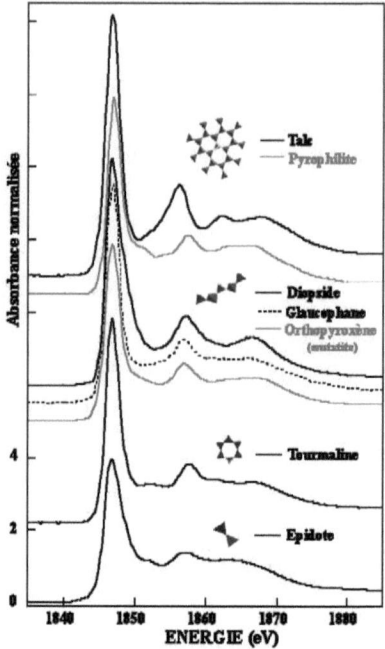

L'étude de la polymérisation dans la structure du zircon métamicte est d'une grande importance. Parce que nous avons rencontré des difficultés pour la modélisation du spectre XANES au seuil K de Si (voir chapitre II), nous avons sélectionné une large gamme d'échantillons de minéraux silicatés. Ces derniers serviront de références pour une interprétation qualitative des données XANES dans le zircon métamicte. Les composés de référence sont sélectionnés de façon à ce que la plupart des formes de polymérisations soient représentées (Fig. III.3).

Les spectres XANES enregistrés au seuil K de Si dans différents minéraux montrent une différence entre chaque matériau présentant une polymérisation différente. On peut noter (Fig. III.3) que plus les tétraèdres de Si sont isolés, moins les épaulements situés après le seuil deviennent intenses (la pyrophilite présente un cas particulier). Ces spectres XANES seront d'une grande utilité pour la compréhension et l'interprétation des spectres XANES au seuil de Si dans les différents échantillons de zircon.

a)   b)

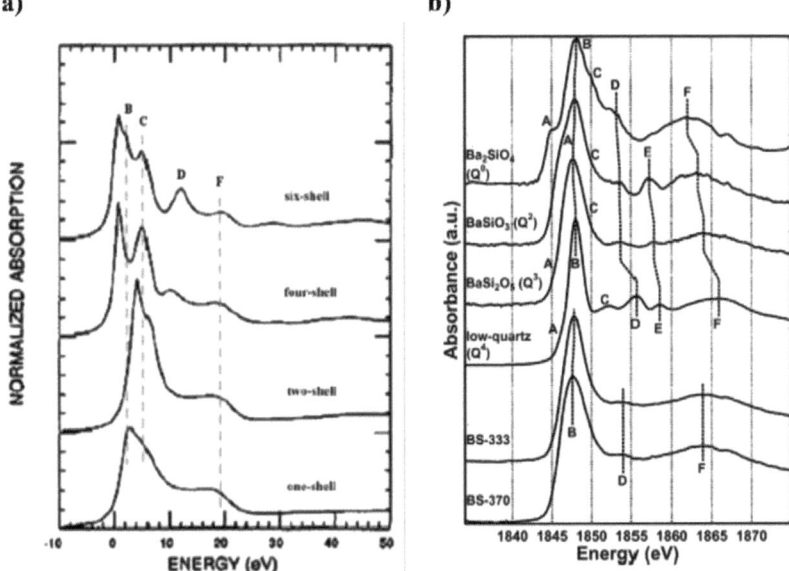

Fig. – III.4   **a)** *Spectres XANES théoriques calculé (CONTINUM) au seuil K de Si dans le zircon en fonction de la taille des clusters (Wu and Friedrich, 1996)*

                  b) *Spectres XANES au seuil K de Si dans les silicates du baryum cristallin [Ba_2SiO4 (Q^0), $BaSiO3$ (Q^2) et $BaSi_2O5$ (Q^3)], le quartz amorphe de degré de polymérisation Q^4, et deux verres de silicate de baryum BS-333 et BS-370 (Bender et al., 2002).*

Wu et Friedrich (1996) ont construit des modèles XANES au seuil K de Si dans le zircon cristallin en fonction de la taille du cluster. Les résonances du spectre XANES expérimental sont reproduites en totalité lors du spectre XANES « six-shell » (Fig. III.3a) réalisé avec 51 atomes rétrodiffuseurs, mais avec des intensités différentes. Cela montre que la plupart des pics de résonance sont sensibles à l'ordre à longue distance (Wu et al.,1996).

    Bender et al. (2002) ont réalisé une étude par spectroscopie XANES sur la polymérisation des tétraèdres de Si. Ils ont enregistré des spectres XANES au seuil K de Si dans des échantillons de référence présentant différents types de polymérisation (Fig.III.4). Ces spectres XANES nous servirons de référence pour interpréter et comprendre la polymérisation dans les échantillons de zircon métamictes (voir plus loin). Tous les spectres XANES (Fig. III.4b) présente une forte résonance $\mathcal{B}$ vers 1848 eV. L'énergie de cette résonance varie de seulement 0,4 eV en fonction de Q^n (Bender et al., 2002). Ce changement d'énergie de la raie blanche n'a pas été observé par Henderson dans les verres Na_2O-SiO_2 (Henderson, 1995). Nous n'avons pas observé cela sur les spectres XANES au seuil K de Si ni dans le zircon cristallin ni dans le métamicte.

D'après Li et al. (1994) les résonances $\mathcal{D}$ et $\mathcal{F}$ (Fig.III.4b) peuvent être décrites comme étant le résultat de la diffusion multiple dans les tétraèdres SiO_4. Donc, la différence d'énergie ΔE entre ces résonances ($\mathcal{D}$ et $\mathcal{F}$) est inversement proportionnelle à la distance interatomique Si-O (Natoli et al., 1983 ; Sette et al., 1984). Les résonances C et $\mathcal{E}$ sont liées à la sphère de coordination.

2.3. Composés de référence pour P

Tout comme pour SiO_4, La force de liaison électrostatique autour de P (P-O) dans les tétraèdres PO_4 est plus forte ($\sim 1,0$ u.v.). Tout de même, ces tétraèdres PO_4 subissent les conséquences des dégâts d'irradiation. Une étude XAFS a été réalisée au seuil K de P dans la structure de la monazite naturelle ayant subi des dégâts d'irradiation durant de longues périodes de temps. Contrairement au zircon, on n'a pas pu se procurer beaucoup de composés référence pour le phosphore. Alors, la monazite cristalline est utilisée comme référence en plus de l'apatite et de P_2O_5. Ces échantillons ne servent de références que pour l'étude de la structure locale autour de P à courte distance.

Comme dans la monazite cristalline, le phosphore dans la structure de l'apatite se présente en tétraèdres isolés, mais la distance interatomique moyenne P-O égale à 1,52 Å (Hughes et al., 1991 ; Rastsvetaeva et al., 1996) est plus courte par rapport à celle mesurée dans la monazite cristalline ($\sim 1,56$ Å) (Wyckoff, 1963). Alors, l'apatite sert de modèle pour l'étude de la structure locale à courte distance autour de P dans les monazites métamictes. Dans le cas de P_2O_5, l'atome de phosphore dans chaque tétraèdre possède trois liaisons simples (P-O) et une liaison double (P=O). Les tétraèdres de P dans le pentoxyde de phosphore sont fortement polymérisés (De Decker et al., 1941 ; Hill et al., 1943).

Les tétraèdres PO_4 tendent à se polymériser en métaphosphates de différentes longueurs de chaîne (Li et al., 1995). Le pentoxyde de phosphore peut servir de référence pour une étude de la polymérisation de la structure des monazites irradiées.

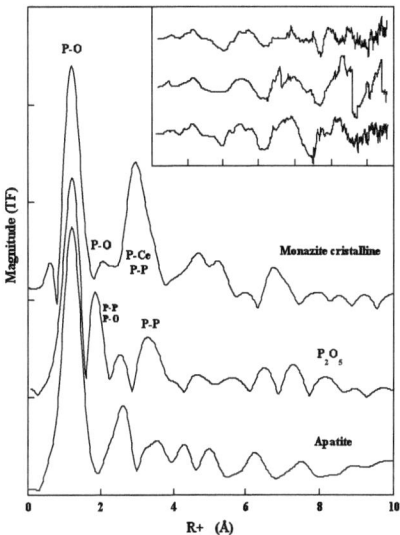

Fig. - III.5

Transformées de Fourier des spectres EXAFS (en haut) dans la monazite, l'apatite et le pentoxyde de phosphore (P_2O_5).

Un modèle théorique du spectre EXAFS au seuil K de P est réalisé (Fig. III.6) sur la base du spectre expérimental EXAFS dans la monazite cristalline (Marijao). Il permet d'évaluer le degré de cristallisation de chacun des échantillons de monazites étudiés. Le modèle théorique est réalisé au moyen du code de calcul FEFF8.28 à partir de la structure cristalline de la monazite de Wyckoff (Wyckoff, 1963). Lors du calcul, nous avons utilisé tous les chemins de rétrodiffusion possibles par les atomes voisins de l'atome central P dans la monazite. Les potentiels dépendants de l'énergie d'échange de Hedin-Lundqvist (plus une constante imaginaire) ont été utilisés (EXCHANGE). L'auto-cohérence (*self-consistent **SCF***) a été utilisée pour le calcul des potentiels et la distribution des charges des ions de la structure. Sur la figure (Fig. III. 6) nous avons représenté le spectre EXAFS calculé au seuil K de P dans la monazite cristalline. Comparé au spectre expérimental dans la monazite cristalline de Marijao, ce dernier est reproduit en totalité par le modèle du spectre EXAFS calculé. Donc, ce modèle servira par la suite de référence pour l'analyse des données EXAFS dans les monazites cristallines et métamictes.

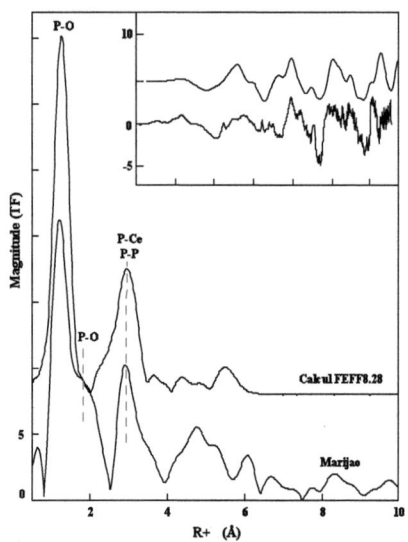

Fig. III.6

Transformées de Fourier et Spectres EXAFS au seuil K de P dans :
➤ *la structure cristalline théorique de la monazite (FEFF),*
➤ *monazite naturelle cristalline (Marijao).*

Note :

Comme pour le cas de Si dans le zircon et à cause des effets de trous de cœur et l'insuffisance de l'approximation (Z+1), on n'a pas pu faire de modèle XANES théorique proche de l'expérience au seuil K de P dans la structure de la monazite.

2.4. Composés de référence pour Th

La structure minéralogique cristalline de la thorite est semblable à celle du zircon. Cependant, il est possible que le thorium dans le zircon évolue dans des inclusions de phase thorite ou thorianite. Bien que la structure de la thorianite soit différente, l'ordre local autour de Th dans le zircon ayant subi des dégâts d'irradiation peut avoir une structure locale similaire à courte distance. C'est pourquoi nous avons utilisé les deux structures (thorite et thorianite) comme références pour l'étude de l'environnement structural de Th dans le zircon cristallin et métamicte. Un échantillon de thorite synthétique (Farges, 1991) est utilisé pour l'enregistrement du spectre EXAFS au seuil L_{III} de Th ainsi que pour l'analyse et l'interprétation des résultats XAFS. L'huttonite (β-ThSiO4) est une structure de thorite (α-ThSiO$_4$) à l'origine, chauffée à l'air à une température supérieure à 1400°C. Cependant, le Th dans la structure de l'huttonite est en coordinence 9, présentant un polyèdre de coordination très distordue. Alors, l'huttonite nous servira de référence pour l'étude de l'environnement structural de Th dans les monazites.

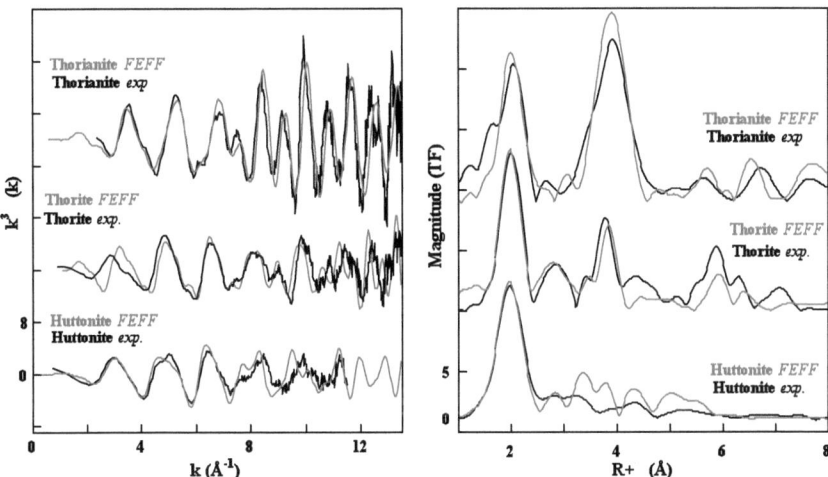

Fig. - III.7 *Spectres EXAFS [k³χ(k)] des composés de référence (à gauche) et leur transformées de Fourier respectives (à droite) avec les modèles théoriques de chaque spectre calculé par FEFF8.28.*

La thorite (ThSiO$_4$) est importante pour le dépouillement des données XAFS dans le zircon et l'interprétation des résultats. Donc, un modèle théorique est utile pour confirmer la cristallinité de la structure de la thorite, de la thorianite et de l'huttonite utilisées (Fig. III.7). Pour les trois cas, nous avons utilisé les potentiels dépendant de l'énergie d'échange de Dirac-Fock pour l'atome central (Th) et Heden-Lundqvist pour les électrons de la valence. Cela est géré par la carte EXCHANGE en donnant une valeur **5** au

1er paramètre de la carte « POTENTIELS ». De plus, le calcul du potentiel et de la distribution des charges est mené de façon automatique en faisant appel à l'auto-cohérence. Un facteur global de Debye-Waller de 0,025 est utilisé, simulant l'agitation thermique et structurale dans la structure (SIG2 = 0,025). Lors du calcul du spectre EXAFS dans la structure de la huttonite, un décalage en énergie de −3 eV a été appliqué. La comparaison des spectres EXAFS montre une bonne concordance entre les spectres théoriques et expérimentaux (Fig. III.7). Cela montre que l'on a pu reproduire le spectre expérimental qui servira de référence pour l'analyse des données EXAFS au seuil L_{III} de Th dans le zircon, la monazite, la zirconolite et la titanite.

2.5. Composés de référence pour U

Pour l'étude du comportement de la structure locale autour de l'uranium dans le zircon cristallin (substitution) et métamicte (désordre local), nous avons choisi la coffinite comme référence à cause de la similarité de sa structure avec celle du zircon cristallin. Des spectres XANES au seuil L_{III} de U ont été enregistrés dans des échantillons de coffinites naturelles (Ambrosia Lake de New Mexico, USA et Minatome de Ben Lomont, Australie). Ces spectres présentent un épaulement à ~10 eV après le seuil d'absorption (Fig. III.7), caractéristique de U (VI) (uranyles, uranates). Donc, l'uranium dans ces échantillons est oxydé. Non satisfait du comportement redox de U dans la structure des coffinites naturelles, nous avons précédé à une recristallisation de la structure de la coffinite en la chauffant dans du graphite à une température d'environ 400 °C. Steiff et al. (1955) ont monté que la coffinite naturelle ($USiO_4$) se décompose en UO_2 et silice amorphe quand elle est chauffée à une température supérieure à 400°C (Hoekstra et al. 1956). Malheureusement, notre traitement n'a pas été suffisant pour réduire l'uranium dans ces échantillons de coffinite.

Pour une étude de l'environnement structural autour de U dans le zircon, l'uraninite (UO_2) peut être considérée comme référence vue la coordinence de U et le type d'atomes rétrodiffuseur premiers voisins. Un calcul FEFF d'un modèle théorique au seuil L_{III} de U dans l'uraninite a été réalisé. Ce modèle sert de base pour la modélisation du spectre EXAFS au seuil L_{III} de U dans la structure théorique de la coffinite (Fig.III.8b).

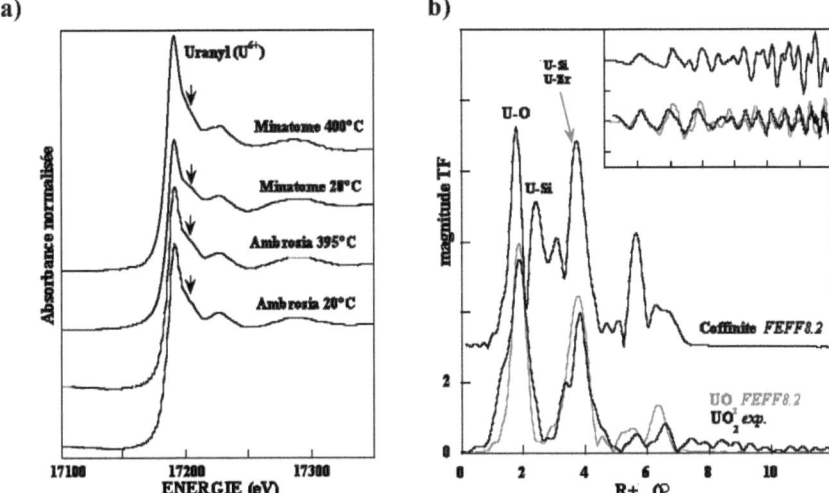

Fig. – III.8 **a)** *Spectres XANES normalisés au seuil L_{III} de U dans les coffinites naturelles et recuite à ~400°C (Ambrosia Lake de New Mexico, USA et Minatome de Ben Lomont, Australie)*

b) *Transformées de Fourier des spectres EXAFS théoriques (en haut) au seuil L_{III} de U comparés au spectre EXAFS expérimental enregistré dans UO_2.*

Comme pour le Th, nous avons utilisé les potentiels de Dirac-Fock pour l'atome central (U) et Heden-Lundqvist pour les électrons de la valence de la structure du modèle de calcul FEFF dans UO_2 La distribution des charges ainsi que le calcul des potentiels est automatique en utilisant la carte d'auto-cohérence « SCF ». En se basant sur la qualité du modèle théorique du spectre EXAFS au seuil L_{III} de U dans le composé de référence UO_2 (Fig. III.8b), nous avons réussi la modélisation du spectre EXAFS au seuil L_{III} de U dans la coffinite. Les spectres EXAFS théoriques et expérimentaux au seuil L_{III} de U serviront de références pour l'étude du comportement de la structure du zircon autour de U à moyenne distance (seconds, troisièmes et quatrièmes voisins : ~5 Å).

3. ENVIRONEMENT STRUCTURAL AUTOUR DES MAJEURS DANS LE ZIRCON ET LA MONAZITE

3.1. Zirconium dans la structure du zircon

Le comportement structural autour de Zr a déjà fait l'objet de plusieurs études (Farges, 1989 ; Farges et al., 1991 ; Begg et al., 1998 ; Crocombette et al., 2000 ; Zhang et al., 2000 ; Susana et al., 2000 ; Meldrum et al., 2000 ; Hanchaar et al., 2001 ; Crocombette et al., 2001 ; Balan et al., 2001 ; Thorsten et al., 2003). Il a été montré que dans le zircon métamicte, l'environnement structural autour de Zr est beaucoup plus complexe que dans zircon cristallin. A titre informatif, nous rappelons certains résultats concernant la structure du zircon cristallin et métamicte (Farges, 1989 ; Farges et al., 1994). Sur la figure (Fig. III.9), nous avons représenté les transformées de Fourier des spectres EXAFS enregistrés au seuil K de Zr dans plusieurs zircons métamictes et cristallins. On peut constater que l'étude de la structure des zircons métamictes à moyenne et longue distance est plus compliquée car le signal EXAFS dû aux atomes rétrodiffuseurs à moyenne distance différente du zircon cristallin ; ce qui rend son interprétation plus difficile.

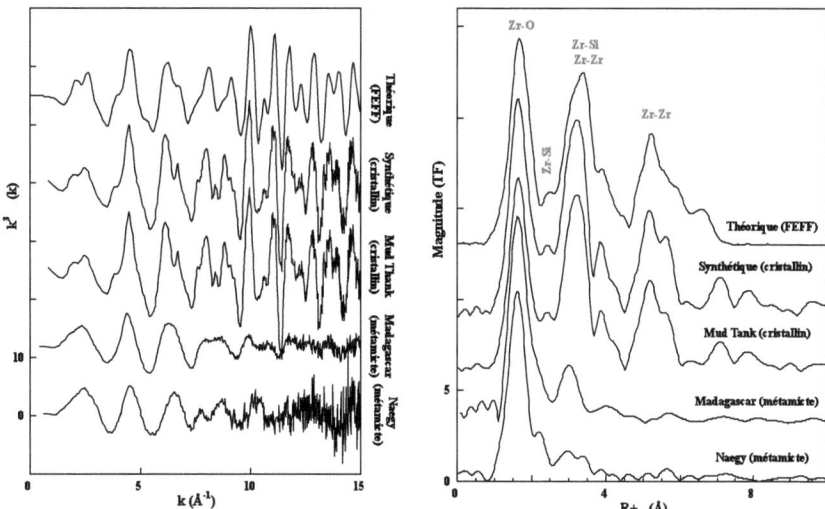

Fig. – III.9 *Spectres EXAFS au seuil K de Zr dans la structure du zircon (à gauche) et leurs transformées de Fourier respectives (à droite).*

Contrairement au zircon cristallin, la structure locale autour de Zr dans le zircon métamicte est plus complexe. Cette complexité est prévisible particulièrement, sur l'ordre à moyenne et longue distance autour de Zr où le réseau cristallin est complètement détruit par les effets des dégâts d'irradiation.

Nous avons enregistré sur la ligne SuperAco du LURE, des spectres XANES aux seuils L_{III} et L_{II} de Zr sur plusieurs échantillons présentant différents états : zircons cristallins, métamictes et altérés. L'objectif visé est de mieux comprendre le comportement des atomes situés autour des éléments majeurs dans la structure du zircon.

Les spectres XANES du zircon (cristallin et métamicte) apparaissent similaires, mais, dans le détail, on note un XANES plus structuré dans le cas du zircon cristallin. La spectroscopie XANES au seuil L_{III} de Zr est également sensible aux dégâts d'irradiation. Dans le cas du zircon métamicte, les spectres XANES sont similaires à ceux de la zircone monoclinique (Fig.III.10).

La résonance $\mathcal{D}$, présente une différence d'énergie d'environ 5 eV entre les spectres XANES dans le zircon cristallin et métamicte est enregistrée. Il a été montré que cette résonance est fonction de la sphère de coordination. Ce déplacement vers les hautes énergies de la résonance $\mathcal{D}$ (première oscillation EXAFS) est caractéristique d'un changement de coordinence deu zirconium : 8 dans le zircon cristallin et 7 dans le zircon métamicte. La structure locale autour de Zr dans le zircon métamicte est donc encore plus complexe que ce que montre l'étude par EXAFS. Non seulement l'ordre à moyenne et à longue distance sont distordu, mais aussi au niveau du polyèdre de coordination, la structure est affectée par les dégâts d'irradiation.

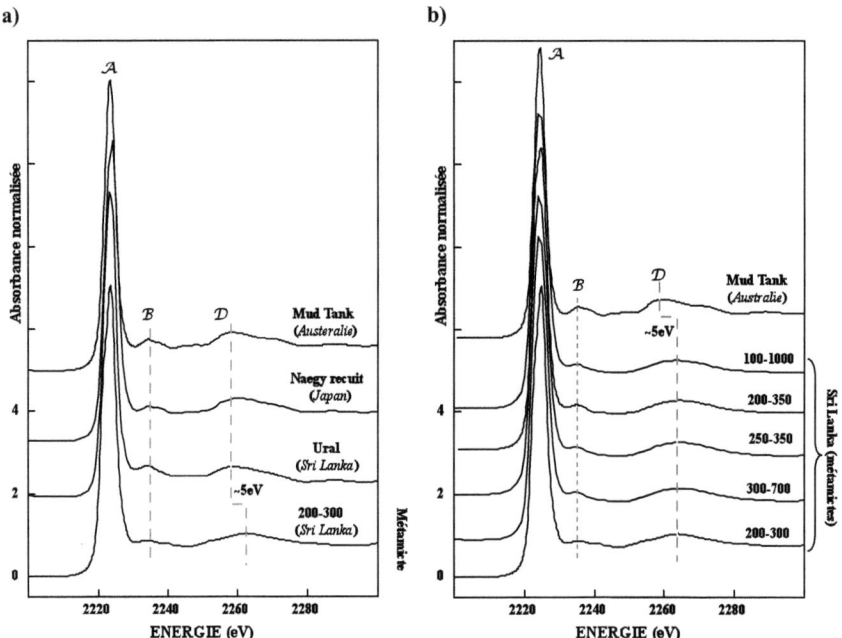

Fig. - III.10 *Spectres XANES au seuil L_{III} de Zr dans :*
   a) *des zircons cristallins naturels et recuit (Naegy) comparés au zircon métamicte de Sri Lanka,*
   b) *une série de spectres XANES dans des zircons métamictes comparés un zircon cristallin Mud Tank d'Australie.*

3.2. Silicium dans la structure du zircon

Comprendre l'effet de l'irradiation revient à étudier la structure avant et après. C'est pourquoi, nous avons procédé à une étude de la structure autour du silicium dans différents échantillons de zircons cristallins, métamictes et altérés. L'étude des échantillons de zircons altérés permet de comprendre la transition de phase entre l'état cristallin et l'état métamicte.

Une série d'échantillons à été sélectionnée, composée de :
  ➢   zircons cristallins naturels (Mud Tank, Australie) et recuit (Naegy, Japon)
  ➢   zircons métamictes (Sri-Lanka ; Naegy, Japon, etc.),
  ➢   zircons altérés (Betafo, Madagascar ; Hitterro, Norvège, etc.).

A cause de la forte concentration en Zr dans ces échantillons l'enregistrement des spectres EXAFS au seuil K de Si n'a pas été possible parce que le seuil L_{III} de Zr (2223 eV) est très proche du seuil K de Si (1839 eV). Les spectres XANES permettent aussi de rassembler des informations sur la structure et par conséquent de réaliser une étude sur la structure atomique du zircon autour de Si. Zhang et al. (2000) ont montré, par spectroscopie Raman, la polymérisation du réseau atomique dans le zircon métamicte. Par cette étude XAFS, nous cherchons les effets de la polymérisation des tétraèdres de Si dans une structure de zircon. Dans la structure du zircon cristallin, les tétraèdres SiO_4 sont isolés les uns des autres. La polymérisation des tétraèdres de Si est due à l'effet des dégâts d'irradiation. Pour faciliter l'interprétation des spectres XANES dans le zircon, des échantillons des composés de référence, à structure connue, (Fig. III.3) sont utilisés. Ces échantillons présentent des structures avec différents types de polymérisation des tétraèdres de silicium, allant de la simple connexion par sommet (épidote) à un plan de tétraèdres connectés les uns aux autres (pyrophylite et talc).

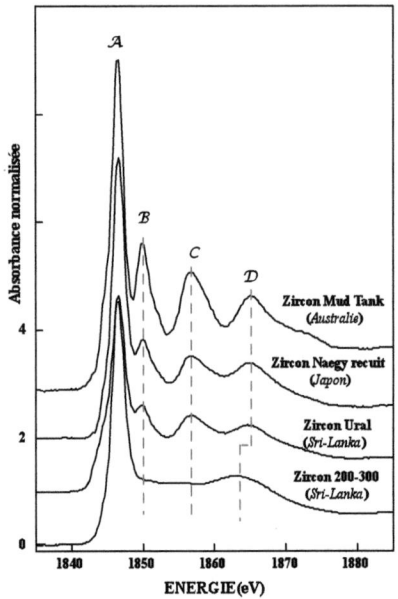

Fig. – III.11

Spectres XANES au seuil K de Si dans des zircons cristallins naturels et recuits comparés au zircon métamicte de Sri Lanka.

Les spectres XANES enregistrés au seuil K de Si dans les zircons cristallins présentent des résonances après seuil de plus en plus intenses en fonction de la cristallinité de la structure. En se basant sur le spectre XANES dans le zircon métamicte de Sri Lanka, on constate que l'intensité des pics d'épaulement en aval du seuil est fonction du degré de recristallisation des échantillons (Fig. III.11). On note que le zircon naturel Mud Tank (Australie) est plus cristallin que le zircon recuit de Naegy (Japon). Le spectre XANES au seuil K de Si dans le zircon « Ural » (Sri Lanka) est moins structuré que celui du zircon cristallin « Mud Tank », mais il présente une structure plus ou moins cristalline comparé au spectre du zircon métamicte de Sri Lanka « 200-300 ».

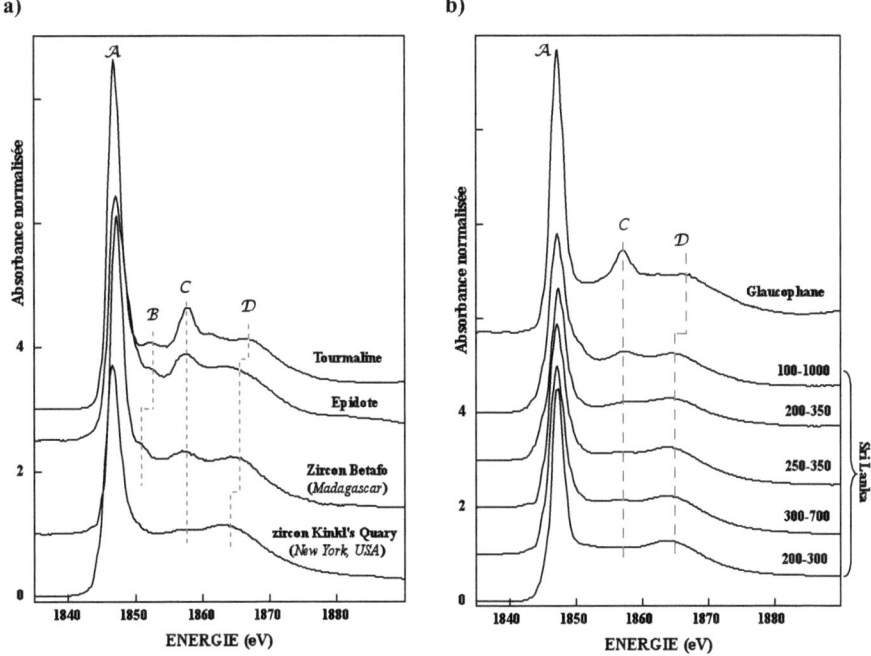

a)   b)

Fig. - III.12 *Spectres XANES dans les zircons altérés (**a**) et métamictes (**b**) comparés à des composés de référence de polymérisation.*

Le seuil d'absorption est au même endroit pour tous les spectres XANES enregistrés au seuil K de Si dans le zircon cristallin ou métamicte. Donc, Si garde sa coordinence 4 même après avoir subi des dégâts d'irradiation (Li et al., 1995). En se basant sur les calculs théoriques de Wu et Seifert (1996), on peut constater que la résonance $\mathcal{B}$ après le seuil d'absorption $\mathcal{A}$ est due particulièrement aux atomes rétrodiffuseurs second voisins. Bender et al. (2002) ont montré que lors des cas de polymérisation Q^2, Q^3 et Q^4 la résonance $\mathcal{B}$ disparaît. Ils suggèrent que cette résonance fasse partie de la raie blanche $\mathcal{A}$ ce que l'on observe sur les spectres XANES au seuil K de Si dans les zircons métamictes (Fig. III.11). Selon Li et al. (1994), les résonances C et $\mathcal{D}$ peuvent être décrites comme étant le résultat de la diffusion multiple dans le tétraèdre de silicium (SiO_4). Le décalage en énergie de ces résonances, d'un spectre à l'autre, est inversement proportionnel au carré de la distance interatomique entre l'atome de Si et les atomes O 1er voisins ($1/r^2$: Natoli, 1983 ; Sette et al., 1984). Sur les figures (Fig. III.11 et Fig. III.12a) on constate un décalage vers les basses énergies du pic D (1ere oscillation EXAFS) dans les zircons métamictes ; Cela peut vraisemblablement s'expliquer par une distance interatomique Si-O plus longue (~0,1 Å) dans le zircon métamicte que dans le zircon cristallin

Cette étude nous conduit à penser que dans les zircons métamictes, les distances interatomiques Si-O deviennent plus longues à cause de la distorsion du polyèdre de coordination (Li et al., 1994). Bien que le spectre XANES au seuil K de Si de la tourmaline semble un peu plus proche de ceux des zircons (partiellement métamictes), celui de l'épidote est le plus représentatif pour la structure de ces zircons autour de Si. La résonance C sur la figure (Fig. III.11a) est plus intense dans la tourmaline et un peu moins dans l'épidote, mais elle reste plus intense que dans les zircons. Cela rend plus difficile la détermination du type de polymérisation dans les zircons métamictes en se basant uniquementsur les composés de référence expérimentaux.

Sur la figure (Fig. III.12b), sont représentés les spectres XANES des zircons métamictes. Sur ces spectres XANES, on ne voit pas la résonance $B,$ qui a complètement disparu. La largeur du seuil d'absorption correspond plus au spectre représentant des polymérisations en chaîne (deux oxygènes pontants :Q^2) dans les zircons les moins métamictes à savoir Sri Lanka 100-1000 (Bender et al., 2002). Cela correspond, aux matériaux présentant une polymérisation en chaîne comme la diopside, l'orthopyroxène (enstatite) et la glaucophane (voir composés de référence : Fig. III.3). La résonance C sur les spectres XANES des composés de référence présente une grande différence avec celles des zircons métamictes. Comme cette résonance est due surtout aux atomes troisièmes et quatrièmes voisins (Fig. III.4a : Wu et al., 1996), elle n'a pas d'influence sur la polymérisation (l'ordre à courte distance). En se basant sur la 1er oscillation EXAFS sur les spectres XANES (Pic D), on peut dire que les distances interatomiques Si-O dans le zircon métamicte sont plus longues que celles mesurées dans les composés de référence présentant une polymérisation en chaîne.

3.3. Phosphore dans la structure de la monazite

La structure complexe de la monazite rend difficile la compréhension des effets d'irradiation sur l'environnement structural. Pour cela, l'étude de la structure locale dans les monazites autour du phosphore peut se révéler de grande importance. Bien que la force de liaison électrostatique autour de P soit importante, les tétraèdres PO_4 subissent les conséquences des effets d'irradiation. Nous avons procédé à l'étude par spectroscopie des rayons X (XAFS) de la structure locale de la monazite autour de l'atome central P, car le polyèdre de coordination du phosphore est plus structuré et ne présente pas de distorsion.

Nous avons enregistré (ligne SA32 du LURE) des spectres EXAFS et XANES au seuil K de P dans les monazites. Sur la figure suivante (Fig. III.13), sont représentées les transformées de Fourier des signaux EXAFS. Nous constatons une rétrodiffusion des atomes voisins à moyenne et à longue distance plus nette dans certaines monazites comme « Marijao » et « Madiaombé », (2ème pic de la TF plus intense) et moindre pour d'autres comme « MOAC » et « Herfoss ». L'étude XAFS au seuil K de P dans les monazites nous permet de montrer l'existence de différences entre les monazites cristallines (Marjao, Madiaombé, …) et les monazites métamictes.

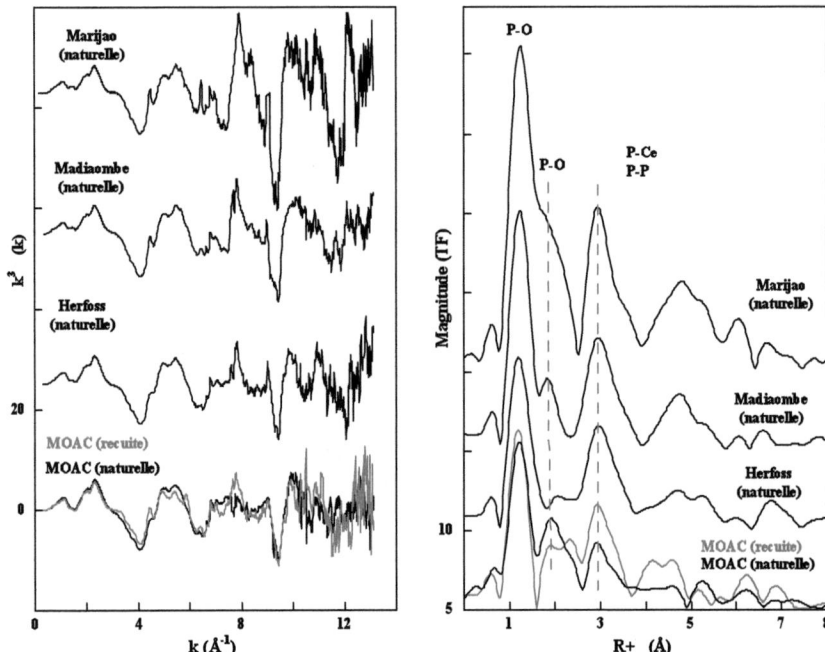

Fig. – III. 13 *Transformées de Fourier (à droite) des spectres EXAFS (à gauche) enregistrés au seuil K de P dans les monazites naturelles par ordre croissant de la cristallinité de la structure locale autour du phosphore (les signaux issus des deux échantillons MOAC sont superposées pour faciliter leur comparaison).*

En comparant le spectre EXAFS au seuil P dans la monazite « MOAC » naturelle avec celui dans la même monazite recuite, on observe une différence entre les deux spectres EXAFS due à la guérison des défauts de structure. Mais, en se basant sur les transformées de Fourier des spectres EXAFS dans la monazite « MOAC » recuite et dans la monazite cristalline naturelle « Marijao » on constate que la monazite MOAC est moins cristalline. La résonance $\mathcal{B}$ du spectre XANES au seuil K de P disparaît dans le cas des monazites métamictes. Cela indique une polymérisation possible des tétraèdres PO_4 dans la monazite métamicte comme c'est le cas dans P_2O_5 (Fig. III.15).

Les analyses des spectres EXAFS enregistrés au seuil K de P montrent une distance interatomique moyenne P-O (Tableau III.1) proche de celle calculée dans la monazite théorique de Wyckoff (~1,563 Å). On constate aussi une perturbation de la structure à courte distance autour des monazites naturelles métamictes « MOAC » et « Herfoss ». La distance interatomique moyenne P-O dans ces structures est un peu plus longue (1,61 Å et 1,572 Å) par rapport aux autres monazites. Sur la figure (Fig. III.13), on peut constater que les amplitudes des spectres EXAFS sont moins intenses vers des valeurs de vecteur d'onde k supérieures à 6 Å^{-1}. Ces amplitudes sont dues à la rétrodiffusion des atomes voisins à moyenne et à grande distance représentée par la magnitude « P-Ce et P-P » de la transformée de Fourier. De là, on peut conclure la structure locale autour de P est moins cristalline pour les échantillons de monazites MOAC naturelle et Herfoss. De plus, les spectres EXAFS filtrés des premiers voisins rétodiffuseurs montrent cette différence entre les monazites cristallines et métamictes. A l'amplitude du vecteur d'onde dans les monazites cristalline s'ajoute un décalage vers les grandes valeurs du vecteur d'onde (Fig. III.14). On note que ce décalage en k est fonction du degré de métamictisation de l'échantillon de la monazite. Nous avons représenté sur le tableau (Tableau III.1) les résultats de l'analyse des spectres EXAFS au seuil K de P dans les monazites.

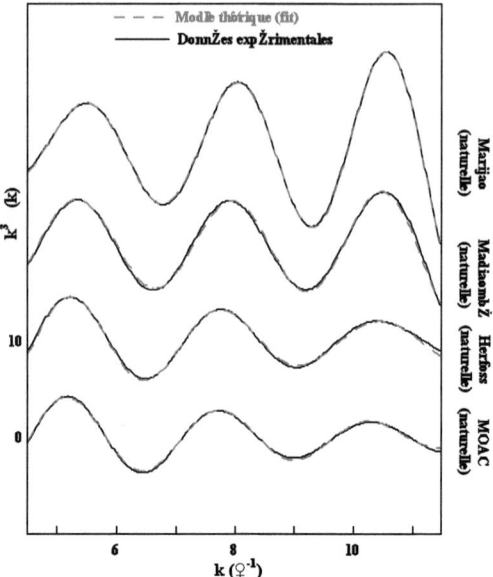

Fig. - III.14
Résultats de l'ajustement (fit)
des spectres EXAFS
expérimentaux dûs aux
contributions des atomes
rétrodiffuseurs premiers
voisins de P dans les
monazites naturelles
cristallines et métamictes.

Tableau III.1 *Paramètres structuraux extraits par analyse des données EXAFS au seuil K de P dans les monazites*

Echantillons		N (atomes)	P-O (Å)	σ^2
Marijao	(*naturelle*)	4,0	1,57	0,002
Madiaombé	(*naturelle*)	3,4	1,56	0,007
Herfoss	(*naturelle*)	4,5	1,62	0,010
MOAC	(*naturelle*)	4,2	1,58	0,010
MOAC	(*recuite*)	3,8	1,56	0,001
Incertitudes		**1,0**	**0,05**	**0,005**

Les courbes XANES sur la figure (Fig. III.15) confirment les résultats obtenus par analyse des données EXAFS. En effet, sur les spectres XANES normalisés se présente un épaulement **B** juste après la raie blanche **A**. L'intensité de cette résonance **B** est fonction de la cristallinité de la structure (plus l'échantillon est cristallin plus la résonance est intense) cet

133

épaulement est de plus en plus intense au fur et à mesure que la structure est de plus en plus cristalline.

En plus des résultats EXAFS et en se basant sur la résonance $\mathcal{B}$ des spectres XANES au seuil K de P, on remarque que la structure de la monazite « MOAC » recuite est moins cristalline (structure locale autour de P) par rapport à l'autre monazite cristalline (exemple : Marijao). Cependant on peut dire que, d'une part, les défauts n'ont pas été complètement guéris lors de la recristallisation par recuit et que la formation des inclusions de phases a empêché la recristallisation complète de la structure d'autre part.

Fig. – III.15
Spectres XANES normalisés enregistrés au seuil K du phosphore dans différents échantillons de monazite comparés à celui enregistré dans le pentoxyde du phosphore (P_2O_5).

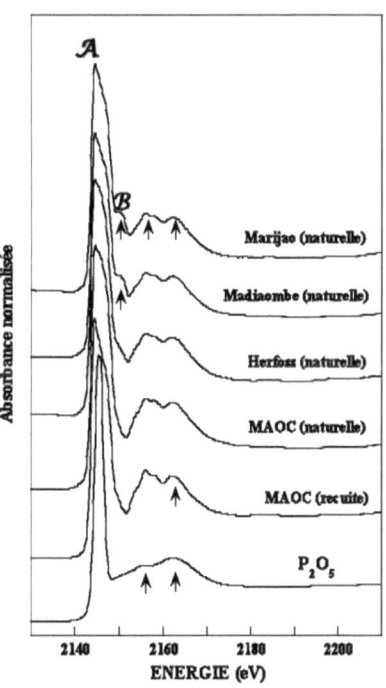

4. ACTINIDES NATURELS DANS LES MINERAUX NATURELS ANALOGUES AUX CERAMIQUES IRRADIEES

4.1. Actinides dans le zircon

L'étude du zircon dans cette thèse a focalisé notre plus grande attention. La structure minéralogique du zircon facilite beaucoup l'étude par EXAFS de l'environnement local autour du thorium. Le zircon cristallin peut servir de référence pour mieux comprendre la structure, plus compliquée, de la monazite, car la monazite est une structure distordue de zircon (Montel, 2000).

Les spectres XAFS aux seuil L_{III} de Th ont été enregistrés, en majorité, sur le nouvel onduleur de la ligne ID26 de l'ESRF à Grenoble (Gauthier et al., 1999 ; Signorator et al., 1999). D'autres sources de rayons X ont été utilisées pour enregistrer des spectres EXAFS tel que LURE à Orsay et SSRL à Stanford (USA).

4.1. 1. Environnement de Th dans le zircon
4.1.1.1. Zircon cristallin

Le zircon cristallin étudié (Naegy recuit) est métamicte à l'origine. Ce dernier est recuit à une température de 1200°C pendant une période de 4 heures. Cela permet la guérison des dégâts d'irradiation, ainsi on retrouve la structure du zircon. Les analyses DRX et MET ont montré que ce zircon traité présente une bonne cristallisation (Farges, 1989).

Sur la figure (Fig. III.16), sont représentés les spectres EXAFS $[k^3\chi(k)]$ au seuil L_{III} de Th dans le, zircon cristallin, la thorite cristalline et la thorianite, avec leurs transformées de Fourier respectives. Nous pouvons constater que les contributions des atomes troisièmes et quatrièmes voisins sont différents pour ces trois échantillons. Cela est dû aux types et nombre d'atomes rétrodiffuseurs (plus l'atome est lourd plus l'amplitude du signal est grande). C'est pourquoi dans le cas du zircon cristallin, on remarque, sur la Transformée de Fourier, que la magnitude des contributions des atomes 3ème et 4ème voisins autour de Th est moins intense que dans le cas de la thorite (Si + Th) et encore moins de la thorianite (Th). Ainsi, dans la thorianite, il n'y a que les atomes de Th et O qui rétrodiffusent, plus les Si dans le cas de la thorite mais dans le cas du zircon, ce sont les Zr, les Si et les O.

L'étude de la structure autour des actinides (Th et U) dans un zircon cristallin sert de modèle (référence) pour mieux comprendre le processus d'amorphisation (à travers l'étude de différents échantillons de zircons altérés) et d'argumenter les résultats de l'étude XAFS sur les zircons non cristallins.

Fig. – III.16

Transformées de Fourier avec le spectre EXAFS au seuil L_{III} de Th dans le zircon cristallin de Naegy (Japon), comparés à celui de la thorite et de la thorianite cristallines.

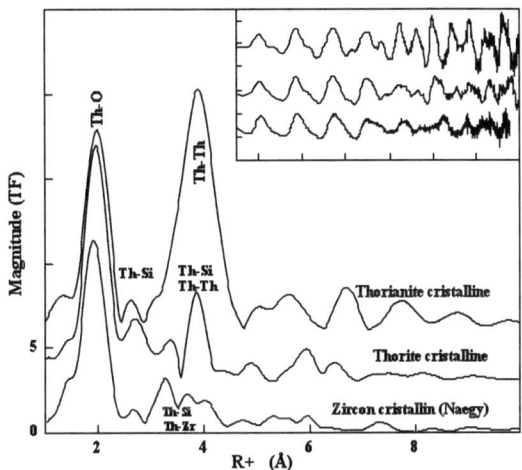

Certains paramètres sont ajustables de façon à ce que les paramètres structuraux et les paramètres de phase soient bien corrélés entre eux. Cela est contrôlé par ce qu'on appelle la matrice de corrélation dans le code de calcul XAFS (Winterer, 1996). L'une des particularités de ce programme est qu'il permet de faire des fits à une ou plusieurs couches, spécialement dans les cas ou la structure est bien ordonnée (cas du Th dans le zircon cristallin). Nous avons représenté sur la figure (Fig. III.17) les ajustements (fits) des spectres EXAFS filtrés, par des transformées de Fourier inverses (TF^{-1}), des contributions des atomes d'oxygènes premiers voisins, et les atomes Zr et Si troisièmes et quatrièmes voisins. Ces derniers (Si et Zr) sont ajustés en double couche tandis que le spectre EXAFS des premiers voisins est ajusté en une seule couche. Les amplitudes et les déphasages du spectre EXAFS au seuil Th dans la thorite ont été utilisés comme référence pour l'ajustement des paramètres structuraux autour de Th dans le zircon. Lors des atomes troisièmes et quatrièmes voisins, les paramètres sont ajustés par rapport à la thorite. Les résultats des fits montrent une distance Th-Zr plus courte à celle de Th-Th dans la thorite et plus grande que celle de Zr-Zr dans le zircon cristallin. Cela nous mène à dire que la structure du zircon à subi une expansion autour de l'atome Th, substitué à un atome Zr, à courte distance et tend à revenir vers une structure normale du zircon cristallin (vers 4 Å). Pour mieux comprendre les effets engendrés par la substitution de l'atome Th dans le zircon cristallin nous avons réalisé un modèle du spectre EXAFS dans le zircon.

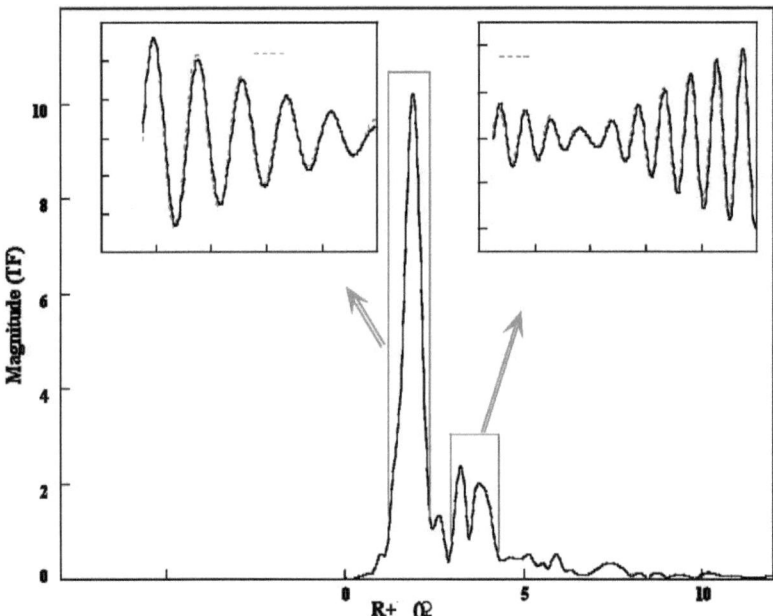

Fig. – III.17 *Transformée de Fourier et transformée de Fourier inverse du signal EXAFS au seuil L_{III} de Th dans le zircon cristallin, et ajustements en une couche (à gauche) et 2 couches (à droite) par rapport à la thorite cristalline comme standard, en utilisant l'équation du fit général.*

Sur la base des résultats expérimentaux au seuil L_{III} du thorium dans le zircon cristallin, nous avons réalisé un modèle du spectre EXAFS. Le programme FEFF8.28 (Rehr et al., 1991) utilisé nous permet de remplacer (dans la structure cristalline du zircon) l'atome absorbeur Zr par Th et de modifier aussi la structure locale autour de l'atome central.

Plusieurs options utilisées par ce programme permettent de trouver d'une façon précise le modèle adapté aux résultats expérimentaux, tels les potentiels dépendants de l'énergie d'échange (Heden-Linqvist dans notre cas) et la distribution automatique des charges. La modélisation du spectre EXAFS (au seuil L_{III} du thorium dans le zircon cristallin) s'est effectuée en plusieurs étapes, permettant de mieux exploiter les informations sur la structure lors de chaque étape. En premier lieu, nous avons procédé au remplacement de l'atome absorbeur seulement (Th substitué au site de Zr), puis nous avons élargi la zone d'influence de la substitution en commençant par les oxygènes premiers voisins. Ensuite, on a étendu cette zone jusqu'à ce que le spectre EXAFS calculé présente une bonne concordance avec le spectre expérimental. Les atomes Si troisièmes voisins de Th à 3,64 Å dans le zircon sont remplacés par ceux à 3,90 Å dans la thorite. Ainsi, l'environnement structural local autour de Th dans le zircon est de type $ThSi_2Si_4Zr_4$ (Fig. III.18). La qualité du modèle très représentatif du spectre EXAFS expérimental confirme que les atomes rétrodiffuseurs sont du type Zr et non Th comme cela été montré précédemment par les analyses des fits sur le spectre EXAFS expérimental du zircon cristallin.

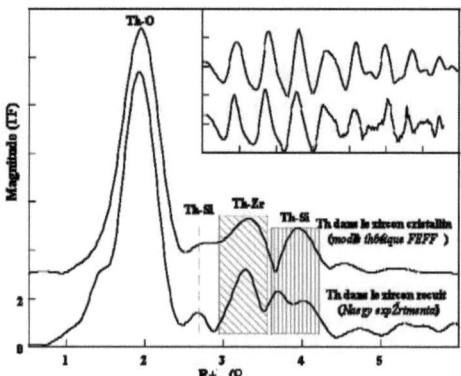

Fig. – III.18 *Modèle théorique « FEFF » du spectre EXAFS au seuil de Th dans le zircon cristallin (ThO$_8$Si$_2$Si$_4$ de la structure thorite remplace ZrO$_8$Si$_2$Si$_4$ de la structure zircon) comparée au zircon cristallin de Naegy (Japon) expérimental.*

4.1.1.2. Zircon métamicte

L'étude de l'environnement structural du zircon métamicte présente des difficultés non négligeables, surtout lors de l'étude de l'ordre local à moyenne et longue distances. La figure (Fig. III.19) représente la magnitude des transformées de Fourier, du zircon métamicte et cristallin comparée à celle de la thorite cristalline, en fonction de la distance interatomique corrigée (R+φ). Nous pouvons constater qu'à partir des pics résultants des contributions des atomes troisièmes et quatrièmes voisins (~4 Å) on ne peut plus distinguer le signal EXAFS du bruit.

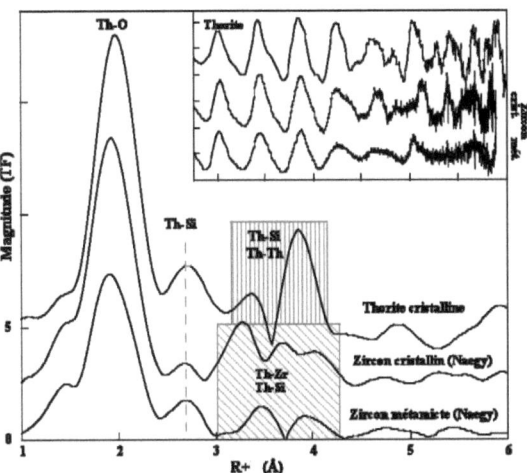

Fig. – III.19 *Transformée de Fourier du signal EXAFS « en haut à droite », au seuil L_{III} de Th. « Comparaison qualitative entre le zircon cristallin, le zircon métamicte et la thorite cristalline ».*

Sur le signal EXAFS de la figure (Fig. III.19), nous pouvons identifier les contributions des atomes troisièmes et quatrièmes voisins. On peut voir sur les spectres EXAFS vers $k = 8$ $Å^{-1}$ que l'amplitude du signal est moins intense pour le zircon métamicte par rapport au zircon cristallin et la thorite. Cela est traduit sur la magnitude des transformées de Fourier des signaux par des pics (2nd et 3ème pic) moins intenses. Le signal EXAFS à grand k (> 8 $Å^{-1}$) est dû essentiellement aux contributions des atomes à moyenne et à longues distances autour de l'atome central Th. La figure (Fig.III.20) présente les signaux EXAFS $k^3\chi(k)$ et leur transformées de Fourier respectives, par ordre de métamictisation croissante. On remarque que les amplitudes du signal EXAFS sont plus petites à partir de k supérieur à 6 $Å^{-1}$ dans le cas des zircons métamictes tandis que, les phases sont plus larges. Ce changement dans les amplitudes et les phases du signal est traduit directement sur les Transformés de Fourier par le second et surtout le troisième pic qui est fonction du degré de métamictisation de l'échantillon. Nous avons représenté sur le tableau (Tableau III.2) les paramètres structuraux d'après les résultats des analyses réalisées à partir des données EXAFS enregistrées au seuil L$_{III}$ du Th dans différents échantillons cristallins et métamictes. On note que les analyses ont été menées au moyen du code de XAFS de Markus Winterer en utilisant la thorite et le zircon cristallins comme références. Il faut souligner que, si on a pu filtrer un signal EXAFS (dans les zircons métamictes) dû aux atomes rétrodiffuseurs à moyenne et longue distances (atomes troisièmes voisins et plus), l'extraction des paramètres structuraux est plus difficile surtout pour les atomes Zr voisins de Th.

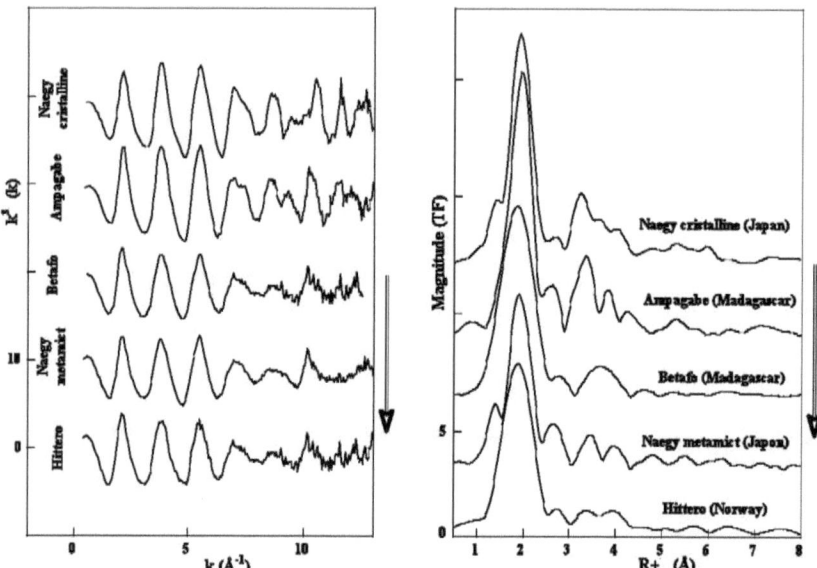

Fig. - III.20 *Signal EXAFS (figure à gauche) des échantillons de zircon (classés en fonction du degré de métamictisation) et leurs transformées de Fourier respectives (figure à droite).*

Tableau III.2 *Paramètres structuraux (coordinences et distances interatomiques) résultants des ajustements (fits) des spectres EXAFS des contributions des atomes voisins filtrés à partir des spectres EXAFS bruts expérimentaux.*

Echantillon	Th-O			Th-Si			Th-Si			Th-Zr		
	N	R(Å)	σ^2 (Å^2)	N	R(Å)	σ^2 (Å^2)	N	R(Å)	σ^2 (Å^2)	N	R(Å)	σ^2 (Å^2)
Zircons cristallins												
Nãegy cristallin (Japon)	7,8	2,41	0,009	1,6	3,16	0,008	3,8	3,90	0,01	3,4	3,74	0,01
Ural (Sri-Lanka)	8,2	2,42	0,010	1,7	3,16	0,020	3,7	3,88	0,05	3,5	3,72	0,01
Zircons métamictes et altérés												
Ampagabe (Madagascar)	8,4	2,42	0,005	1,4	3,16	0,006	3,6	3,90	0,003	*	*	*
Betafo (Madagascar)	8,3	2,42	0,005	1,4	3,16	0,004	3,6	3,90	0,006	*	*	*
Naegy metamicte (Japon)	8,3	2,42	0,010	1,5	3,16	0,009	4,2	3,91	0,001	*	*	*
Hittero (Norvège)	7,8	2,41	0,005	1,7	3,16	0,004	4,4	3,91	0,005	*	*	*
Kinkel Quary (USA)	7,8	2,42	0,005	1,2	3,16	0,003	4,2	3,91	0,006	*	*	*
Diamantina (Brésil)	7,7	2,42	0,0008	1,3	3,16	0,003	4,3	3,91	0,001	*	*	*
Incertitudes	**1,0**	**0,01**	**0,001**	**1,0**	**0,01**	**0,001**	**1,0**	**0,01**	**0,001**	**1,0**	**0,01**	**0,001**

* Il est difficile d'étudier l'ordre local à moyenne distance en l'occurrence Th-Zr dans les échantillons métamictes.

4.1.2. Environnement de U dans le zircon

Nous avons enregistré des spectres XANES au seuil L_{III} de l'uranium. Une référence UO_2 a été utilisée durant toute la période de l'acquisition des spectres XANES servant, par conséquent, pour la calibration des spectres. Pour chaque spectre XANES, nous avons enregistré le spectre XANES de UO_2 (en mode transmission) en même temps que celui du zircon (en mode fluorescence).

a)   b)

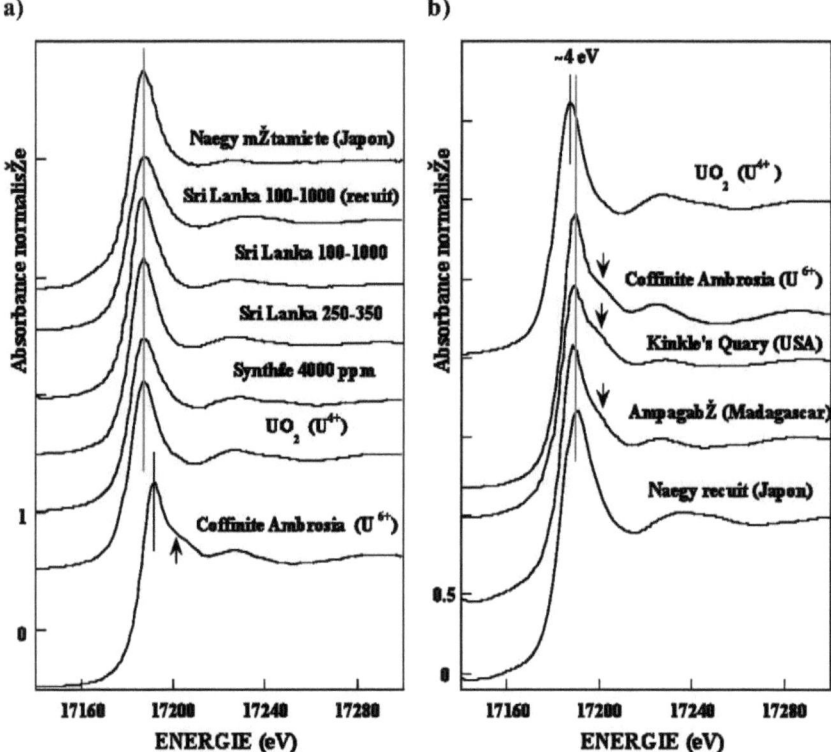

Fig. – III.21 *Spectres XANES expérimentaux normalisés enregistrés au seuil U-L_{III} dans des échantillons de zircon montrant l'état d'oxydation de U.*
a) U^{4+} dans les zircons naturels,
b) U^{6+} avec un cas particulier, celui du zircon de Naegy recuit.

Les spectres XANES présentés sur la figure (Fig. III.21a) montrent la ressemblance entre les spectres XANES au seuil L_{III} de U dans les échantillons de zircon et celui enregistré dans l'UO_2. Ainsi, l'énergie du seuil de ces spectres XANES est la même que celle du seuil L_{III} de U dans l'UO_2 (17 186 eV). Dans la plupart de nos échantillons de zircon, l'uranium se présente donc sous forme d'uranium tétravalent.

Par contre, nous pouvons constater un décalage de la raie blanche de U dans certains zircons vers les hautes énergies (environ **4 eV** par rapport à celle du spectre XANES de l'uraninite : Fig. III.21b). Une telle variation dans la position d'énergie est caractéristique de la présence de U(VI). Le spectre XANES présente également un épaulement après la raie blanche, c'est une caractéristique de U(VI) (uranyle ou uranate), avec la contribution distincte des atomes oxygène axiaux et équatoriaux. Les groupes uranyle/uranate ne peuvent pas se repartir facilement dans le zircon le U(VI) et donc résulte de l'oxydation de U(IV) initial, probablement par « altération » associé à l'irradiation.

Dans le cas du zircon de Naegy (Japon) recristallisé par recuit, le spectre XANES indique un décalage d'environ 4 eV, mais la résonance typique de l'uranyle n'est pas observée. Cela peut être expliqué par le fait que le zircon de Naegy (Japon) recristallisé par recuit contient U(IV) et U(VI) en proportions différentes.

4.1.2.1. Environnement de U dans le zircon cristallin

Les problèmes rencontrés lors de l'acquisition des données EXAFS au seuil L_{III} de U dans les zircons (seuils K de Y et de Zr : voir chapitre II), nous a mené à sélectionner et préparer soigneusement des échantillons. Les échantillons de zircon choisis présentent un rapport uranium/ yttrium petit, et donc le spectre EXAFS au seuil L_{III} de U est très peu influencé par le seuil K de Y.

Nous avons recristallisé certains échantillons métamictes à l'origine et ayant un rapport U/Y acceptable. Deux échantillons (Naegy du Japon et Sri Lanka 250-350) ont été recristallisés par chauffage à l'air libre à une température de 1200 °C pendant 4 heures. Les analyses au DRX montrent qu'ils sont cristallins, mais l'étude XANES a monté que U dans le zircon de Naegy recuit s'est oxydé (Fig. III. 21b). Quant au zircon de Sri Lanka, il ne s'est pas oxydé, mais l'étude EXAFS nous a permis de découvrir la formation d'inclusion UO$_2$ dans laquelle U évolue au sein de la structure du zircon (Fig. 22). U a donc pu migrer et précipiter sous forme de UO$_2$ dans le zircon de Sri Lanka 250-350 recuit.

a)   b)

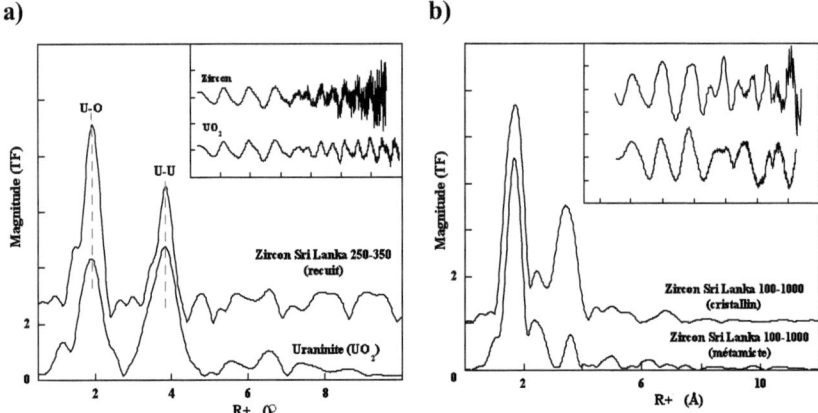

Fig. – III.22 *Transformées de Fourier et spectres EXAFS au seuil L$_{III}$ de U dans*

a) *zircon de Sri Lanka 250-350 recuit comparé à l'UO$_2$,*

b) *zircon de Sri Lanka 100-1000 recuit et métamicte.*

Un troisième échantillon de zircon (Sri Lanka 100-1000) a été recuit. Cette fois-ci l'échantillon est recuit dans du graphite pour éviter l'oxydation de U. En parallèle, une synthèse de zircon dopé en U (4000 ppm) est réalisée par la méthode sol-gel (Ushakov et al., 1999). Sur ces échantillons, nous avons enregistré des spectres EXAFS au seuil L$_{III}$ de U. Sur la figure (III.19a) on peut constater que U ne s'est pas oxydé dans les deux échantillons. Pour évaluer la cristallinité du zircon recuit, nous avons comparé les deux spectres EXAFS enregistrés sur le zircon de Sri Lanka « 100-1000 » dans les phases, métamicte et cristalline.

En traçant les courbes de l'amplitude des atomes rétrodiffuseurs troisièmes et quatrièmes voisins de l'atome central U en fonction de k (Fig. III.23d), on peut constater que l'intensité de l'amplitude est proportionnelle au type d'atomes rétrodiffuseurs (atomes lourds ou légers). L'amplitude du signal EXAFS (dû aux atomes troisièmes voisins) semble moins intense par rapport à ZrO₂ et UO₂, car les Si sont bien plus légers que les atomes Zr et ques les atomes de U. Nous avons fait une transformée en ondelette (Muñoz et al., 2003) du signal EXAFS pour pouvoir montrer quel type d'atome contribue au signal EXAFS. Nous avons représenté (Fig. III.23b) le module de la transformée en ondelette des spectres EXAFS au seuil L$_{III}$ de U dans le zircon cristallin de Sri Lanka. Ce module est comparé au module de transformé en ondelette dans ZrO₂ et UO₂ (Fig. III.23a et 23c). On peut voir que les atomes rétrodiffuseurs troisièmes voisins dans le zircon ont une amplitude de rétrodiffusion plus proche de ceux de ZrO₂ avec une légère différence due essentiellement à la présence des atomes rétrodiffuseurs de type Si dans le zircon cristallin.

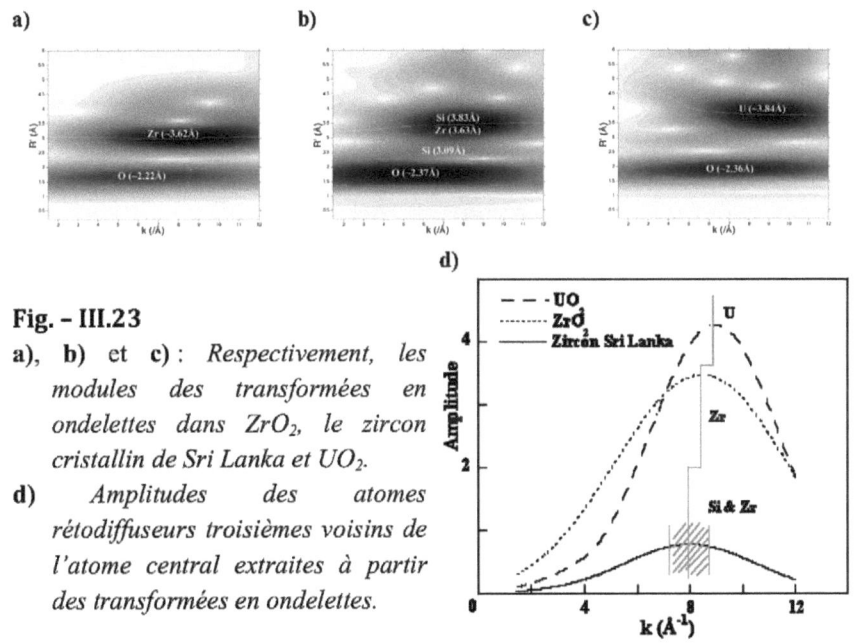

Fig. – III.23

a), **b)** et **c)** : *Respectivement, les modules des transformées en ondelettes dans ZrO₂, le zircon cristallin de Sri Lanka et UO₂.*

d) *Amplitudes des atomes rétodiffuseurs troisièmes voisins de l'atome central extraites à partir des transformées en ondelettes.*

On peut constater sur la figure (Fig. III.22b) que les atomes rétrodiffuseurs Si et Zr troisièmes et quatrièmes voisins de U contribuent massivement au signal EXAFS dans le cas du zircon cristallin. La comparaison des spectres EXAFS au seuil L$_{III}$ de U dans le zircon cristallin (synthétique et recuit de Sri Lanka 100-1000) avec ceux de l'uraninite et de la coffinite permet de conclure que l'atome de U n'est pas dans une structure uraninite mais dans une structure zircon (Fig. III.24).

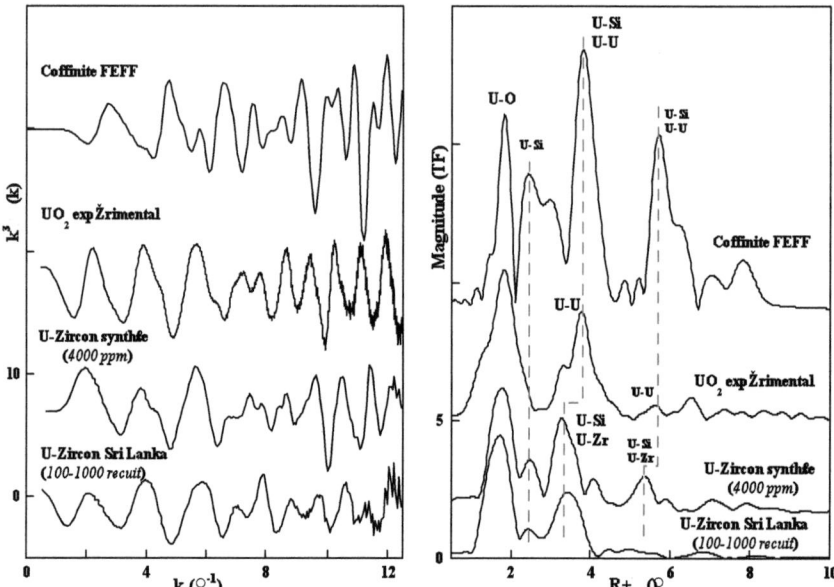

Fig. - III.24 *Transformées de Fourier (à droite) des spectres EXAFS amplifiés (à gauche) montrant la différence entre les liaisons interatomiques U-U dans la coffinite et l'uraninite et U-Zr dans le zircon cristallin naturel et de synthèse.*

Après avoir déterminé le type d'atomes rétrodiffuseurs contribuant au signal EXAFS, on a procédé à l'analyse structurale autour de U dans le zircon cristallin. Les analyses des spectres EXAFS ont montré que U dans le zircon cristallin de synthèse et celui de Sri Lanka « 100-1000 » recuit dans du graphite est en coordinence 8 (Fig. III.25). On en déduit une substitution évidente de l'atome de U au site Zr dans la structure du zircon.

La distance interatomique moyenne des atomes d'oxygène premiers voisins de U (*2,38 Å dans le zircon de synthèse et 2,38 Å dans le zircon recuit de Sri Lanka*) est très proche de celles dans l'uraninite (*2,37 Å*) et dans la coffinite (*2,41 Å*). Cela ne veut en aucun cas dire que l'atome de U est dans une structure de phase de type uraninite, car les contributions des autres voisins à moyenne et longue distances (transformées de Fourier : Fig. III.24) ne ressemblent pas à celle de UO_2 ; Au contraire, ces contributions semblent plus proches de celles de la coffinite.

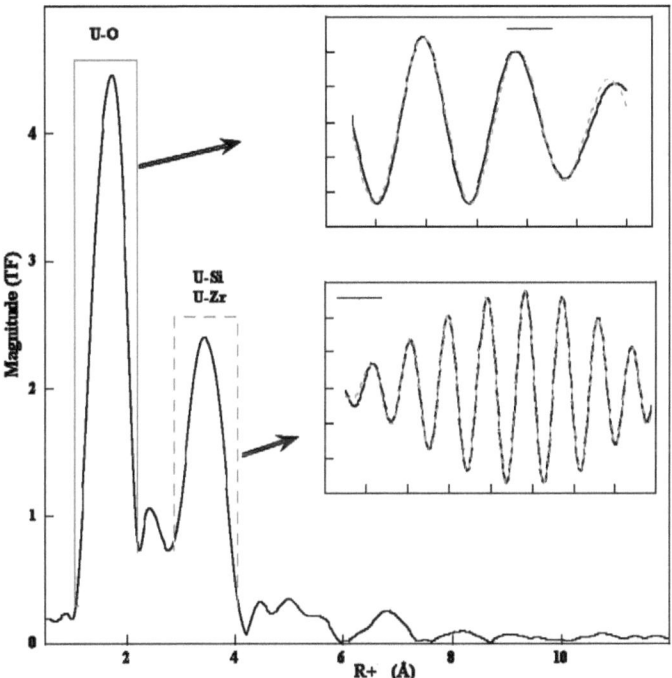

Fig. - III.25 *Transformée de Fourier du spectre EXAFS enregistré au seuil L_{III} de U dans le zircon de Sri Lanka (100-1000) recuit et les modèles d'ajustement (fits) des spectres filtrés des O 1er voisins (en haut à droite) et des Zr et Si 3ème et 4ème voisins (en bas à droite).*

Les résultats d'analyses XAFS, reportés sur le tableau (Tableau III.3) ci-après, montrent l'existence des contributions dues aux atomes rétrodiffuseurs de type Si second voisins. La distance interatomique moyenne des Si seconds voisins de U est de 3,09 Å dans le zircon recuit de Sri Lanka et de 3,06 Å dans le zircon de synthèse. Dans la coffinite, on note que ces mêmes atomes de Si sont à une distance de 3,13 Å, ceci nous mène à dire que l'expansion de la structure locale autour de U à courte distance existe mais n'atteint pas la structure de la coffinite, comme cela a été le cas de Th dans le zircon. Donc la structure locale à courte distance autour de U dans le zircon est à mi-chemin entre zircon et coffinite. Les atomes Si 3ème voisins sont à une distance d'environ 3,83 Å (la même distance que celle dans la structure de la coffinite), par contre les Zr sont à une distance U-Zr d'environ ~3,73 Å proches de celle Zr-Zr dans le zircon cristallin. Donc, les résultats d'analyse structurale par transformées de Fourier (Tableau III.3) sont cohérents avec l'étude par transformées en ondelette.

Tableau III.3 *Paramètres structuraux extraits par analyse des données EXAFS au seuil L_{III} de U dans des zircons cristallins.*

Echantillons	U-O			U-Si			U-Si			U-Zr		
	N	R(Å)	σ^2	N	R(Å)	σ^2	N	R(Å)	σ^2	N	R(Å)	σ^2
Zircons cristallins												
Zircon de synthèse	8,4	2,38	0,003	1,9	3,06	0,01	3,6	3,83	0,01	2,7	3,70	0,008
Sri Lanka (100-1000)	7,8	2,37	0,001	1,8	3,09	0,02	3,7	3,83	0,004	2,5	3,69	0,03
Incertitudes	1,0	0,01	0,001	0,5	0,05	0,001	1,0	0,1	0,001	1,0	0,05	0,001

4.1.2.2. Environnement de U dans le zircon métamicte

Des spectres XAFS au seuil L_{III} de U ont été enregistrés dans deux échantillons de zircons métamictes soigneusement choisis. L'environnement structural autour de U dans le zircon métamicte est très complexe et le spectre EXAFS enregistré ne montre pas très bien les contributions des atomes rétrodiffuseurs à moyenne et longue distance. Donc, le spectre EXAFS au seuil L_{III} de U dans le zircon métamicte ne renseigne que sur l'ordre local autour de U à courte distance (premiers voisins). En se basant sur ces informations, nous pouvons par la suite faire une étude sur l'ordre local autour de U à moyenne et longue distance en utilisant l'approche théorique par dynamique moléculaire (chapitre IV).

Sur la figure (Fig. III.26) nous avons représenté les spectres EXAFS de deux échantillons avec leurs transformées de Fourier. Ces échantillons sont sélectionnés de façon à ce que la teneur en yttrium soit très petite par rapport à celle de l'uranium et par conséquent que l'effet du seuil K de Y reste négligeable.

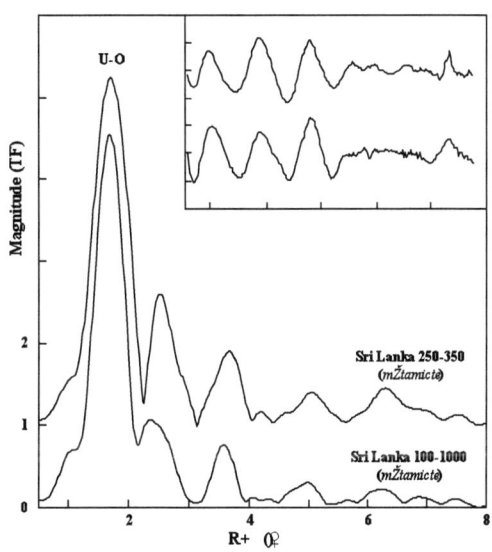

Fig. – III.26

Spectres EXAFS et leur Transformées de Fourier, enregistrés au seuil L_{III} de U dans deux zircons métamictes de Sri Lanka.

Parmi les paramètres extraits de cette analyse, on cite la coordinence qui semble loin de la coordinence 8 de U dans le zircon cristallin. Ceci peut être justifié par le fait que l'échantillon est très métamicte, ce qui induit l'apparition de défauts dans la structure tels que des lacunes. et par conséquent la coordinence individuelle de U dans le zircon métamicte est sous-estimée. La distance interatomique U-O de ~2,35 Å semble proche de celle de mesurée dans l'UO_2 (~2,37 Å) dans lequel U est en coordinence 8, ce que confirme l'existence probable (aux erreurs sur N près) de défauts ponctuels. Il faut noter aussi, que les polyèdres de coordination dans le zircon métamicte sont très distordus et que cette distance moyenne de 2,35 Å est acceptable.

Tableau III.4 *Paramètres structuraux extraits par analyse des données EXAFS au seuil L_{III} de U dans deux zircons métamictes.*

Echantillons	U-O (1er voisins)			
	N	U-O (Å)	σ^2	ΔE
Zircon de Sri Lanka				
100-1000	6,8	2,36	0,009	-3,0
250-350	7,0	2,35	0,01	-5,0
Incertitudes	1,00	0,01	0,001	1,0

4.2. Thorium dans les brabantites et les monazites

4.2.1. Thorium dans les brabantites

La substitution de type brabantite, $Ca^{2+} + An^{4+} = 2\ Ln^{3+}$ (An pour les actinides et Ln pour les lanthanides) est une méthode pour introduire des actinides dans la structure de la monazite (Cuney and Friedrich, 1987 ; Förster, 1998 ; Montel and Devidal, 2001 ; Montel et al., 2002. Des échantillons des brabantites ont été synthétisés par J.M. Montel (Montel et al., 1998 ; Montel et al., 2001) pour l'étude de la substitution des actinides naturels dans la monazite.

Dans ces échantillons de brabantites gracieusement mis à notre disposition par les auteurs, nous avons enregistré des spectres EXAFS au seuil L_{III} de Th. Sur la figure (Fig.III.27) nous avons représenté ces spectres EXAFS en les comparant à un spectre EXAFS enregistré dans une monazite cristalline. On constate une similarité de phase à petit et moyen k (jusqu'à ~8 Å^{-1}) entre tous les spectres EXAFS (brabantites et monazites). Au contraire, on observe une différence d'amplitude traduite par une magnitude variable des contributions des atomes premiers voisins de Th (Fig. III.27).

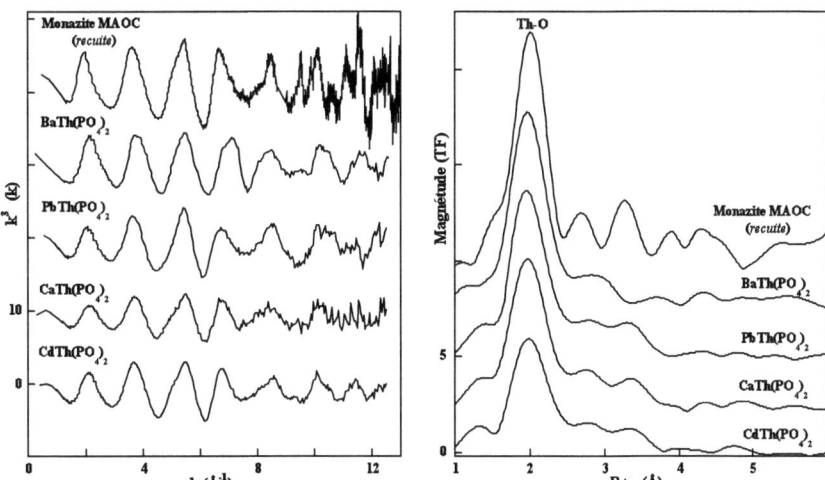

Fig. - III.27 *Spectres EXAFS (à gauche) et leur transformées de Fourier (à droite) dans les brabantites comparés à la monazite recristallisée de Madagascar*

Les analyses par ajustement (fit) du spectre EXAFS, dû aux contributions des atomes rétrodiffuseurs premiers voisins filtré par transformée de Fourier inverse, ont été réalisées (Fig. III.28). Ces analyses montrent que, la coordinence de Th ainsi que la distance interatomique Th-O moyenne, sont proportionnelles aux rayons ioniques des cations Cd, Ca, Pb et Ba (Tableau III.5). Ces résultats confirment les différences entre les spectres EXAFS et leurs Transformés de Fourier ci-dessus (Fig. III.27).

Fig. – III.28

Modèle théorique (trait discontinu) de spectres EXAFS filtrés des contributions des atomes 1er voisins de Th dans les brabantites (trait continu)

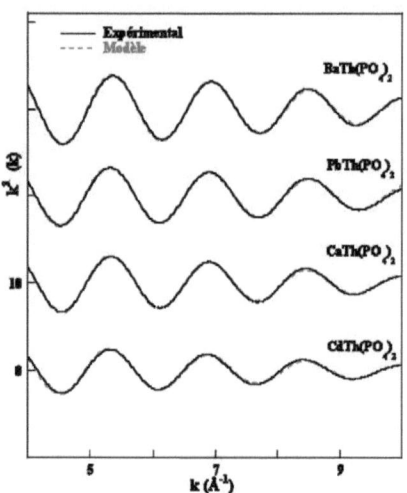

Tableau III.5 *Paramètres structuraux dans les brabantites extraits par analyses*
des données EXAFS au seuil L_{III} de Th

ÉCHANTILLON	N	R (Å)	σ^2	ΔE	$R_{ionique}$
CdThPO$_4$	8,6	2,48	0,010	1,5	0,84
CaThPO$_4$	8,9	2,48	0,006	1,5	0,99
PbThPO$_4$	9,1	2,49	0,007	1,5	0,94
BaThPO$_4$	9,4	2,50	0,004	2,5	1,34
Incertitudes	**1,0**	**0,05**	**0,005**	**1,0**	

4.2.2. Thorium dans la Monazite

Dans la littérature, on trouve très peu d'études sur les dégâts d'irradiation dans les monazites. Néanmoins, des études très récentes basées sur des mesures de DRX et de TEM (Meldrum et al., 1997 a et b ; Montel et al., 2001 ; Seydoux et al., 2002) donnent des résultats encourageants pour continuer les études sur les dégâts d'irradiation dans les monazites.

Pour notre part, nous avons utilisé la méthode XAFS pour étudier, à l'échelle microscopique, l'environnement structural local autour des actinides.

4.2.2.1. Environnement de Th dans la monazite cristalline

Deux échantillons de monazite ont été recristallisés par chauffage à l'air à une température de 1000°C pendant 3 heures au Laboratoire de Minéralogie, LMTG, Université Paul Sabatier à Toulouse. Il s'agit des échantillons FG et MOAC originaire de Madagascar. Sur la figure suivante (Fig. III.29a), nous avons présenté des spectres EXAFS enregistrés au seuil L_{III} de Th dans des monazites cristallines ainsi que leurs transformées de Fourier. Ces dernières nous permettent d'avoir une idée générale sur les contributions des atomes voisins de Th. Ces spectres EXAFS seront analysés (par rapport aux références thorite et huttonite) pour comprendre l'effet de la substitution de Th dans la structure de la monazite cristalline. Les paramètres extraits serviront de données de base pour l'étude de la structure des monazites métamictes.

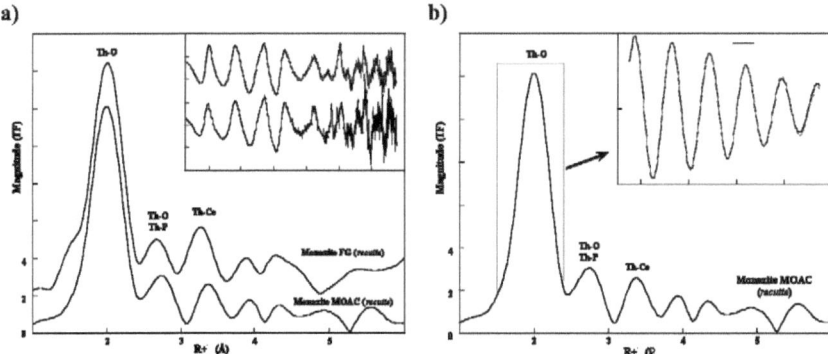

Fig. – III.29 **a)** *Transformées de Fourier des spectres EXAFS enregistrés au seuil L_{III} de Th dans deux échantillons de monazite cristalline de Madagascar.*

b) *Analyse des données EXAFS, résultats du fit par rapport à l'huttonite comme référence .*

Lors de l'analyse des données XAFS enregistrés au seuil L_{III} de Th, nous avons utilisé comme référence (pour l'extrapolation des paramètres structuraux autour de Th dans la monazite) les paramètres structuraux de l'huttonite (β-ThSiO$_4$), de même pour les amplitudes et les déphasages. Mises à part les distances interatomiques, la structure de la monazite est semblable à celle de l'huttonite, c'est pourquoi on l'a utilisée comme standard pour l'extrapolation des spectres EXAFS dans les monazites.

Les polyèdres de coordination de Th dans l'huttonite et de Ce dans la monazite sont très distordus avec une distance moyenne Th-O (huttonite) de ~2,51 Å et Ce-O de 2,56 Å. Sur le tableau ci-après (Tableau III.6) on peut noter des distances Th-O dans les monazites cristallines qui varient entre 2,50 et 2,52 Å. Cette distance est proche de celle mesurée dans l'huttonite (2,51 Å).

4.2.2.2. Environnement de Th dans la monazite métamicte

Sur la figure ci-dessous, nous avons représenté les spectres EXAFS dans des monazites métamictes et cristallines (Fig. III.30b) avec leurs transformées de Fourier (Fig. III.30a). Nous avons aussi représenté les deux spectres des monazites FG et MAOC recuites ce qui nous permet d'avoir une idée sur l'ordre de grandeur de la différence entre l'état cristallin et métamicte dans la monazite.

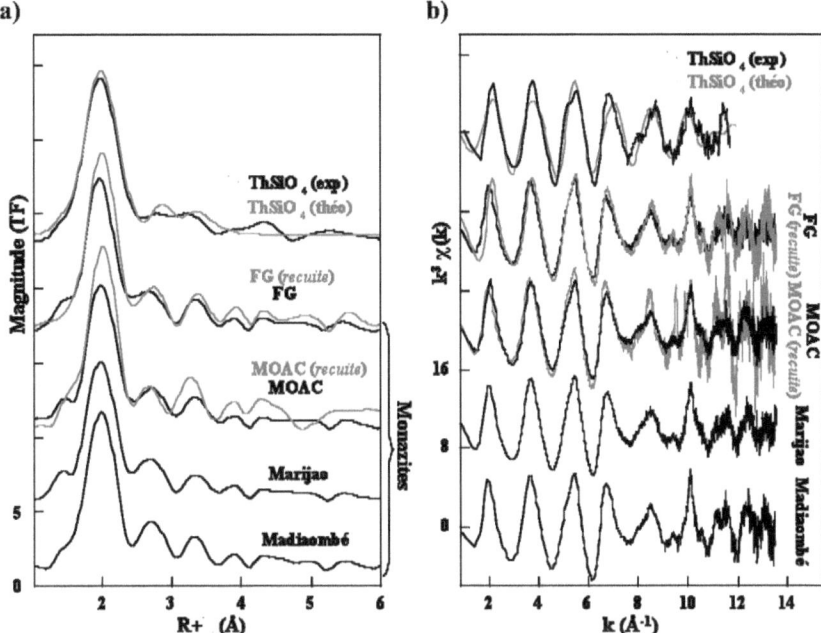

a)

b)

Fig. – III.30 *Transformées de Fourier* **(a)** *du signal EXAFS* **(b)** *enregistré au seuil L$_{III}$ de Th dans différents échantillons de monazites métamictes, dont certaines sont recristallisées par recuit. L'huttonite sert de modèle de comparaison utilisé, ultérieurement, comme référence pour l'interprétation des résultats (détermination des paramètres structuraux R et N).*

Contrairement à la monazite MOAC où on note une légère différence entre l'état cristallin et l'état métamicte, FG ne présente presque aucune différence entre les deux polymorphes. Contrairement au seuil K de P dans les monazites, les spectres EXAFS au seuil L$_{III}$ de Th dans ces mêmes monazites ne permettent pas de distinguer les échantillons à structures cristallines et métamictes. Le spectre EXAFS au seuil L$_{III}$ de Th dans la monazite de « Marijao », cristalline au DRX et par l'étude EXAFS au seuil K de P, ne présente pas de différence majeure avec les autres spectres EXAFS dans les monazites métamictes. Cela est probablement dû au fait que la distorsion de la structure cristalline de la monazite.

L'extraction des paramètres structuraux (N et R) dans les monazites naturelles a montré, dans le cas des monazites métamictes, que la coordinence de Th ainsi que la distance moyenne interatomique Th-O premiers voisins présentent une très légère contraction dans les monazites cristallines.

Tableau III.6 *Paramètres structuraux autour de Th dans les monazites cristallines et métamictes*

Echantillon	N	R (Å)	σ^2	ΔE
Monazites cristallines				
FG recuite (Madagascar)	9,5	2,50	0,0010	-0,5
MOAC recuite (Madagascar)	9,2	2,52	0,0007	-1,0
Marijao (Madagascar)	9,3	2,52	0,0040	-1,0
Monazites métamicte				
FG (Madagascar)	9,0	2,50	0,0004	-2,0
MOAC (Brésil)	9,0	2,50	0,0050	-2,0
Madiaombé (Madagascar)	8,9	2,50	0,0030	-2,5
Governador (Brésil)	8,7	2,50	0,0040	-2,0
Herfoss (Norvège)	8,6	2,50	0,0040	-2,5
Incertitudes	**1,0**	**0,01**	**0,001**	**1,0**

4.3. Actinides dans la zirconolite

4.3.1. Environnement structural autour de Th dans la zirconolite

4.3.1.1. Th dans la zirconolite cristalline

Un échantillon de zirconolite de Sri Lanka « Paris » (N° 111.35 du Muséum National d'Histoire Naturelle) a été recristallisé par chauffage à l'air libre à une température de 1200 °C pendant 4 heures (Farges et al.,

1993). Pour pouvoir étudier l'environnement structural autour de Th dans la zirconolite cristalline (effet de la substitution de Th), un spectre EXAFS au seuil L_{III} de Th a été enregistré dans la zirconolite « Paris » de Sri Lanka recristallisée (Fig. III. 31). Dans la structure cristalline de la zirconolite, le Th se substitue au site de Ca (Farges et al., 1993 ; Lumpkin et al., 1996). En se basant sur la première règle de substitution de Goldschmidt, le Th se substitue logiquement, au Ca. De plus, le rayon ionique de Ca^{2+} (0,99 Å) presque égale à celui du Th^{4+} (1,0 Å) permet une substitution totale de type capture de Th (Ringwood, 1955) au site de Ca. Le déficit de charge est compensé dans la structure par d'autres substitutions.

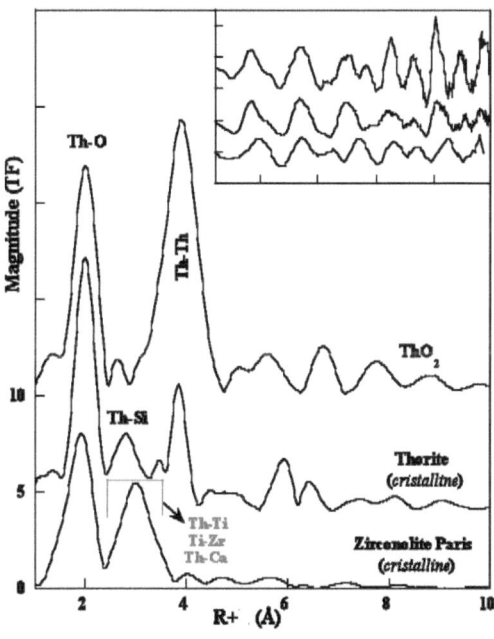

Fig. III.31

Transformée de Fourier du spectre EXAFS enregistré dans la zirconolite cristalline de Sri Lanka (Paris) comparée à la thorite et à la thorianite.

Nous avons envisagé une approche plus large (bien que moins exacte) car elle est plus globale et permet d'envisager un éventail de solutions plus étendu. Nous partons du fait que le Th a pu remplacer le Zr dans le zircon cristallin et de la charge de Th (4+) pour supposer une éventuelle substitution de Zr par le Th dans la structure de la zirconolite cristalline. On sait que cela est contradictoire avec les règles de substitution de Goldschmidt, mais cela ne nous empêche pas de faire une étude de vérification.

Sur la figure (III.31) on remarque une nette différence entre les spectres EXAFS dans chacun des échantillons (thorianite, thorite et zirconolite). Les atomes rétrodiffuseurs seconds et troisièmes voisins sont à une distance moyenne interatomique corrigée [R+ϕ (Å)] de Th plus courte dans la zirconolite que dans la thorianite et la thorite. Dans la structure de la zirconolite, le Th n'est donc pas dans une structure de type thorite ou thorianite.

Lors de l'analyse des données EXAFS au seuil L_{III} de Th dans la zirconolite cristalline « Paris », nous avons essayé d'ajuster le spectre EXAFS filtré (TF^{-1}) des contributions des atomes premiers voisins par rapport à l'amplitude et au déphasage du zircon. Les résultats n'ont pas été très satisfaisants car on n'a pas pu extraire les paramètres structuraux recherchés (coordinence et distances interatomiques). Cela permet de vérifier que la substitution de Th au site Zr est impossible dans la structure de zirconolite.

L'analyse du spectre EXAFS au seuil L_{III} de Th dans la zirconolite cristalline « Paris » montre (ajustement par rapport à l'amplitude et au déphasage de la thorite cristalline) deux types de distances Th-O. On note quatre atomes d'oxygène premier voisins à une distance interatomique moyenne par rapport à l'atome central (Th) de 2,34 Å, les quatre autres oxygène sont à une distance moyenne de 2,53 Å (Tableau III.7). l'allure des analyses des spectres EXAFS (fits en deux couches du signal extrait des atomes de O premiers voisins) montrent deux types d'atomes d'oxygène premiers voisins formant le polyèdre de coordination. Finalement, on trouve une distance moyenne Th-O plus courte pour les quatre premiers voisins par rapport à celle calculée dans la thorite cristalline (~2,34 Å au lieu de ~2,37 Å dans la thorite) et plus longue pour les quatre autres (~2,53 Å au lieu de ~2,47 Å dans la thorite).

Tableau III.7 *Paramètres structuraux autour de Th dans la zirconolite recristallisée de Paris (fit à deux couches par rapport à la thorite)*

Echantillon	N (atomes)	Th-O [Å]	σ^2	ΔE
Zirconolite cristalline « Paris » $\left\{ \vphantom{\begin{array}{c}a\\b\end{array}}\right.$	4,5	2,34	0,007	3,0
	3,5	2,53	0,010	2,5
	$\Sigma = 8,0$	$R_{moy} = 2,44$	$\Sigma = 0,017$	-
Incertitudes	1,0	0,01	0,001	1,0

4.3.1.2. Th dans la zirconolite métamicte

Nous avons enregistré deux spectres EXAFS au seuil L_{III} de Th dans deux échantillons de zirconolite métamictes « Paris » et « Washington » pour une étude XAFS de la structure locale autour de Th. La comparaison de ces spectres avec celui enregistré dans la zirconolite recristallisée montre que les échantillons sont bien métamictes. Ceci se traduit par un pic des contributions des atomes rétrodiffuseurs à moyenne distance moins intense sur les transformées de Fourier des spectres EXAFS dans les zirconolites métamictes par rapport à la zirconolite cristalline (Fig. III.32)

Fig. – III.32

*Transformée de Fourier du signal EXAFS enregistré au seuil L_{III} de Th dans deux échantillons de zirconolite naturelles de Sri Lanka « Paris » et « Wash. » (**a**). Modèle d'ajustement (fit) des spectres EXAFS dus aux premiers atomes de O rétrodiffuseurs extraits du signal brut (**b**).*

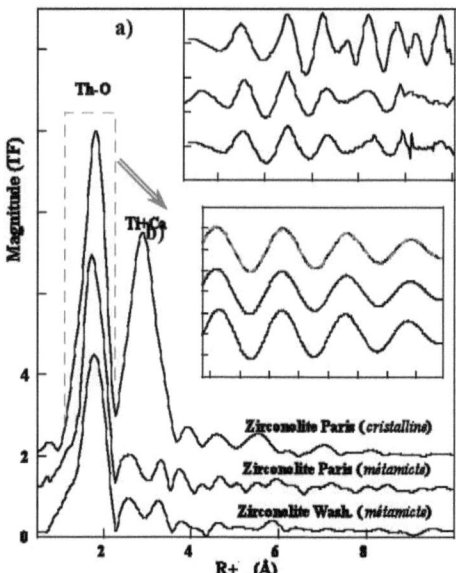

Les analyses des résultats obtenus par dépouillement des données EXAFS dans les zirconolites métamictes montrent que, pour les deux échantillons, le Th est en coordinence 8 avec une distance moyenne interatomique Th-O de 2,43 ±0,01 Å. Ces résultats ont été obtenus par ajustement (fit général) des spectres EXAFS filtrés (par transformée de Fourier inverse sur les contributions des atomes premiers voisins) par rapport à la thorite et à la thorianite. Quelle que soit la référence d'ajustement utilisée (thorite ou thorianite), Les paramètres structuraux obtenus sont similaires. En faisant un ajustement des spectres (fit) à deux couches (par rapport à la thorite) d'atomes rétrodiffuseurs premiers voisins, on s'est rendu compte d'une distorsion du polyèdre de coordination. Cette distorsion est traduite par la grande différence entre les deux couches (zirconolite de Washington) et aussi par le fait que les atomes rétrodiffuseurs de la première couche sont un peu plus nombreux que ceux de la deuxième couche (Tableau III.8).

Tableau III.8 *Paramètres structuraux dans les zirconolites autour de Th*

Echantillon (zirconolite)	N	Th-O [Å]	σ^2	ΔE
« Paris » métamicte (Sri Lanka)	$\Big\{$ 4,1	2,36	0,008	3,0
	3,8	2,48	0,020	2,0
	Σ = 7,9	R_{moy} = 2,42	Σ = 0,028	-
« Wash. » métamicte (Sri Lanka)	$\Big\{$ 4,7	2,34	0,002	8,0
	3,4	2,55	0,010	7,0
	Σ = 8,1	R_{moy} = 2,44	Σ = 0,012	-
Incertitudes	1,0	0,05	0,001	1,0

4.3.2. Environnement structural autour de U dans la zirconolite

Le spectre EXAFS enregistré au seuil L_{III} de U dans la zirconolite recristallisée (recuite) de Paris n'a pas été exploité car ce spectre EXAFS s'arrête à une valeur en k d'environ 8 Å^{-1}. On a essayé d'exploiter les données en se basant sur le fait que les atomes premiers voisins contribuent aux petites valeurs de k, mais il nous a été difficile d'en tirer des résultats interprétables.

Deux spectres XAFS ont été enregistrés au seuil L_{III} de U dans deux échantillons de zirconolite métamicte « Palabora » d'Afrique du Sud et « Paris » de Sri Lanka. A partir des spectres XANES (Fig. III.33a) comparés à celui de UO_2, on peut voir qu'il y'a une similitude entre les deux spectres et on peut conclure que l'uranium dans les deux échantillons de zirconolite étudiées n'est pas oxydé, autrement dit, il demeure sous forme U(IV).

Tout comme pour le zircon, le spectre EXAFS au seuil L_{III} de U est largement influencé par le seuil K de Zr et par celui de Y. cela se traduit par l'apparition d'un signal de basse fréquence sur la transformée de Fourier du signal EXAFS. (Fig. III.33b). Nous avons pu extraire les paramètres structuraux (coordinence et distances interatomiques) en analysant le spectre EXAFS. Les résultats sont représentés sur le tableau ci-après (Tableau III.9).

a)   b)

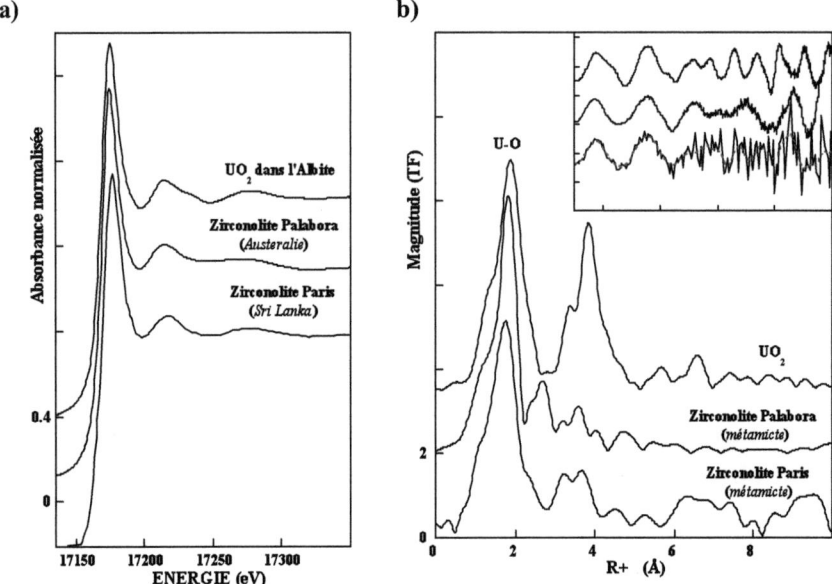

Fig. – III. 33 a) *Spectres XANES au seuil L_{III} de U dans les zirconolites d'Afrique du Sud et de Paris comparés à celui de UO_2.*

b) *Transformée de Fourier du signal EXAFS au seuil L_{III} de U dans la zirconolite comparé à UO_2 (le spectres EXAFS de la zirconolite « Paris » est lissé par une équation pondérée)*

On peut constater (Fig. III.33) que les deux zirconolites « Palabora » et « Paris » sont différentes. L'analyse des résultats EXAFS montre que l'uranium dans la zirconolite est généralement en coordinence proche de 8 et la distance interatomique moyenne, des atomes premiers voisins, est de ~2,43 ±0,01 Å. Comme pour le Th dans la zirconolite, on peut dire que U préffère le site Ca pour se substituer dans la structure de la zirconolite. De même que pour le Th et du point de vue des forces interatomiques (loi de Coulomb), il est plus facile d'avoir une contraction de la structure qu'une expansion. L'expansion de la structure est due à une seule force d'action engendrée par l'atome central substitué, par contre la contraction résulte de l'action de plusieurs forces qui ne rencontre qu'une seule force de réaction (force de l'atome central). Cela dit, il faut moins d'énergie pour que U se substitue à un site Ca, ce qui favorise la substitution.

Fig. – III. 34

Modèles d'ajustement (fit) des spectres EXAFS au seuil L_{III} de U dans les zirconolites métamictes filtrés par transformées de Fourier inverses

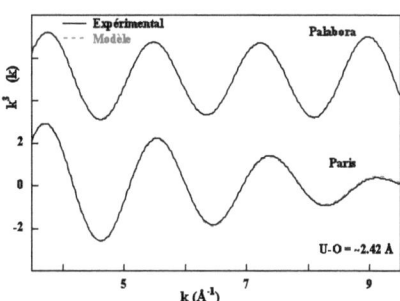

Il faut noter que les valeurs obtenues dans le tableau III.9, sont des résultats moyens sur plusieurs atomes U substitués. Une substitution de U au site Zr est probable car les deux ions ont le même état de redox (IV) bien que selon les règles de substitution de Goldschmidt cette substitution semble impossible dans la zirconolite. C'est l'étude du comportement des autres voisins (2nd, 3ème, etc.) qui nous permet de définir le genre de la substitution. Malheureusement, le domaine en k ($Å^{-1}$), limité par la présence du seuil K de Zr, ne nous permet pas de mener une étude complète sur les contributions des atomes voisins à moyenne et à longue distance. Une simulation par dynamique moléculaire des dégâts d'irradiation permet de mieux étudier et comprendre la structure de la zirconolite autour des ions à moyenne et à longues distance, ainsi elle permet de comprendre l'effet de l'irradiation sur la structure cristalline de la zirconolite (Veiller et al., 2002).

Tableau III.9 *Paramètres structuraux autour de U dans les zirconolites métamictes*

Echantillon (*origine*)	N	U-O (Å)	σ^2	ΔE
Palabora (*Afrique du Sud*)	4,5	2,36	0,005	10,0
	3,5	2,49	0,002	-09,0
	Σ = 8	$R_{moy.}$= 2,43	Σ = 0,007	-
Paris (*Sri Lanka*)	3,8	2,33	0,012	06,6
	4,1	2,51	0,015	-12,0
	Σ = 7,9	$R_{moy.}$= 2,42	Σ = 0,017	-
Incertitudes	1,0	0,01	0,001	1,0

4.4. Environnement structural autour de Th dans la titanite

Comme dans le cas de la zirconolite et selon les règles de substitution ionique de Goldschmidt, le Th se substitue au Ca dans la structure de la titanite. La différence de la valence (Th^{4+}) et (Ca^{2+}) est compensée par d'autres substitutions dans la structure de la titanite naturelle. Pour comprendre l'influence de la substitution de Th et l'effet de l'irradiation sur la structure cristalline de la titanite, des spectres EXAFS ont été enregistrés au seuil L_{III} de Th dans les échantillons naturels de titanite (Fig. III.34).

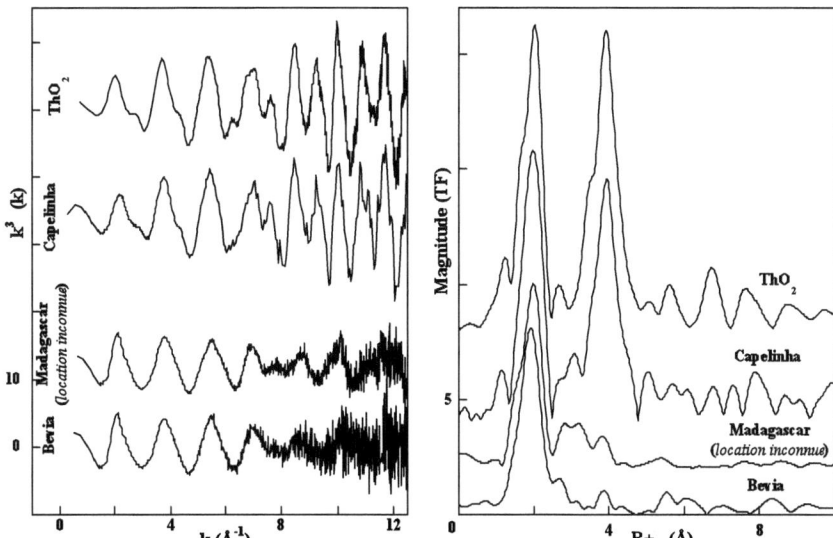

Fig. - III.34 *Spectres EXAFS (à gauche) enregistrés au seuil Th des titanite comparés à celui enregistré dans la thorianite avec leurs transformées de Fourier respectives (à droite).*

La comparaison entre le spectre EXAFS enregistré au seuil L_{III} de Th dans la titanite « Capilinha » originaire du Brésil et celui enregistré dans la thorianite, montre une grande similarité. Ceci est dû au fait que dans la titanite, le Th est dans une structure type thorianite « *ThO₂-type* » (Fig. III.34). On rappelle que la caractérisation de l'échantillon de titanite « Capilinha » par DRX a montré une structure cristalline. La superposition quasi-parfaite des spectres EXAFS de la titanite « Capilinha » et de la thorianite nous mène à dire que la titanite de « Capilinha » contient des inclusions de phase de type ThO_2. Autrement dit, plus de 90 % de Th dans cette titanite est dans du ThO_2.

Contrairement à la titanite « Capilinha », le Th dans les deux autres titanites n'est pas dans une structure ThO_2. Nous pouvons constater (Fig. III.34) une grande différence entre les spectres EXAFS au seuil L_{III} de Th dans la thorianite et la titanite même sur l'ordre local à courte distance.

Pour l'analyse des données EXAFS dans les titanites, des spectres EXAFS dus aux atomes rétrodiffuseurs premiers voisins sont extraits au moyen des transformées de Fourier inverses (Fig. III.35). L'extraction des paramètres structuraux (coordinence et distance interatomique autour de Th) est réalisée en ajustant les spectres EXAFS extraits par rapport au déphasage et à l'amplitude du spectre EXAFS de la thorianite cristalline de structure bien connue.

Fig. - III.35

Transformées de Fourier des spectres EXAFS et modèles théoriques d'ajustement des spectres EXAFS dus aux atomes O 1er voisins autour de Th dans les titanites de Madagascar pour l'extraction des paramètres structuraux (ThO$_2$ comme référence d'ajustement).

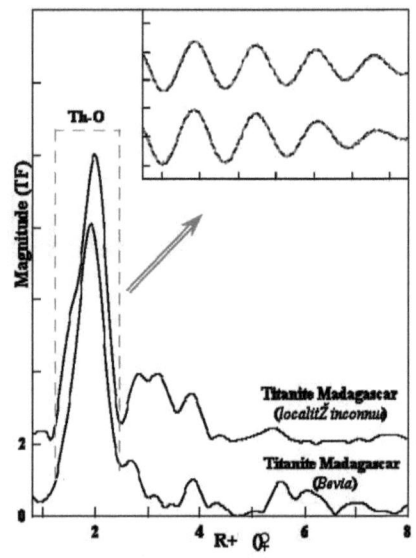

L'analyse des spectres EXAFS au seuil L$_{\text{III}}$ de Th dans les échantillons de titanite naturelles de Madagascar (Bevia et celle de « localité inconnue ») montre que le Th dans ces structures possède une coordinence moyenne de 7,4 dans la titanite « Bevia » et de 7,2 dans l'autre titanite « localité inconnue » (Tableau III.10). Une telle coordinence moyenne veut dire que la coordinence de Th dans la structure semi-cristalline (localité inconnue) ou métamicte (Bevia) est variable. Dans les deux échantillons, le nombre d'atomes premiers voisins de 7 autour de Th semble dominant, mais d'autres coordinences peuvent exister comme par exemple 8.

La distance interatomique moyenne Ca-O dans la titanite est de ~2,45 Å proche de celle Th-O calculée (2,37 Å). Ce qui explique la coordinence moyenne supérieure à 7 (7,2 et 7,4). Cela peut s'expliquer par le fait que deux cas de Th dans la titanite sont possibles :

> Le Th est en coordinence inférieure à 8 avec une grande contraction de la structure locale   ave $\Delta R=\sim 1$ Å (moins probable car, le Th en coordinence 7 n'est pas connu).

> Le Th est en coordinence 8 avec une légère contraction de la structure locale due à une distance moyenne Th-O d'environ 2,42 Å dans la titanite qu'on suppose égale à la distance Th-O mesurée dans la thorianite ce qui donne une différence ΔR d'environ 0,03 Å.

Finalement, on peut conclure que la substitution de Th au Ca dans la structure de la titanite engendre une contraction de la structure locale autour de Th. Cette contraction de la structure est fonction de la coordinence du Th dans la structure.

Tableau -III.10 *Paramètres structuraux autour de Th dans la structure de la titanite de Madagascar semi-cristalline (location inconnue) et métamicte (Bevia)*

Echantillon de titanite	N	Th-O [Å]	σ^2	ΔE
Madagascar *(Bevia)*	7,4	2,37	0,003	6,5
Madagascar *(localité inconnue)*	7,2	2,37	0,008	7,2
Brésil *(Capilinha)*	8,0	2,42	0,001	0,5
Incertitudes	**1,0**	**0,01**	**0,001**	**5,0**

REFERENCES BIBLIOGRAPHIQUES

Balan E., Trocellier P., s Jupille J., Fritsch E., Muller J.P. and Calas G. (2001) Surface chemistry of weathered zircons, *Chemical Geology*, *Vol. 181 (1-4), pp.13 –22.*

Bender S., Franke R., Hartmann E., Lansmann V., Jansen M. and Hormes (2002) X-ray absorption and photoemission electron spectroscopic investigation of crystalline and amorphous barium silicates, *J. of Non-Crystalline Solides, 298, 99-108.*

Crocombette J.P. and Ghaleb D. (1998) Modeling the structure of zircon ($ZrSiO_4$) : empérical potentials, ab-initio electronic structure, *Journal of Nuclear Materials, 257, 282-286.*

Crocombette J.P. and Ghaleb D. (2001) Molecular dynamics modeling of irradiation damage in pure and uranium-doped zircon, *Journal of Nuclear Materials 295, 167.*

Cuney M. and Friedrich M. (1987) Physicochemical and crystal-chemical controls on accessory mineral paragenesis in granitoids : implications for uranium metallogenesis, *Bull. Mineral. 110, 235-247.*

De Decker H.C.Y. et Mac Gillavry C.H., (1941) Die Kristallstructur des Fluchtigen Metastabilen Phosphorpentoxyds, *Recueil des Travaux chemiques des Pays - Bas, Tome 60, No.3 pp 153-157.*

Farges F., Harfouche M., Petit P.E. and Brown G.E. (2000), Actinides in Earth Materials: The Importance of Natural Analogues, Speciation, Techniques and Facilities for Radioactive Materials at Synchrotron Light Sources, *Actinides-XAS-2000, Grenoble P. 63-71.*

Farges F. and Rossano S. (2000), Water in Zr-bearing synthetic and natural glasses, *Eur. J. Mineral, 12, 1093-1107.*

Farges F. (1994) The Structure of Metamict Zircon : A Temperature dependent EXAFS Study, *Phys. Chem. Minerals, 20, 504-514*

Farges F. (1993) The structure of aperiodic, metamict (Ca, Th)ZrTi2O7 (zirconolite) : An EXAFS study of the Zr, Th and U sites, *J. Mater. Res., Vol. 8, N° 8, 1983-1995.*

Farges F. et Calas G. (1991), Structural Analysis of Radiation Damage in Zircon and Thorite: An X-ray Absorption Study, *Amer. Mineral., 76, 60-73.*

Farges F. (1989), Organisation Locale Autour de Zr, Th et U dans des Silicates Amorphes :Minéraux Métamictes et Verres Silicatés, *Thèse de Docteur, Université Paris VII.*

Finch R.J., Kropf J., Hanchar J.M. (2001) EXAFS INVESTIGATION OF RARE EARTH ELEMENTS IN SYNTHETIC ZIRCON *Eleventh Annual V. M. Goldschmidt Conference 2001, p 3791.*

Förster H.J. (1998), The chemical composition of REE-Y-Th-U-rich accessory mineral in peraluminous granites of the Erzgebirge-Fichtelgebirge region, Germany : Part I. *Am. Mineral. 83, 259-272.*

Frahm R. (1989), New method for time dependent x-ray absorption studies, *Rev. Sci. Instrum. 60,2515*

Frahm R. (1988), Quick scanning EXAFS: First experiments *Nucl. Instrum. Meth.Phys. Res. A270, 578.*

Franke R. Bender S. Pavlychev A.A., Kroll P., Riedel R., and Greiner A (1998) Si and N K-XANES spectroscopic study of novel Si-C-N ceramics, *J. of Electron Spectroscopy and Related Phenomena, 96, 253-257.*

Fuches L.H. and Gebert E. (1958) X-ray studies of synthetic coffinite, thorite and uranothorites, *Am. Mineral., 43, 243-248.*

Gauthier C,. Solé V.A, Signorato R., Goulon J. et Moguiline E. (1999), The ESRF Beamline ID26: X-ray Absorption on Ultra Dilute Sample, *J. Synchrotron Rad., 6, 164-166.*

Hanchar J.M., Finch R.J., Hoskin P.W.O., E.B. Watson, D.J. Cherniak and A.N. Mariano (2001) Rare earth elements in synthetic zircon: Part1. Synthesis, and rare earth element and phosphorus doping, *Am. Mineral. 86, 667–680.*

Hill W.L., Faust G.T., Hendrics S.B., (1943) Polymorphism of Phosphoric Oxide, *Journal of the American Chemical Sosiety, , Vol 65, No. 5 pp 794-802.*

Hoekstra H.R. and Fuchs L.H. (1956) Synthesis of Coffinite – UsiO4, *Science, New Series, volum 123, Issue 3186, 105.*

Hughes J.M., Cameron M., Mariano A.N. (1991) *Amer. Mineral., 76, 1165-1173*

Levelut C., Cabaret D., Benoit M., Jund P. and Flank A.M. (2001) Multiple scattering calculations of XANES Si K-edge in amorphous silica, *Journal of Non-Crystalline Solids, 293-295.*

Li D., Fleet M.E., Bancroft G.M., Kasrai M. and Pan Y. (1995) Local structure of Si and P in SiO2-P2O5 and Na2O-SiO2-P2O5 glasses : a XANES study, *Journal of Non-Crystalline Solids 188, 181-189.*

Li D., Bancroft G.M., Kasrai M., Fleet M.E Feng X.H. and Tan K.H. (1994) X-ray Absorption spectroscopy of silicon dioxide (SiO2) polymorphs – the structural characterization of opal, *Am. Mineral. 79, 622.*

Lumpkin G.R., Ewing R.C., Chakoumakos B.C., Greegor R.B., Lytle F.W., Foltyne E.M.,

Clinard Jr. F.W., Boatner L.A. and Abraham M.M. (1996), Alpha-recoil damage in zirconolite ($CaZrTi_2O_7$), *J. of Mater. Res., Vol. 1, N°4, p. 564.*

Meldrum A., Wang L. M., Ewing R. C. and Boatner L. A. (1997) Ion-beam-induced amorphization of LaPO4 and ScPO4, *Nucl. Instr. And Meth. In Phys. Res. B127/128.*

Meldrum A., Wang L. M., Ewing R. C. and Boatner L. A. (1997) - Electron irradiation-induced nucleation and grouwth in amorphous LaPO4, ScPO4 and zircon, *J. Mater. Res. Vol 12 N°7.*

Montel J.M., Devidal J.L. and Avignant D. (2002), X-ray diffraction study of brabantite-monazite solid solutions, *Chemical Geology, 191, 89-104*

Montel J.M. and Devidal J.L. (2001), Crystal Chemistry of Brabantites-Monazites Solid-Solutions, *European Union of Geosciences XI, PCM6, p. 680.*

Montel J.M., Seydoux-Guillaume A.M. and Wirth R. (2001), Dégâts d'irradiation dans les monazites naturelles, *GdR Nomade à Sète « Atelier Minéraux »*

Montel J.M. and Seydoux A.M. (1998) Sm-Nd interdiffusion in monazite, *EMPG VII, Terra Nova 10, Abst. Supl :42.*

Montel J.M. ;Veschambre M. and Nicolett C. (1994) Datation de la monazite à la microsonde électronique, *C. R. Acad. Sci. Paris 318, 1489-1495*

Muñoz M., Argoul P. and Farges F. (2003), Continuous Cauchy wavelet transform analyses of EXAFS spectra: A qualitative approach, *American Mineralogist, Volume 88, pages 694–700, 2003*

Natoli C.R. dans Bianconi A., Icoccia L., Stipcich S. (Eds), EXAFS and Near EdgeStructure, *Springer Series in Chem. Phys., vol. 27, Springer, Berlin, 1983.*

Rastsvetaeva R.K., Khomyakov A.P. (1996); *Kristallogr., 41, 831-834.*

Rehr J.J., Mustre de Leon J., Zabinsky S.I., and Albers R.C. (1991), Theoretical X-ray Absorption Fine Structure Standards, *J. Am. Chem. Soc. P 113, 5135*

Seydoux-Guillaume A.M., Wirth R., Nasdala L., Gottschalk M., Montel J.M. and Heinrich W. (2002). An XRD, TEM and Raman study of experimentally annealed natural monazite. *Phys. Chem. Minerals, Vol. 29, 240-253.*

Seydoux-Guillaume A.M., Paquette J.L., Wiedenbeck M., Montel J.M. and Heinrich W. (2002), Experimental resetting of the U-Th-Pb system in monazite. *Chemical Geology, Vol. 191, 1-3, 165-181.*

Sharp T.G., Wu Z., Seifert F., Poe B., Doerr M. and Paris E. (1996), Distinction between six- and four-fold coordinated silicon in SiO_2 polymorphs via electron energy loss near edge structure (ELNES) spectroscopy. *Physics and Chemistry of Minerals 23, 17-24.*

Stieff L.R., Stern T.W. and Sherwood A.M. (1955), *Science, 121, p. 608.*

Susana R'ios, Thomas Malcherek, Ekhard K. H. Salje and Chiara Domeneghetti (2000) Localized defects in radiation-damaged zircon, *Acta Cryst. B56, 947–952*

Ushakov S.V., Burakov B.E., Garbuzov V.M., Anderson E.B., Strykanova E.E., Yagovkina M.M., Helean K.B., Guo Y.X., Ewing R.C. and Lutze W. (1998), Synthesis of Ce-doped Zircon by Sol-Gel Process, *Mat. Res. Soc. Proc. Vol. 506, 281-288.*

Woodhead J.A. ; Rossman G.R. ; Thomas A.P. (1991a) Hydrous species in zircon, *Am. Mineral., 76, 74-82.*

Winterer M. (1997), Proceedings of the 9[Th] International Conference on X-ray Absorption Fine Structure *(XAFS IX, Grenoble), J. Phys IV France, 7, 243.*

Wu Z. and Seifert F. (1996), Theoritical Analysis of Si and O XANES Spectra of Zircon vs Alpha-Quartz, *Solid State Communications, Vol. 99, 11, pp. 773-778.*

Wyckoff R.W.G. (1963), Crystal Structures, *2nd ed. (John Wiley & Sons, New York), Vol. I, p. 467.*

Veiller L, Crocombette J.P. and Ghaleb D. (2002) Molecular dynamics simulation of the a-recoil nucleus displacement cascade in zirconolite, *journal of Nuclear Materials 306, 61-72.*

Zhang M., Salje E.K.H., Capitani G.C., Hugues L., Clark A.M. Shlüter J. and Ewing R.C. (2000) Annealing of a-decay damage in zircon : a Raman spectroscopic study, *J. Phys. : Condens. Matter, 12, 3131-3148.*

Zhang M., Salje E.K.H., Ewing R.C., Farnan I., Rios S., Shlüter J. and Leggo P. (2000) Alpha-decay damage and recrystallization in zircon : evidence for an intermediate state from infrared spectroscopy, *J. Phys. : Condens. Matter, 12, 5189-5199.*

CHAPITRE IV

1. INTRODUCTION

L'étude théorique est complémentaire des observations expérimentales présentées dans le chapitre précédent (chapitre III). Nous avons eu recours à la modélisation par dynamique moléculaire (DM), de l'effet des dégâts d'irradiation sur l'environnement structural du zircon (*dû spécialement à la désintégration* α), pour valider les résultats expérimentaux précédemment exposés. Les boîtes de DM du zircon ont été réalisées au CEA Saclay par J.P. Crocombette al. (1998), nous ne reviendrons donc pas sur ces études où les méthodes « classiques » de simulation sont déjà largement décrites. Par contre, nous allons compléter ces résultats en appliquant les règles de Pauling (chapitre II) pour confirmer la validation de ces modèles DM du zircon. En effet, les simulations doivent être plausibles structurellement (Crocombette et al., 1998) et électrostatiquement pour que les déphasages de rétrodiffusion d'absorption X puissent être calculés précisément. Les forces de liaisons électrostatiques forment le « pont » entre la DM et l'EXAFS et permettent de comparer expérience et simulation. En fin, nous allons modéliser des spectres XAFS au seuil de K de Zr et L_{III} de U pour comprendre l'effet d'irradiation sur la structure cristalline.

Il faut noter qu'on n'a pas pu suivre les déplacements des atomes dans les boîtes parce que les boîtes initiales ont été modifiées par translation des coordonnées originales. Cette modification a été introduite afin d'éviter que le noyau de recul ne sorte de la boîte lors de la cascade.

2. VALIDATION DES MODELES THEORIQUES DM DU ZIRCON

Avant la réalisation d'étude XAFS sur les boîtes DM du zircon, nous devons être sûrs que le modèle utilisé est représentatif de la structure (*cristalline ou métamicte*) du zircon et en accord avec les règles de base de la cristallographie. La vérification des règles de Pauling sur la structure cristalline du modèle permet d'avoir une idée sur les potentiels utilisés pour la modélisation de la structure du zircon d'une part, et de la simulation des dégâts d'irradiation d'autre part. Nous avons commencé par une étude de la coordinence autour de chacun des ions dans chacune des simulations avant et après cascades. L'étude de la polymérisation permet, en plus de la validation des modèles, de mieux comprendre l'effet de l'irradiation sur la structure cristalline du zircon en regard des données de RMN (Zhang et al., 2000) qui confirment la prédiction de Farges (1994) sur la polymérisation des atomes de Si liée aux dégâts d'irradiation. Les anomalies de la coordinence et la polymérisation serviront de moyens de localisation des zones perturbées dans la structure du zircon après cascades appelées zones métamictes (Crocombette et al., 1998, 2000). L'une des méthodes récentes utilisée pour la validation des modèles théoriques est l'étude des forces de liaisons électrostatiques autour des ions de la structure du modèle. Tous comme pour la coordinence et la polymérisation, l'étude des forces de liaisons électrostatiques permet aussi de localiser les dégâts d'irradiation sur la structure du zircon.

2.1. Etude de la coordinence

La coordinence (*le nombre des atomes premiers voisins en l'absence de lacunes*) d'un ion permet l'étude de la structure du zircon avant et après effet de radiation (*cascade*) autour de cet ion. Nous avons expliqué dans le chapitre précédent (Chapitre III) le nombre de coordination de chaque ion dans la structure du zircon cristallin. Un programme a été développé pour le calcul du nombre de voisins formant le nombre de coordination. un rayon de coupure de 2,8 Å permet de prendre en compte tous les atomes formant le polyèdre de coordination.

L'étude de la coordinence du zircon cristallin est basée sur la structure théorique du zircon (Robinson et al. 1971). Après cascades, certains atomes voir leur coordinence changée ce qui crée des perturbations inélastiques formant des zones apériodiques.

Les résultats des calculs de coordinence effectués sur les différentes modèles de DM avant et après les cascades, associés à d'autres calculs (polymérisation et forces de liaisons électrostatiques « *voir ci-après* »), ont permis de localiser les zones ayant subi des déformations irréversibles (zones amorphes) dans la structure du zircon pour les trois différentes simulations de DM. Dès lors, les valeurs du nombre de coordination sous/ ou surestimées ne peuvent être dues qu'aux effets d'irradiation qui donnent naissance, après relaxation de la structure, à des déformations inélastiques formant des domaines métamictes à des endroits différents de la boîte de DM.

2.1.1. Coordinence des ions de la structure dans le modèle du zircon cristallin

Pour que le modèle soit valide, il faut que la structure cristalline ne présente pas d'anomalie de coordination. Dans la figure suivante (Fig. IV.1), nous avons représenté les résultats du calcul du nombre de voisins formant le nombre de coordination effectué sur les deux boîtes présentant une structure cristalline avec des teneurs en actinide (uranium) de 1 atome, ~4% et ~12% (1 000 atomes et 3 000 atomes : *voir chapitre II*).

Dans le cas des modèles de DM du zircon cristallin (quasi-pur, à 4% de U et à 12% de U), la coordinence est constante pour chacun des ions de la structure. On note une coordinence 4 pour les atomes de Si, une coordinence 8 pour les atomes de Zr et de U et les atomes de O sont en coordinence 3.

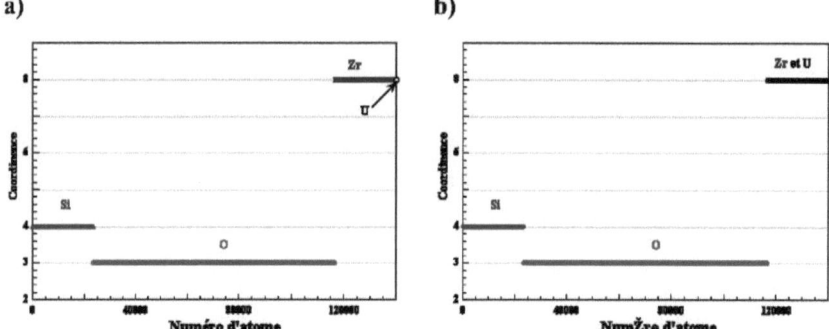

Fig. – IV.1 Nombre d'atomes voisins autour de chaque ion dans les boîtes DM du zircon :

a) *zircon cristallin avec 1 atome de U.*

b) *zircon cristallin avec 1 000 atomes Zr (~4%) remplacés par des atomes U.*

2.1.2. Coordinence des ions de la structure dans les modèles du zircon après cascades

Après la réalisation d'une cascade (simulation d'une désintégration α) sur les boîtes de zircon cristallin, certains atomes subissent des déformations irréversibles (inélastiques) donnant naissance à des zones apériodiques. Ces domaines sont en partie repérés par le biais du polyèdre de coordination, d'autres moyens tels que la polymérisation et les forces de liaisons électrostatiques (voir ci-après) sont utilisés pour repérer ces zones métamictes dans la structure du zircon ayant subi une cascade qui sont difficilement détectables au moyen de la coordinence.

2.1.2.1. Cascade à 5 keV

Les courbes montrant la coordinence en fonction du numéro des atomes dans les boîtes de DM présentés sur la figure ci-après (Fig. IV.2), montrent l'influence de l'irradiation (effet du noyau de recul) sur la structure cristalline du zircon. On peut remarquer que la coordinence de certains ions dans la structure change et prend des valeurs différentes de celles dans le cas du zircon cristallin. Cela est dû au fait que, dans certaines zones, la déformation de la structure induite par la cascade est irréversible, ce qui forme des zones métamictes dans la structure.

a)   b)

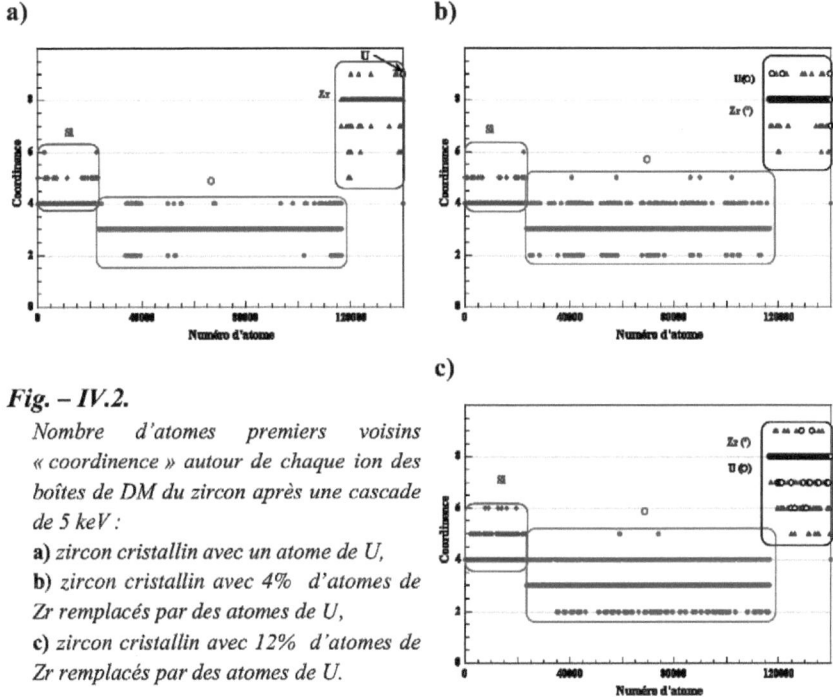

Fig. – IV.2.

Nombre d'atomes premiers voisins « coordinence » autour de chaque ion des boîtes de DM du zircon après une cascade de 5 keV :
a) *zircon cristallin avec un atome de U,*
b) *zircon cristallin avec 4% d'atomes de Zr remplacés par des atomes de U,*
c) *zircon cristallin avec 12% d'atomes de Zr remplacés par des atomes de U.*

Les polyèdres de coordination des ions ayant une coordinence affectée par l'effet de l'irradiation sont plus distordus. Nous pouvons constater à partir de la figure (Fig.IV.2) que la boîte de DM du zircon à 12% d'atomes de Zr remplacés par U, présente plus d'ions (Si, O, Zr et U) en coordinence supérieure et inférieure à celle du milieu cristallin. Nous avons pu déterminer le nombre d'atomes dont la coordinence est supérieure ou inférieure à la normale du cas cristallin. Les résultats sont représentés sur le tableau IV.1. Les figures (IV.2 a, b et c) montrent que la coordinence autour des ions de la structure du zircon est proportionnelle à la concentration en U. On a montré expérimentalement (chapitre III) que la substitution de Zr par U provoque une dilatation de la structure locale cristalline du zircon autour de U substitué. L'étude sur les modèles de zircon (DM) après cascade nous permet donc de conclure que la concentration en U dans le zircon joue un rôle important dans l'amorphisation de la structure.

2.1.2.2. Cascade à 4 keV

Une cascade de 4 keV a été réalisée dans le but d'étudier l'influence de l'énergie générée par la désintégration α, ainsi que la trajectoire du noyau de recul sur l'environnement structural du zircon cristallin. Seules les boîtes du zircon quasi-pur et à 4% de U substituant le Zr ont fait objet de cette simulation (4 keV).

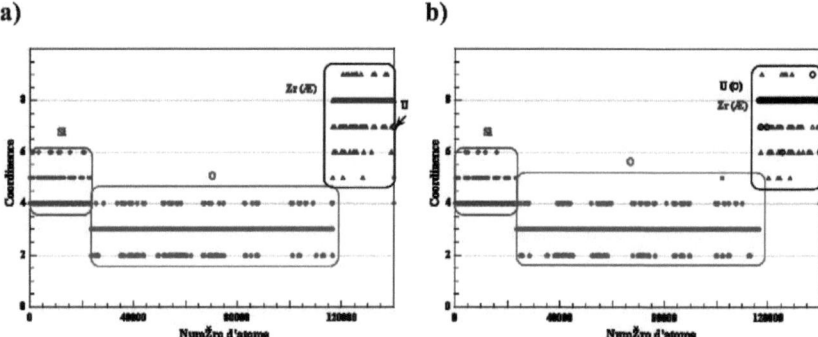

Fig. - IV.3 *Nombre d'atomes premiers voisins autour de chaque ion de la structure de zircon après une cascade de 4 keV dans un :*
    a) *zircon quasi-pur*
    b) *zircon à 4% de U substituant le Zr*

Dans le cas d'un zircon 4% de U (Fig. IV.3b), les ions dont la coordinence a changé sont plus nombreux que dans le zircon quasi-pur. Les résultats quantitatifs du tableau IV.1, confirment ce que l'on a vu dans la cascade à 5 keV. La comparaison de ces résultats de coordinence avec ceux de la cascade de 5 keV nous permet de dire que la trajectoire et l'énergie de recul ont un rôle important dans la métamictisation du zircon.

Après avoir imposé des cascades d'une énergie de 4 keV ou de 5 keV la coordinence n'est plus constante pour tous les atomes d'un même ion. Statistiquement les ions du même type ayant une coordinence différente de celle lors du cas cristallin sont peu nombreux. La valeur moyenne pour tous les ions d'un même type est très proche de celle du cas cristallin.

L'étude de la coordinence permet de conclure que, le type d'atome, l'énergie de recul (due à la désintégration α) et le chemin suivi par le noyau de recul (direction du noyau de recul) influencent considérablement le degré d'amorphisation (de métamictisation) de la structure cristalline.

Tableau - IV.1

Quantification (nombre et%) des ions en fonction de la coordinence dans les modèles de zircon après cascades.

Type [CN]	Zirco´ quasi-pur 4 keV Nombre	%	5 keV Nombre	%	Zirco´ à 4% de U 4 keV Nombre	%	5 keV Nombre	%	Zirco´ à 12% de U 5 keV Nombre	%
Si[4]	23 222	99,55	23 282	99,79	23 247	99,66	23 271	99,80	23 223	99,56
Si[5]	96	0,41	44	0,20	71	0,30	56	0,20	98	0,40
Si[6]	10	0,04	2	0,01	10	0,04	0	0	7	0,04
O[2]	92	0,10	44	0,05	162	0,17	42	0,05	183	0,20
O[3]	93 059	99,725	93 198	99,87	93 046	99,72	93 110	99,78	92 614	99,25
O[4]	155	0,17	70	0,08	103	0,11	160	0,17	511	0,545
O[5]	7	0,05	0	0	1	0,0	0	0	4	0,005
Zr[5]	4	0,02	3	0,015	4	0,015	0	0	10	0,05
Zr[6]	27	0,10	14	0,06	39	0,17	11	0,04	69	0,34
Zr[7]	103	0,44	34	0,15	82	0,37	55	0,23	91	0,45
Zr[8]	23 177	99,40	23 268	99,74	22 196	99,42	22 253	99,70	20 148	99,11
Zr[9]	16	0,04	8	0,035	6	0,025	8	0,03	10	0,05
U[6]	0	0	0	0	2	0,20	0	0	6	0,2
U[7]	0	0	0	0	2	0,20	1	0,10	14	0,5
U[8]	1	100	0	0	995	99,50	996	99,60	2 978	99,24
U[9]	0	0	1	100	1	0,10	3	0,30	2	0,06

*CN = Nombre d'atomes premiers voisins « **coordinence** »*

3. ETUDE DE LA POLYMERISATION DANS LES MODELES DE DM DU ZIRCON

3.1. Dans le zircon cristallin quasi-pur, à 4% et 12% de U

La distance interatomique Si-Si est de 2 fois la distance maximale lors d'une polymérisation, avec prenant une marge de sécurité de 0,02Å, alors on a choisit une distance de polymérisation de 2,32 Å. Dans la structure cristalline du zircon, les tétraèdres SiO_4 sont séparés et ne présentent aucune forme de polymérisation. Autrement dit, le nombre d'oxygène pontant est nul, et l'on note Q^n avec n représente le rapport molaire des oxygène pontant aux cations de coordination tétraédrique. Dans le cas des des modèles de DM des zircons cristallins, on observe des $Q^{n=0}$.

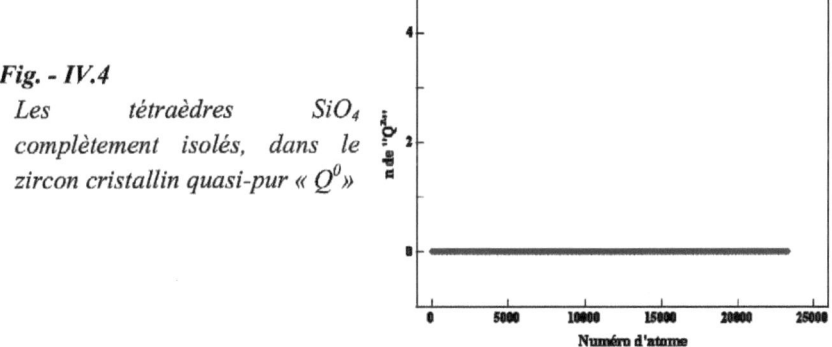

Fig. - IV.4

Les tétraèdres SiO_4 complètement isolés, dans le zircon cristallin quasi-pur « Q^0 »

Sur la figure (Fig. IV.4), on a représenté la valeur n du facteur Q^n en fonction du numéro des atomes dans la boîte de DM. On confirme ici que sur toute la structure du zircon aucune des tétraèdres SiO_4 n'est connectée à d'autres tétraèdres SiO_4. Donc, les tétraèdres SiO_4 dans la structure sont complètement isolés les unes des autres (monomères).

3.2. Dans le zircon quasi-pur après cascades

Une cascade de 4 keV a été réalisée sur le modèle DM du zircon quasi-pur, et après stabilisation des atomes, certains tétraèdres SiO$_4$ se connectent entre eux formant des dimères (n=1), des chaînes (n=2) ou des plans (n = 3). Sur la figure IV.5b nous avons représenté une petite zone métamicte formée après une cascade de 4 keV sur le zircon cristallin à un seul atome de U. On peut noter la présence des cas de chaînes et de plans dans la même zone, cela témoigne du degré de métamictisation dans la structure du zircon. Certains cas qualifiés d'instables comme le cas des triclusters (Fig.IV.5b) sont rencontrés. Dans ce cas, on compte trois tétraèdres SiO$_4$ ayant un atome O commun.

a)   b)

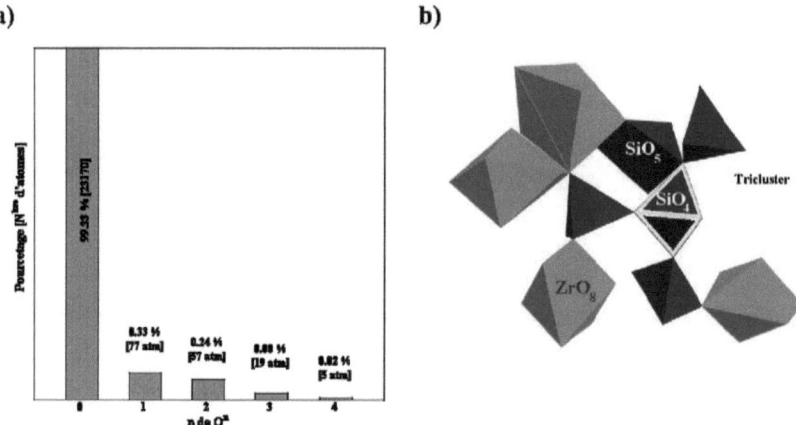

Fig. - IV.5 **a)** *n de Q^n dans le zircon quasi-pur après une cascade de 4 keV*
b) *une structure locale montrant une polymérisation Q^n (n=4) après cascade de 4 keV*

Une autre cascade de 5 keV et de trajectoire du noyau de recul différent, a été réalisée sur le même zircon cristallin. Elle permet de comparer l'influence à la fois de l'énergie de la cascade et de la trajectoire du noyau de recul sur l'amorphisation de la structure cristalline.

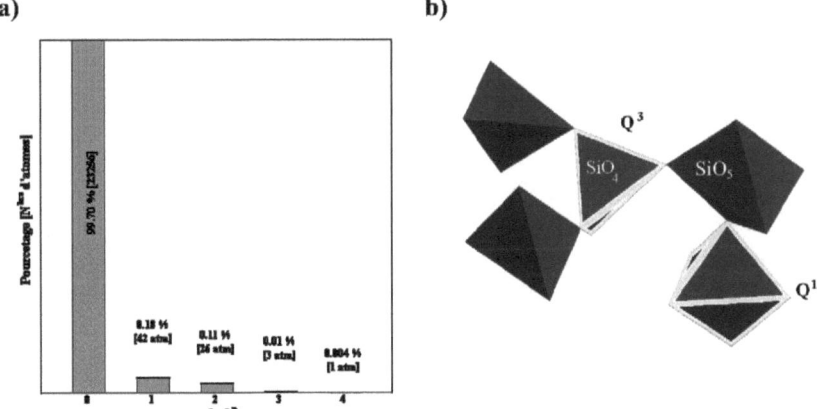

a)

b)

Fig.- IV.6 **a)** *n du facteur Q^n dans le zircon quasi-pur après une cascade de 5 keV avec le nombre d'atome et leur pourcentage,*
b) *deux types de polymérisations Q^1 et Q^3, dues à la cascade de 5 keV.*

On remarque sur la figure IV.6, que même avec une énergie de désintégration plus grande, l'effet sur la structure cristalline est moins marqué, cela peut s'expliquer par le fait que la trajectoire joue un rôle très important. Cela dépend de la longueur de la trajectoire qui est fonction de la nature des atomes « obstacles » (rencontrés par le noyau) et de la présence de « trous » dans la structure. On constate que les tétraèdres SiO_4 polymérisés sont moins nombreux par rapport au cas de la cascade 4 keV, surtout en ce qui concerne celles ou $n \geq 3$.

3.3. Dans le zircon à 4% et 12% de U après cascades

Pour prendre en considération la structure du zircon dans la nature, nous avons étudié la polymérisation des tétraèdres SiO_4, dans les deux autres boîtes de DM (boîtes à 4% et à 12% de U). Etant donnée leur concentration en atomes de U, ces boîtes de DM sont considérées comme plus proches de la structure réelle du zircon métamicte dans la nature. Dans le cas cristallin, aucune polymérisation n'est notée sur la structure du zircon. Donc, le modèle par DM est en accord avec la structure cristalline du zircon, pour les deux cas du zircon dopé à 4% et à 12% d'uranium.

Comme pour le cas du zircon quasi-pur, dans la boîte de zircon avec 4% de U, le nombre de tétraèdres SiO_4 connectés sont plus nombreux dans le cas d'une cascade à 4 keV que lors de celle à 5 keV. Cela confirme ce qu'on a observé dans le cas du zircon quasi-pur. Dans le cas du zircon concentré à 12% de U, les tétraèdres SiO_4 présentant une polymérisation sont plus nombreux que pour les autres zircons (quasi-pur et à 4%). De même, on peut constater que le degré de polymérisation est plus important dans le cas du zircon à 4% de U que dans le zircon quasi-pur. Ceci est probablement dû à la concentration en U (atome plus lourd et plus gros que Zr) dans la structure qui fait que les dégâts sont plus étendus.

D'un point de vue polymérisation, les modèles DM du zircon cristallin sont en accord avec la structure du zircon de Robinson (Robinson et al., 1971) car le rapport molaire des oxygène pontant aux cations de coordination tétraédrique calculée est nul (BO/T = 0). Par contre, lors d'une cascade (4 keV ou 5 keV), on note des valeurs du rapport molaire BO/T allant jusqu'à 4. Autrement dit, le réseau cristallin de la structure s'est brisé et des zones métamictes se sont formées. On a pu constater la formation de différents types de polymérisation allant d'un dimère (*BO/T = n = 1*) au plan de tétraèdre SiO_4.

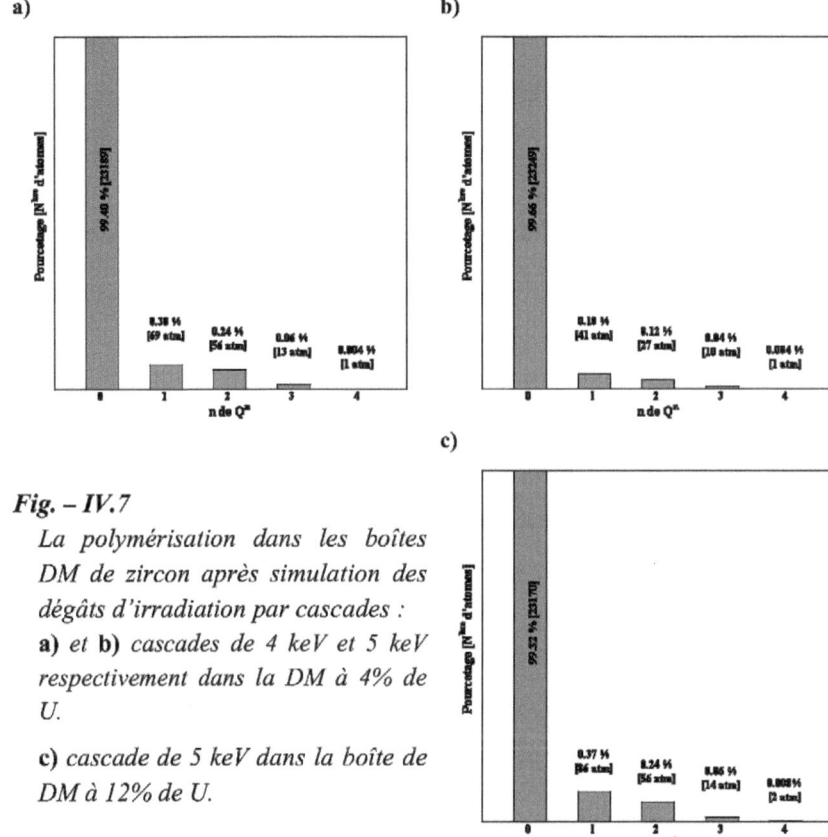

Fig. – IV.7
La polymérisation dans les boîtes DM de zircon après simulation des dégâts d'irradiation par cascades :
a) et **b)** cascades de 4 keV et 5 keV respectivement dans la DM à 4% de U.

c) cascade de 5 keV dans la boîte de DM à 12% de U.

Il faut noter que le nombre d'oxygène pontants dans un modèle de DM de zircon (après cascade) dépend de plusieurs facteurs tels que l'énergie de cascade (énergie du noyau de recul), la direction du noyau de recul (chemin) ainsi que la teneur en actinide (U) dans la structure. En effet, le nombre de tétraèdres SiO_4 polymérisés est très petit par rapport à la taille de la boîte du modèle de DM du zircon (23 328 atomes de Si sur un total de 139 968 atomes). Aussi aucune anomalie inacceptable, comme une valeur de BO/T de 5 n'est observée, ce qui nous permet de dire que la règle de Pauling est vérifiée et que les potentiels empiriques utilisés (BMH) tiennent compte de la polymérisation dans la structure du modèle DM du zircon.

4. ETUDE DES FORCES DE LIAISONS ELECTROSTATIQUES DANS LES MODELES DM DU ZIRCON

L'étude des forces de liaisons électrostatiques (bond valence en anglais) autour de chaque ion de la structure du modèle de zircon permet d'une part de vérifier les potentiels utilisés pour la modélisation. D'autre part, elle sert de moyenne de localisation des zones métamictes formées après la réalisation des cascades sur la structure cristalline et qu'on ne peut pas déterminer par la coordinence. Il a été montré que (Rossano et al., 2002) la somme des forces de liaisons électrostatiques est sensible aux changement des paramètres de potentiel dans la DM, et qu'elle peut être utilisée pour aider à la validation des modèles de DM.

4.1. Forces de liaisons électrostatiques dans le zircon quasi-pur

4.1.1. Zircon quasi-pur cristallin

4.1.1.1. Forces de liaisons électrostatiques autour de Zr

Dans la structure du zircon, la somme des forces de liaisons électrostatiques autour de l'atome Zr est égale à sa valence ($\Sigma BV = Z = 4$). Le calcul réalisé sur la boîte de DM du zircon quasi-pur cristallin montre l'applicabilité de la loi de Pauling sur les boîtes de DM.

Sur la figure (Fig. IV.8) suivante, nous pouvons constater qu'il existe des valeurs de la somme des forces de liaisons électrostatiques supérieures à la valeur moyenne de tous les autres clusters Zr. Pour comprendre ce qui s'est passé nous allons étudier en détail les atomes formant ces clusters.

Le calcul des distances interatomiques révèle qu'il y a autour de chaque Zr (BV surestimée), deux types d'oxygène ayant une distance Zr-O plus courte (1,97 et 2,29 Å) que celles qui sont autour d'un Zr normal (2,06 et 2,37 Å). Au total on a 8 oxygène avec une distance courte dont 4 à 1,97 Å de Zr et 4 autres à 2,29 Å (Tableau IV.3). Les autres oxygène sont à des distances Zr-O d'environ 2,07 Å et 2,43 Å avec une légère distorsion (pas tous à la même distance). On peut, donc, remarquer une distorsion de la structure locale autour des Zr avec une ΣBV surestimée.

Fig. - IV.8

La somme des forces de liaisons électrostatiques autour de chaque Zr dans la boîte de DM du zircon cristallin quasi-pur (avec un uranium remplaçant un Zr).

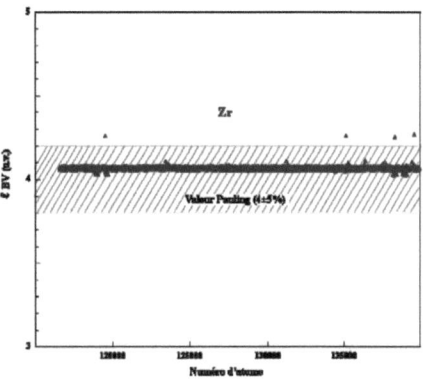

Tableau - IV.2

La valeur moyenne de la somme des forces de liaisons électrostatiques autour de chaque type d'ion avec l'écart type dans le zircon quasi-pur cristallin.

Type d'atome	ΣBV (u.v.)	σ_{BV}
Si	4,33 [4]	0,000005
O	2,10 [2]	0,000010
Zr	4,07 [4]	0,000020
U	3,27[4]	-

La valeur entre les crochets [ ] représente la valence théorique

On a vérifié (manuellement) que les BV autour des atomes Zr particulièrement surliés, donnent bien des ΣBV supérieurs à 4,0 ±0,2 (u.v.). Ceci est dû à une distance interatomique Zr-O très courte (1,95 ±0,05 Å). Tous les Zr sont situés à une distance de 6,46 Å par rapport à l'atome de U substituée à un site de Zr, et ce ne sont pas les Zr les plus proches de l'atome d'U (Tableau IV.2). Ce n'est pas une coïncidence que tous ces Zr soient situés à la même distance par rapport à U, il faut voir la position des oxygène (distance Zr-O courte) par rapport à U.

Les oxygènes se trouvant à 1,975 Å du Zr sont à une distance U-O de 4,64 Å. Par contre, les oxygènes ayant une distance Zr-O de 2,29 Å sont plus éloignés, à une distance U-O de 7,82 Å. Autrement dit, ces atomes O sont suffisamment loin de l'atome substitué U. Les autres atomes d'oxygène (2,07 et 2,43 Å) sont aussi éloignés de l'atome U.

On note deux distances interatomiques Zr-Si (Si seconds voisins) différentes, autour d'un zirconium de 3,14 Å et 3,18 Å avec une somme des forces de liaisons électrostatiques surestimée. La distorsion enregistrée au niveau des Si seconds voisins autour de Zr n'est probablement pas due à la substitution de l'atome d'U dans la boîte de DM, car ces Si sont à une distance U-Si supérieur à 5 Å.

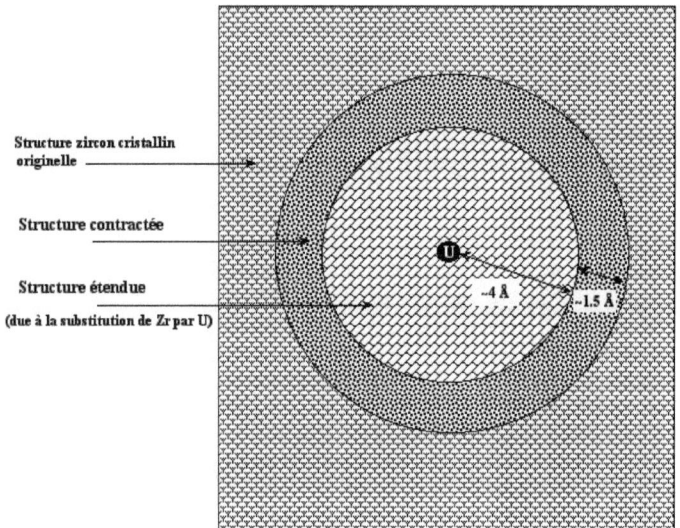

Fig. -IV.9 *Influence de la substitution de U sur la structure cristalline du zircon*

A partir des distances interatomiques U-Zr, U-Si et U-O, présentées ci-dessus, on peut conclure que les atomes de Zr se situent dans une zone entre la structure étendue autour de U et la structure cristalline du zircon non affecté par la substitution (Fig. IV.9). Dans cette zone, la structure subit deux contraintes dûes à l'expansion autour de U et la structure normale du zircon à grande distance. C'est pourquoi on observe une zone dans laquelle les distances interatomiques sont plus courtes (rétrécissement) et qu'on appelle la *zone de contraction* (Fig. IV.9). La ΣBV autour de ces Zr, au nombre de 4, est de ~4,25 u.v., une valeur qui n'est pas loin de la tolérance suggérée par Pauling 4 ±5% (4,2 u.v.). Ceci permet de conclure que cette valeur (et donc le modèle) est acceptable.

Tableau - IV.3

Table récapitulative de position des atomes de Zr à Σ BV surestimée par rapport à l'atome de U dans la structure du zircon cristallin quasi-pur

U (N°)	Zr (N°)	Σ BV (u.v.)	O 1er voisins	dist. Zr-O	dist. U-O	dist. Zr-U
				Distance (Å)		
			35 275	**1,98**	4,62	
			50 800	2,03	8,45	
			35 005	2,07	6,73	
	11 9569	4,2602	34 978	2,07	6,73	6,47
			50 692	**2,29**	7,81	
			35 167	2,41	5,61	
			35 545	2,43	6,87	
			35 518	2,43	6,87	
139968	13 5112	4,2614	112 999	1,98	4,62	6,47
			973 66	2,29	7,82	
	13 8352	4,2568	110 137	1,98	4,62	6,47
			110 677	2,29	7,821	
	13 9647	4,2668	115 348	1,97	4,62	6,47
			115 888	2,29	7,81	

Note :Chaque Zr est entouré de 8 atomes d'oxygène, mais ne sont représentés ici que les deux oxygène premiers voisins ayant des distances interatomiques Zr-O courtes.

4.1.1.2. Forces de liaisons électrostatiques autour de Si

De même que pour le Zr, nous allons étudier les forces de liaisons électrostatiques autour de Si dans le zircon cristallin quasi-pur. La figure (Fig. IV.10) montre une sur-liaison systématique sur tous les atomes de Si du modèle DM du zircon. Cela est dû aux potentiels BMH qui sous-estiment les distances Si-O dans le modèle (voir chapitre II, Tableau II.6). Aussi, nous pouvons constater qu'il y a certains atomes de Si qui ont une ΣBV nettement inférieure [~4,27(5) u.v.] à la moyenne (4,33 u.v.). Au contraire, d'autres atomes Si ayant une ΣBV supérieure à la celle moyenne [~4,41(5) u.v.].

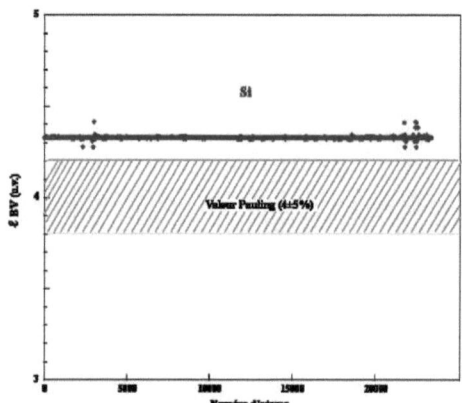

Fig. - IV.10

La somme des forces de liaisons électrostatiques (ΣBV*) autour de Si dans la boîte de DM du zircon cristallin avec un atome d'uranium remplaçant un zirconium.*

Dans le cas d'une ΣBV surestimée, on note des liaisons interatomiques Si-O de courtes distances (~1,57 Å et ~1,58 Å), ceci caractérise généralement 2 liaisons sur les quatre du tétraèdre. Ces Si sont à une distance par rapport à l'atome U d'environ 4,49(5)Å. Cette distance représente la zone de contraction engendrée par l'expansion de la structure autour de U (à courte distance) d'une part et le retour à la structure normale cristalline du zircon (ordre à longue distance) d'autre part.

Dans le cas d'une ΣBV sous-estimée, les Si sont au nombre de 4. Ce sont les atomes troisièmes voisins autour de l'atome U. Ces derniers sont à une distance U-Si de 3,57(5) Å ce que explique les distances interatomiques Si-O un peu plus longues (~1,60 Å) car les atomes sont dans la zone d'expansion de la structure due à la substitution de l'atome U.

En conclusion, la ΣBV autour des Si est surestimée dans le cas d'atomes situés dans la zone de contraction c'est-à-dire à une distance interatomique U-Si d'environ 4,9 Å et elle est sous-estimée dans la zone de dilatation (ordre local à courte distance autour de U). Donc, les Si sur- ou sous-liés sont influencés par la substitution de l'atome de U au le site de Zr dans la structure cristalline du modèle de zircon.

Tableau - IV.4

Table récapitulative de la somme des forces de liaisons interatomiques par rapport aux positions des atomes de Si autour de l'atome de U.

N° Si	ΣBV	N° O	Si-O (Å)	N° U	Si-U (Å)	U-O (Å)

ΣBV relativement sous-estimée (■ Si proches de U)

N° Si	ΣBV	N° O	Si-O (Å)	N° U	Si-U (Å)	U-O (Å)
2 308	4,28	35 383 / 35 329	1,60 / 1,60		3,75	3,93 / 3,93
2 956	4,28	37 975 / 35 302	1,60 / 1,60		3,75	3,94 / 3,94
21 739	4,28	113 080 / 113 107	1,60 / 1,60	139 968	3,75	3,94 / 3,94
22 387	4,28	113 053 / 115 699	1,60 / 1,60		3,75	3,94 / 3,93

ΣBV relativement surestimée (■ Si éloignés de U)

N° Si	ΣBV	N° O	Si-O (Å)	N° U	Si-U (Å)	U-O (Å)
2 983	4,41	35 275 / 35 248	1,57 / 1,59		4,49	4,624 / 2,367
21 685	4,41	110 137 / 112 756	1,57 / 1,59		4,50	4,621 / 2,365
22 333	4,41	115 348 / 112 729	1,57 / 1,59	139 968	4,50	4,623 / 2,367
22 414	4,41	112 999 / 113 026	1,57 / 1,59		4,49	4,619 / 2,365

Ne sont représentés que les oxygène ayant une influence directe sur le calcul de la force de liaison électrostatique (bond valence) autour de Si (2 atomes sur 4).

4.1.1.3. Forces de liaisons électrostatiques autour de O

Les atomes d'oxygène dans les boîtes de DM du zircon représentent 4 fois le nombre d'atomes de Si ou de Zr. En plus, ils sont plus légers et donc, les premiers atomes directement influencés par la substitution d'un atome U dans un site Zr vu qu'ils forment le polyèdre de coordination autour de U (ordre à courte distance). Comme pour le Si, on note une légère hausse de la valeur ΣBV autour des ions O de la structure du modèle de zircon quasi-pur. La valeur théorique estimée par Pauling est de Z $\pm 5\%$ [2,0 $\pm 0,1$ u.v.]. Par contre, on note une valeur moyenne calculée d'environ 2,1 $\pm 0,1$. Ceci est dû à la distance interatomique Si-O courte (due aux potentiels empiriques BMH utilisés) qui fait que ΣBV soit légèrement surestimée.

Comme dans le cas de Zr et Si dans le zircon cristallin quasi-pur, on note des sites pour O avec des valeurs de la somme des forces de liaisons électrostatiques différentes de la valeur moyenne calculée ($\sim 2,1$ u.v.). Sur la figure ci-dessous, nous constatons que le nombre d'oxygène ayant une somme des forces de liaisons électrostatiques supérieure ou inférieure à la moyenne est plus grande par rapport à celui de Zr et Si dans la même boîte de DM. Le nombre de O avec une anomalie de ΣBV plus grand est dû au nombre d'atomes O de 4 fois les autres ions dans les modèles de DM du zircon ($ZrSiO_4$).

On peut remarquer qu'il y a un nombre de 4 atomes qui se répètent alternativement (valeur de BV supérieure et inférieure). On compte 4 oxygène avec une $\Sigma BV = 2,01 \pm 0,01$ u.v. et 4 autres avec une $\Sigma BV = 2,06 \pm 0,01$ u.v. D'autres oxygène ayant des anomalies de ΣBV mais moins marquée que le cas cité précédemment sont présents également. Tous sont représentés dans le tableau ci-après (Tableau IV.5). Nous allons étudier ces anomalies au cas par cas.

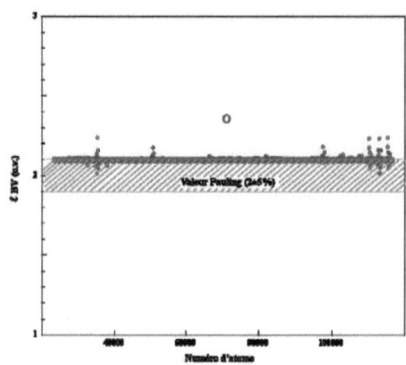

Fig. IV - 11

ΣBV autour des oxygène dans la boîte de DM du zircon cristallin avec un seul atome de U substitué à un atome Zr.

Dans le premier tableau (Tableau IV.4) sont représentés les cas les plus extrêmes, c'est-à-dire, les oxygènes avec une ΣBV nettement supérieure (inférieure) à la moyenne. Nous pouvons constater que, tous ces atomes d'oxygène (au nombre de 8) forment le polyèdre de coordination autour de l'atome U dans la boîte DM.

> *Les quatre premiers oxygène* sont entourés d'un atome de Zr distant de 2.228 Å (*2,369 Å dans le cas normal*), d'un Si d'une distance courte Si-O = 1,586 Å (*1,598 Å dans le cas normal*) et de l'atome U. Sur ces oxygènes, on note une surestimation de la valeur de ΣBV.

> *Les quatre autres oxygène* sont entourés d'un Zr avec Zr-O = 2,10 Å (longue) d'un Si avec une distance Si-O normale est d'un U distant de 2,54Å. Dans ce cas, on note une augmentation des distances autour de O (sauf Si-O) ce qui conduit à une ΣBV plus petite.

Tableau - IV.5 *La somme des forces de liaisons électrostatiques autour des atomes de O dans la structure du modèle de DM du zircon quasi-pur.*

Atome central (O)	Premiers voisins	Distance (Å)	Σ BV (u.v.)
Les 4 premiers oxygène autour de U			
35 248	Si	1,55	
	Zr	2,23	2,06
	U	2,37	
112 729	Si	1,59	
	Zr	2,23	2,07
	U	2,37	
112 756	Si	1,59	
	Zr	2,23	2,07
	U	2,37	
113 026	Si	1,59	
	Zr	2,23	2,07
	U	2,36	
Les 4 autres oxygène autour de U			
112 918	Si	1,60	
	Zr	2,10	2,02
	U	2,53	
35 140	Si	1,60	
	Zr	2,11	2,01
	U	2,54	
113 269	Si	1,60	
	Zr	2,10	2,01
	U	2,54	
113 296	Si	1,60	
	Zr	2,11	2,01
	U	2,54	

Pour mieux illustrer ce que l'on vient de décrire, nous avons représenté sur la figure suivante (Fig. IV.12) tous les oxygène formant le polyèdre de coordination autour de l'atome de l'uranium.

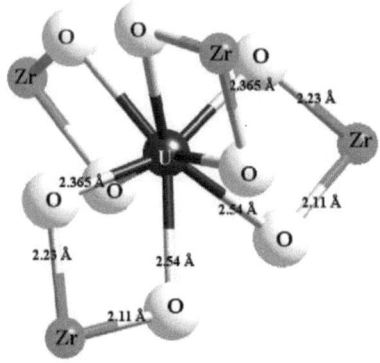

Fig. – IV.12 *Structure autour de U dans le zircon cristallin. Expansion de la structure locale autour de U substituant a un Zr dans le zircon cristallin.*

Il existe plusieurs atomes d'oxygène ayant une somme des forces de liaison électrostatiques (ΣBV) supérieure ou inférieure à la valeur moyenne autour de chaque atome d'oxygène. La structure locale autour de ces atomes d'oxygène est de plus en plus perturbée que l'on se rapproche de l'atome de l'uranium. Tous ces atomes d'oxygène font partie de l'ordre local autour de U à moyenne (4 - 5 Å) et à longue distances (jusqu'à 10 Å).

4.1.1.4. Forces de liaisons électrostatiques autour de U

Un nombre important d'atomes est souhaitable pour une bonne étude des forces de liaisons électrostatiques autour de U dans le modèle de zircon. Dans le cas du zircon quasi-pur (1 seul atome de U) les résultats d'étude permettent d'orienter par la suite du travail pour le calcul des forces de liaisons électrostatiques sur les zircons à 4% et à 12% d'atomes de U.

Dans le cas du zircon cristallin quasi-pur, l'atome de U est sous-lié bien qu'il soit en coordinence 8 avec des distances interatomiques U-O de 2,36 Å et 2,54 Å. La somme, des forces de liaisons électrostatiques, calculée autour de U est de 3,26 u.v. (Tableau IV.6) alors que théoriquement (selon Pauling) elle devait être de 4,0 ±0,2 unités de valence. Cette sous-estimation des forces de liaisons est due aux distances interatomiques U-O qui, en moyenne, sont un peu trop longues par rapport à la coffinite (2,32 Å et 2,51 Å). Ceci est dû aux paramètres du potentiel empirique (BMH) utilisé pour la modélisation de la structure du zircon.

Tableau - IV.6
Forces de liaisons électrostatiques autour de l'unique atome de U dans le modèle du zircon cristallin quasi-pur.

N° d'atome O	Distance U-O (Å)	BV (u.v.)
Zircon cristallin autour de l'atome U (139968)		
112 756	2,36	0,51
113 026	2,37	0,50
35 248	2,37	0,50
112 729	2,37	0,50
35 140	2,54	0,32
113 996	2,54	0,31
113 269	2,54	0,31
112 918	2,54	0,31
		$\Sigma=3,26$

En conclusion, on peut dire que la somme moyenne des forces de liaisons interatomiques autour de U est assez sous-estimée. Cela est forcément dû au paramètre σ_U des potentiels empiriques (BMH) qui donne des distances U-O plus grandes que celles mesurées dans une structure affinée avec U en coordinence 8 (Tableau II.6).

En général, et en prenant en considération l'erreur de simulation due aux potentiels BMH utilisés, les forces de liaisons électrostatiques autour de O sont acceptables. La substitution de l'atome de U a engendré une expansion de la structure locale autour de U suivie d'une, et par conséquent l'ordre local est perturbé ce qui a créé un déséquilibre du système cristallin dans la zone d'influence de U.

4.1.2. Zircon quasi-pur après cascades

Sur la figure suivante, nous pouvons observer plusieurs atomes ayant une valeur de ΣBV sur/ ou sous-estimée de manière significative, selon que l'on se trouve dans une zone à structure cristalline, semi-cristalline ou métamicte. D'après la figure suivante, on se demande s'il n'y a pas un problème de périodicité vue qu'il y'a 6 zones de la boîte présentant une ΣBV sous et surestimée (plus nette dans le cas des oxygène). Une étude statistique menée sur ces zones a montré qu'aucun des atomes ne se trouve sur les bords de la boîte. Néanmoins, ces atomes forment les zones métamictes après la cascade.

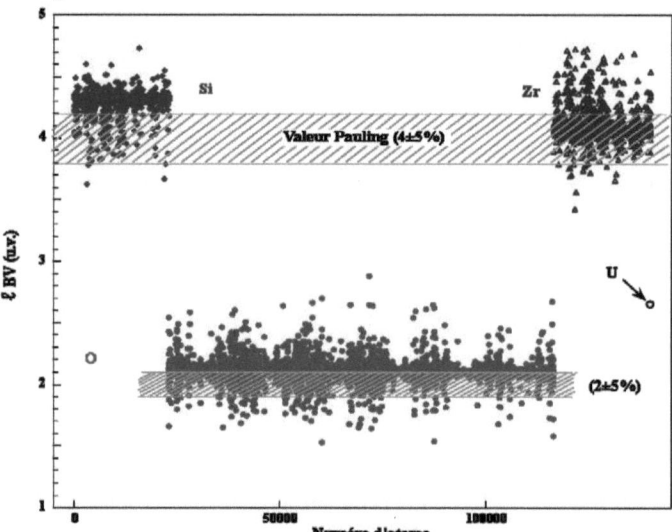

Fig. - IV.13 Somme des forces de liaisons électrostatiques autour de chaque atome de la boîte de DM, contenant un atome de U, après une cascade de 4 KeV.

La courbe ΣBV en fonction du numéro d'atome montre que certains ions ont une somme des forces de liaisons électrostatiques, supérieure ou inférieure à la valeur moyenne calculée donnée dans le tableau suivant (Tableau IV.7) pour tous les types d'atomes de la structure du modèle de zircon.

Tableau - IV.7

La valeur moyenne de la somme des forces de liaisons électrostatiques autour de chaque ion avec l'écart type dans le zircon quasi-pur après cascade de 4 keV.

Type d'atome	$\overline{\Sigma BV}$ (u.v.)	σ_{BV}
Si	4,33 [4]	0,0006
O	2,10 [2]	0,0004
Zr	4,07 [4]	0,0002
U	2,65 [4]	-

La valeur entre les crochets représente la valence théorique

4.1.2.1. *ΣBV autour de Zr*

Nous avons réalisé une étude statistique sur les différentes populations de ΣBV autour de Zr (sur/ et sous-liés). La plupart des atomes Zr, avec une ΣBV surestimée, sont en coordinence 7 (~45%) et un peu moins en coordinence 6 (~30%) les autres sont partagés entre les Zr en coordinence 5 ou 8, cependant on note aussi certains atomes de Zr (rares) en coordinence 9. Nous avons pu déterminer que ΣBV est largement influencée par le changement de coordinence (Fig. IV.13). On en déduit qu'une coordinence plus petite engendre automatiquement une diminution des distances interatomiques qui obéissent à la loi de liaison interatomique, rappelons que ΣBV est inversement proportionnelle à la distance interatomique et donc des clusters Zr surliés.

Sur les Zr à ΣBV surestimée on note des distances interatomiques Zr-O très courtes. La surestimation de la valeur ΣBV est fonction du nombre de distances interatomiques courtes, celle-ci est différente d'un cluster à l'autre. On peut trouver dans un cluster que toutes les distances sont courtes (généralement dans les cas d'une coordinence faible). Dans le cas général, au moins 2 distances Zr-O sont courtes. Nous avons cité dans le tableau suivant (Tableau IV.8) deux exemples avec une ΣBV surestimée.

Tableau - IV.8
La somme des forces de liaisons électrostatiques surestimée autour des atomes de Zr dans la structure du modèle du zircon quasi-pur après cascades mettant en évidence la coordinence autour de Zr.

N° atome « Zr »	N° atome « O »	Zr-O (Å)	BV (u.v.)
Coordinence 6:			
	55 178	1,91	1,06
	55 016	1,95	0,97
124 595	55 043	1,98	0,89
	55 205	2,01	0,83
	55 124	2,19	0,51
	55 151	2,22	0,47
			Σ = 4,73
Coordinence 7			
	25 153	2,01	0,82
	24 988	2,07	0,69
	40 567	2,08	0,67
120 190	38 137	2,09	0,66
	53 635	2,11	0,62
	24 640	2,12	0,60
	37 570	2,18	0,52
			Σ = 4,58
Coordinence 8			
	71 269	1,95	0,97
	71 566	1,98	0,90
	87 091	2,00	0,84
128 644	87 118	2,08	0,69
	71 296	2,25	0,43
	86 983	2,34	0,34
	71 458	2,46	0,24
	71 944	2,64	0,15
			Σ = 4,56

Les atomes Zr ayant des forces de liaisons interatomiques sous-estimées, sont en coordinence 8 et très peu en coordinence 9 (6 atomes lors de la cascade de 4 keV et 5 lors de la cascade de 5 keV). Généralement, ceci est dû à une très grande distorsion de la structure locale autour de Zr qui engendre des distances interatomiques Zr-O plus longues. On note au moins 2 distances Zr-O longues dans un cluster Zr sous-lié. Dans le tableau suivant (Tableau IV.9) nous avons présenté les cas les plus fréquemment rencontrés. Il faut noter que la distorsion des polyèdres de coordination est différente d'un cluster Zr à l'autre, selon le degré d'amorphisation de la zone d'emplacement du site Zr. Autour de tous les Zr ayant une somme des forces de liaisons électrostatiques faible (sous-estimée), la distance moyenne Zr-O est grande. C'est la distorsion de la structure locale autour de ces Zr qui fait qu'on peut avoir des distances Zr-O allant jusqu'à environ 2,8 Å (voir exemple 2, Tableau IV.9.). On note que pour un Zr en coordinence 9, quasiment toutes les distances interatomiques Zr-O sont très grandes. Cette dilatation des distances est due à une grande distorsion du polyèdre de coordination.

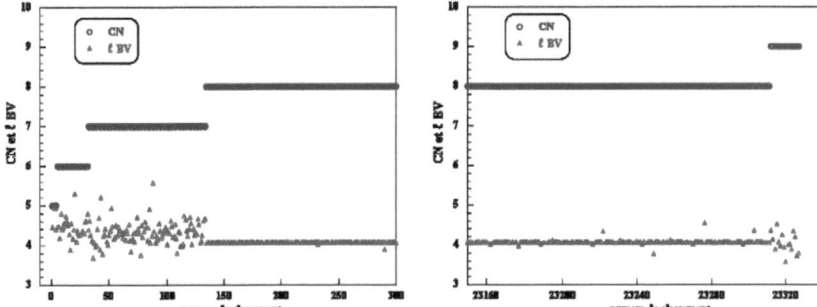

Fig. - IV.14 *Influence de la coordinence sur la ΣBV dans le modèle DM du zircon quasi-pur autour de Zr après une cascade de 4 keV (rayon de coupure 2,93Å) :[CN < 8 à gauche et CN > 8 à droite].*
Quand la coordinence est différente de celle du cas cristallin la ΣBV est sur/ ou sous-estimée.

Tableau - IV.9

Exemples de la somme des forces de liaisons électrostatiques relativement sous-estimée, par rapport à celle moyenne, autour des atomes de Zr dans la structure du modèle de DM du zircon quasi-pur après cascades mettant en évidence la coordinence autour de Zr.

N° atome « Zr »	N° atome « O »	Zr-O (Å)	BV (u.v.)
Coordinence 8 (I)	42 353	2,06	0,72
	42 623	2,08	0,68
	42 326	2,09	0,66
	58 148	2,15	0,56
121 409	42 893	2,34	0,34
	42 866	2,36	0,32
	58 040	2,37	0,31
	42 515	2,51	0,21
			Σ = 3,80
Coordinence 8 (II)	73 861	2,02	0,80
	74 158	2,05	0,73
	89 683	2,10	0,65
	89 575	2,30	0,38
129 292	74 428	2,30	0,37
	74 401	2,30	0,37
	74 050	2,32	0,35
	73 888	2,76	0,11
			Σ = 3,76
Coordinence 9			0,89
	103 390	1,98	0,59
	103 579	2,13	0,49
	103 363	2,20	0,44
	103 552	2,24	0,37
136 681	103 498	2,30	0,32
	103 417	2,36	0,29
	103 471	2,40	0,26
	103 525	2,43	0,24
	103 444	2,46	Σ = 3,89

4.1.2.2. ΣBV autour de Si

Lors d'une cascade, le réseau cristallin du zircon est perturbé et parfois très distordu. Le fait d'avoir des distances interatomique Si-O plus longues ou plus courtes est synonyme d'une somme des forces de liaison électrostatiques relativement sur/ ou sous- estimée.

La majorité des Si ayant une somme des forces de liaisons électrostatiques ΣBV < 4 u.v. sont en coordinence 5 avec une distorsion de la structure locale. Cette distorsion est différente d'un Si à l'autre, elle dépend de la position du site Si par rapport à la zone perturbée (amorphe) après cascade. Aux niveaux des Si sous-liés, les distances interatomiques Si-O sont longues.

Dans le tableau (IV.10), nous avons représenté quelques atomes Si et la ΣBV en détaillant chaque liaison. On note que la ΣBV est de plus en plus proche de la valeur moyenne de la coordinence de l'atome Si (4) : la perturbation semble moins intense, présentant une distorsion au niveau du polyèdre de coordination de moins en moins marquée et les distances interatomiques Si-O sont plus proches à celles du zircon cristallin. Cette distorsion engendre des distances interatomiques Si-O un peu plus grandes et qui se rapprochent de la distance mesurée sur le modèle DM du zircon cristallin et ce d'autant plus que ΣBV est moins sous-estimée (se rapproche de la valeur moyenne (~4,34 u.v.).

Une ΣBV surestimée (≥ 4,3 u.v.) est due, dans la plupart des cas, à une distorsion au niveau de l'ordre local à courte distance autour de Si. A l'exception de quelques atomes Si en coordinence 5, la plupart de ces atomes sont en coordinence 4 avec des distances interatomiques Si-O plus courtes de l'ordre de 1,5(5) Å. Dans certains cas isolés on a un cluster Si plus au moins régulier mais les distances sont un peu courte « *1,58(5) Å au lieu de 1,59(5) Å* ».

Tableau - IV.10

*Exemples de la somme des forces de liaisons électrostatiques sous-estimée
par rapport à la valeur moyenne autour des atomes de Si dans la structure
du modèle de DM du zircon quasi-pur après cascades.*

N° « Si »	N° « O »	Si-O (Å)	BV (u.v.)	Commentaires
ΣBV < 4				
	113 053	1,66	0,89	
	115 672	1,67	0,86	Coordinence 5 et polyèdre
22 387	115 699	1,79	0,64	très distordu.
	115 699	1,79	0,64	
	112 729	1,80	0,62	
			Σ = 3,65	
	38 110	1,63	0,10	Coordinence 5 et polyèdre
	53 716	1,67	0,89	moins distordu.
3 685	38 353	1,74	0,74	
	35 464	1,77	0,67	
	38 191	1,82	0,59	
			Σ = 3,89	
$4 < \Sigma$BV < 4.3				
	56 176	1,61	1,04	
	72 103	1,61	1,03	
	85 414	1,76	0,69	Coordinence 5 avec un
11 542	72 349	1,78	0,66	polyèdre moins distordu.
	69 862	1,79	0,64	
			Σ = 4,06	
	32 386	1,58	1,11	Coordinence 4 avec
	32 440	1,60	1,08	polyèdre quasiment non
2 254	48 019	1,60	1,06	distordu et une distance
	35 005	1,61	1,04	Si-O courte.
			Σ = 4,29	

Comme pour la ΣBV sous-estimée ($\leq$ 4,3 u.v.), plus on s'approche de
~4,33 u.v., plus les distances Si-O deviennent régulières (mais restent tout
de même une ou deux distances courtes impliquant que la ΣBV soit

surestimée). Dans le tableau suivant (Tableau IV.11), nous présentons les cas extrêmes rencontrés lors de calcul des forces de liaisons électrostatiques.

Tableau - IV.11

Exemples de la somme des forces de liaisons électrostatiques surestimée par rapport à la valeur moyenne autour des atomes de Si dans la structure du modèle de DM du zircon quasi-pur après cascades.

N° atome « Si »	N° atome « O »	Si-O (Å)	BV (u.v.)
15 403	85 279	1,57	1,17
	56 524	1,58	1,12
	85 225	1,57	1,17
	69 673	1,59	1,11
			$\Sigma = 4,57$
8 089	55 717	1,53	1,27
	58 336	1,55	1,23
	55 771	1,60	1,07
	71 350	1,65	0,94
			$\Sigma = 4,51$
7 735	56 983	1,60	1,06
	52 043	1,60	1,06
	54 256	1,66	0,92
	41 218	1,69	0,83
	54 391	1,78	0,65
			$\Sigma = 4,52$

4.1.2.3. ΣBV autour de O

Les atomes d'oxygène sont plus influencés par la cohésion avec le noyau de recul ou d'autres atomes en mouvement lors d'une cascade. La figure (Fig. IV.13) montre l'existence d'un nombre important d'atomes oxygène avec une ΣBV sur ou sous-estimée. Dans le cas où ΣBV est supérieure à 2,4 u.v., nous pouvons constater que les atomes d'oxygène, bien qu'il soient en coordinence 3, le polyèdre de coordination est composé soit de 3 atomes de Zr à des distances interatomiques O-Zr entre 1,9(5) et 2,1(5) Å, ou par 2 atomes Zr et un atome Si. Dans ce cas, la distance O-Si est nettement plus grande que la distance moyenne mesurée dans le cas cristallin, elle prend des valeurs qui varient d'un atome de O à l'autre entre 1.7(5) et 1,8(5) Å. On note que, plus la distance O-Si est petite, plus la ΣBV est grande. Sur le tableau IV.12 suivant, nous avons représenté les deux cas rencontrés avec les distances interatomiques O-Zr et O-Si correspondantes.

Tableau - IV.12

Exemples où la somme des forces de liaisons électrostatiques est sous-estimée autour de O dans le zircon quasi-pur après une cascade.

N° Oxygène	ΣBV [u.v.]	1er voisins (M) Type	N°	Distance O-M [Å]
23 507	2,53	Zr	116 657	1,97
		Zr	116 711	2,06
		Zr	117 169	1,96
58 067	2,54	Si	8 603	1,82
		Zr	125 351	1,92
		Zr	125 324	1,97

Les atomes d'oxygène faisant l'objet de cette étude font partie des polyèdres de coordination d'au moins 2 atomes de Zr. Une étude approfondie de la structure locale autour de ces Zr montre que cette dernière (structure locale autour de Zr) est distordue voir même très distordue. Ceci explique les distances courtes Zr-O de 1,9(5)Å, sachant que la force de liaison interatomique est inversement proportionnelle à la distance interatomique, donc, les valeurs surestimées de la ΣBV sont justifiés.

Certains atomes O n'ont aucun Si dans leur polyèdre de coordination, par contre à moyenne distance, on trouve des Si qui sont pour la plupart en coordinence 4, mais présente une distorsion bien marquée de leur structure locale.

Nous avons représenté (Fig. IV.15) la structure locale à moyenne distance autour d'un atome O central N° *23 507* dans la boîte de DM

(Tableau IV.12). Nous pouvons constater, sur la figure que l'un des Zr formant le polyèdre de coordination de O (Zr$_1$) est en coordinence 8, tandis que Zr$_2$ et Zr$_3$ sont de coordinence 7. La distance minimale Zr-Si mesurée est de 3,3(5) Å autrement dit, largement surestimée.

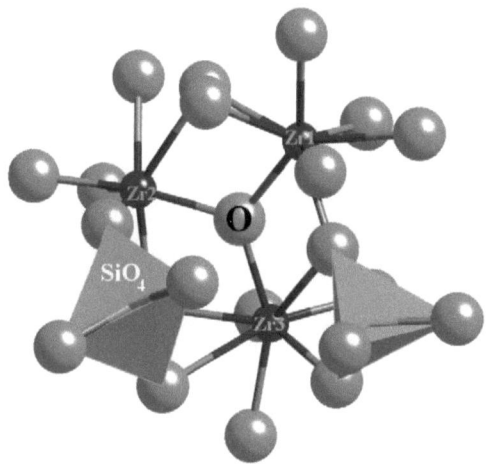

Fig. – IV.15 *Structure locale à moyenne distance autour d'un O ayant un polyèdre de coordination formé principalement de trois Zr, dans le zircon avec un U après une cascade de 4 KeV*

Nous avons effectué une étude statistique sur les causes directes de la surestimation de la valeur de ΣBV autour des atomes d'oxygène (2,2 à 2,4 u.v.). Nous avons trouvé que la majeure partie de ces atomes d'oxygène est d'une coordinence 3 (1 atome de Si et 2 atomes de Zr), mais avec une structure distordue, et on note plusieurs cas de figures :

➢ Une distance O-Si et une distance O-Zr sont courtes « 1,5(5) et 1,9(5) Å respectivement» et l'autre distance O-Zr reste normale ;

➢ La distance O-Si reste inchangée (égale à celle du zircon cristallin) et seules les distances O-Zr sont suffisamment courtes ;

➢ Les trois distances sont courtes (légère distorsion). La distorsion ici est moins marquée ;

➢ Distances interatomiques arbitraire, mais de façon à ce que la ΣBV soit surestimée.

Quelques atomes d'oxygène avec une ΣBV surestimée sont en coordinence 2. Dans la plupart des cas le polyèdre de coordination est formé d'un atome de Si et un atome de Zr. Les deux distances interatomiques O-Si et O-Zr dans ce cas sont plus courtes que dans le cas cristallin. Dans certains cas, on trouve que le polyèdre de coordination de ces oxygène en coordinence 2 constitué de : deux atomes de Zr, deux atomes de Si (très rarement) ou un Si et un Zr, avec des distances interatomiques plus courtes que dans le cas cristallin.

D'autres atomes d'oxygène présentent une structure locale proche de celle qu'on vient de voir pour le cas ΣBV >2.5 u.v., c'est-à-dire des oxygène entourés entièrement d'atomes de Zr formant le polyèdre de coordination. On trouve même des cas ou l'oxygène est en coordinence 4 avec dans la plupart des cas 2 atomes Si et deux atomes Zr (Tableau IV.13).

Tableau - IV.13

Exemples où la somme des forces de liaisons électrostatiques est surestimée, par rapport à la valeur moyenne, autour de O dans le zircon quasi-pur après une cascade

N° Oxygène	ΣBV [u.v.]	1er voisins (M)		Distance M-O [Å]
		Type	N°	
35 977	2,34	Si	3 145	1,59
		Zr	11 9650	2,02
		Zr	11 9677	2,25
35 248	2,37	Si	2 983	1,51
		Zr	11 9623	1,95
38 596	2,39	Si	3 739	1,56
		Si	3 766	1,56
25 072	2,32	Zr	11 7088	1,87
		Zr	12 1030	1,89
25 504	2,30	Si	610	1,60
		Si	3 820	2,00
		Zr	139 836	2,07
		Zr	119 921	2,54
39 005	2,34	Zr	124 460	1,97
		Zr	121 084	1,99
		Zr	121 058	2,15

Les ions de Zr autour des atomes d'oxygène ayant une légère surestimation de ΣBV présentent une distorsion bien marquée du polyèdre de coordination. Ce dernier constitué généralement de 7 ou de 8 atomes d'oxygène premiers voisins parmi lesquels figure les oxygène faisant objet de cette étude dans ce paragraphe. On note des comportements différents pour l'environnement structural des Zr. Dans le cas où la surestimation de ΣBV est plus élevée (2,20 à 2,4 u.v.), les distances interatomiques Zr-O varient (dans un même polyèdre) de 1,9(5) à 2,4(5) Å (on trouve rarement des distances similaires pour le même polyèdre de coordination). Cela ne peut être expliqué que par le fait que ces atomes de Zr se situent dans une zone aussi perturbée (déplacements inélastiques des atomes de la structure).

Plus on s'approche de la valeur moyenne de ΣBV autour des atomes d'oxygène, l'environnement local autour des Zr devient proche de celui observé dans le cas du zircon cristallin. Cela veut dire que plus la valeur de ΣBV est surestimée plus la zone est perturbée, et par conséquent la structure est métamicte (amorphe).

Les atomes de Si autours des atomes d'oxygène considérés sont pour la plupart en coordinence 4, avec une distorsion de la structure locale.

➢ Pour ce qui est des atomes d'oxygène en coordinence 2, dans tous les cas, la distance O-Si est courte voir même très courte [~1,5(5) Å] ;

➢ Dans le cas des atomes d'oxygène en coordinence 3 avec (cas habituel, 2 Zr et 1 Si), la distance O-Si est proche à celle du cas cristallin quand les deux autres distances O-Zr sont courtes, et la distance O-Si est plus courte quand l'une des distances O-Zr (au moins) est proche du cas cristallin ou un peu plus grande ;

➢ Les Si autour des atomes d'oxygène en coordinence 4, si l'une des distances O-Si [~1,6(5) Å] est plus ou moins proche de celle du zircon cristallin, pour l'autre, elle est très grande (~2,0 Å). Les premiers types de Si sont, en général, en coordinence 4, tandis que les seconds ont autour d'eux 5 atomes d'oxygène à des distances Si-O qui présentent une distorsion bien marquée de la structure locale.

4.1.2.4. ΣBV autour de U

On a vu qu'après une cascade de 4 keV l'atome de U, dans le zircon quasi-pur, est en coordinence 7, tandis qu'il est en coordinence 9 après une cascade de 5 keV. En termes de forces de liaisons électrostatiques, on note une sous-estimation de la somme des forces de liaisons pour les deux cascades. La sous-estimation de ΣBV est due à la distorsion du polyèdre de coordination engendrant des distances interatomiques U-O longues (Tableau IV.14). En conclusion le paramètre du potentiel de simulation par DM mettant en évidence l'atome de U dans la structure du zircon n'est pas très précis. Vu le problème lié au potentiel de simulation, les valeurs de ΣBV demeurent acceptables.

Tableau - IV.14

Forces de liaisons électrostatiques autour de l'unique atome de U dans le modèle de zircon quasi-pur après cascades de 4 keV et de 5 keV.

N° d'atome O	Distance U-O (Å)	BV (u.v.)
Zircon après une cascade de 4 keV		
57 500	2,21	0,77
60 416	2,39	0,47
58 121	2,41	0,44
57 770	2,52	0,33
44 513	2,52	0,33
60 308	2, 80	0,16
	2,84	0,14
		Σ = 2,65
Zircon après une cascade 5 keV		
116 105	2,32	0,58
115 916	2,39	0,47
115 700	2,45	0,40
115 835	2,51	0,35
116 402	2,58	0,28
115 619	2,58	0,28
116 078	2,70	0,20
100 769	2,83	0,14
116 051	2,84	0,14
		Σ = 2,84

En conclusion, on peut dire qu'après une cascade, des déformations permanentes (irréversibles) se produisent à différents endroits de la boîte DM. Ces déformations forment des zones dans lesquelles le réseau cristallin est complètement détruit. On note des distorsions des polyèdres de coordination avec parfois des changements dans le nombre d'atomes premiers voisins (coordinence). Dans ces zones, la loi de Pauling sur les forces de liaisons électrostatiques est légèrement mise en défauts mais on reste dans les limites d'erreur de ±5% proposé par Pauling.

Note :

En comparant les atomes formant le polyèdre de coordination autour de l'atome U dans le zircon quasi-pur, on constate que ces atomes ne sont pas les mêmes pour les trois cas étudiés (cristallin, cascade 4 keV et cascade 5 keV). Cela témoigne de l'effet des dégâts d'irradiation sur la structure cristalline d'une part, et de l'influence de l'énergie et du chemin du noyau de recul d'autre part.

4.2. Forces de liaisons électrostatiques dans le zircon à 4% de U

4.2.1. Zircon cristallin à 4% de U

Malgré la structure cristalline du zircon, le calcul des forces de liaisons électrostatiques autour des ions de la structure montre quelques anomalies. Autrement dit, des ΣBV pas ordinaires pour certains ions qu'on peut clairement distinguer sur la figure suivante (Fig. IV.16). Les valeurs calculées de la ΣBV moyenne ainsi que l'écart-type sont présentés dans le tableau ci-dessous (Tableau IV.15). malgré le nombre d'atomes U substitués aux sites Zr dans la structure du zircon, la ΣBV moyenne reste proche de celle calculée dans le zircon cristallin quasi-pur (±0.1 u.v.).

Tableau - IV.15

La valeur moyenne de la somme des forces de liaisons électrostatiques autour de chaque ion avec l'écart type dans le zircon cristallin avec 4% d'atome de U.

TYPE D'ATOME	$\overline{\Sigma BV}$ (u.v.)	σ_{BV}
Si	4.31 [4]	0,0022
O	2.10 [2]	0,0023
Zr	4.00 [4]	0,0077
U	3.17 [4]	0,0062

La valeur entre les crochets représente la valence théorique.

213

Contrairement à la boîte de DM du zircon quasi-pur, la courbe représentant la somme des forces de liaisons électrostatiques autour des atomes en fonction de leur numéro dans la boîte présente des domaines plus larges, cela est dû à la substitution de U dans les sites Zr. Nous avons présenté ci-dessus l'influence de la substitution d'un atome U, et on a pu voir que la structure locale autour d'un atome U est modifiée. Vu le nombre non négligeable de substitutions, on constate un nombre plus au moins grand de ΣBV surestimées qui, ajoutées à celle des valeurs normales donne un domaine de valeur ΣBV large.

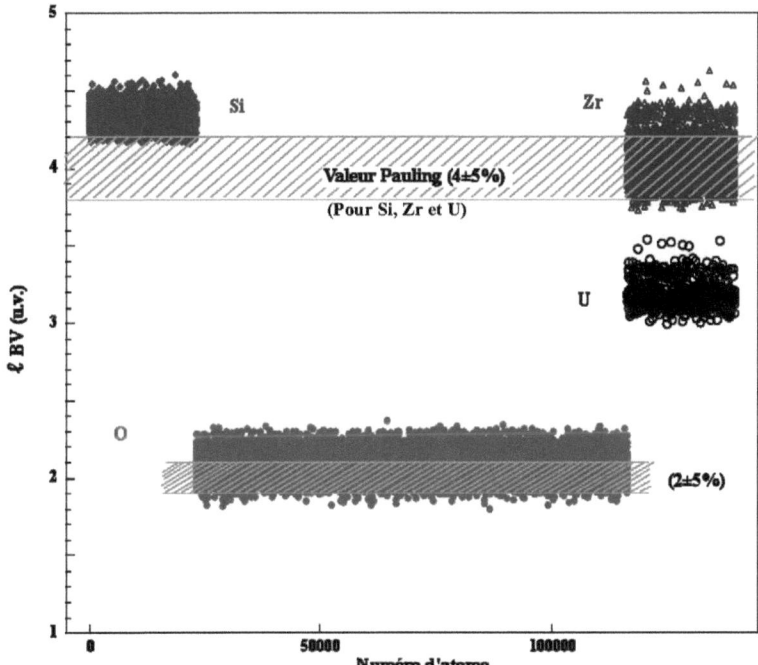

Fig. - IV.16 *La somme des forces de liaisons électrostatiques autour de chaque atome de la boîte de DM du modèle de zircon cristallin contenant 4% d'atomes de U.*

Dans le cas de Si dans la boîte DM du zircon cristallin, à 4% d'atomes Zr (~1 000 atomes) remplacés par des atomes U, on note des valeurs ΣBV sur/ ou sous-estimées. Nous avons représenté sur le tableau (Tableau

IV.16) les deux cas les plus rencontrés. Un premier cas avec ΣBV surestimé où l'on note des distances interatomiques Si-O courtes, conséquence directe d'une valeur ΣBV grande. Dans le deuxième cas, la valeur de ΣBV est sous-estimée, cause directe d'une expansion du polyèdre de coordination (distances interatomiques Si-O grandes).

Autour des atomes O, nous avons réalisé une étude statistique sur les atomes présentant une légère sur/ ou sous-estimation de la valeur de ΣBV. Dans les deux cas de figure, les polyèdres de coordination sont distordus. Lors d'une surestimation, on note la courte distance interatomique O-Si (1,56 Å) ainsi qu'une distance sur les deux O-Zr du polyèdre (1,97 Å), ce qui engendre une ΣBV largement sous-estimée. Le deuxième atome Zr du polyèdre est à une distance O-Zr plus grande (2,59 Å), cette distance permet d'équilibrer la structure ce qui donne une valeur ΣBV légèrement surestimée.

Dans le cas de sous-estimation de la somme des forces de liaisons électrostatiques, l'atome O compte un à deux atomes de U dans son polyèdre de coordination (coordinence 3) à des distances O-U (~2,45 Å) plus grandes que celles dans le cas normal (2,36 Å). Les autres premiers voisins de O sont aussi situés à des distances interatomiques O-U plus au moins grandes (valeurs varient de 2,39Å et 2,41 Å au lieu de 2,36 Å pour les 4 atomes d'oxygène premiers voisins et de 2,53 Å à 2,56 Å au lieu de 2,54 Å pour les quatre autres). Ces distances (grandes) font qu'on calcule une ΣBV sous-estimée. Nous avons représenté les deux cas les plus rencontrés dans le tableau (IV.17).

Certains atomes de Zr dans la boîte de DM présentent des valeurs largement surestimées de la somme des forces de liaisons électrostatiques. Même si ces atomes Zr ne sont pas nombreux (par rapport la taille de la boîte), nous voulons comprendre l'origine et la cause de l'existence de ce genre d'atomes avec une structure locale différente. Sur le tableau IV.18, on remarque que les polyèdres de coordination de ces atomes de Zr est légèrement distordue, mais ce qui est très remarquable ce sont les distances interatomiques Zr-O courtes (de ~1,96 Å jusqu'à ~2,05 Å) au nombre de trois atomes d'oxygène (voir quatre). De telles distances engendrent une force de liaison interatomique surestimée qui résulte en une surestimation de la somme des forces de liaisons électrostatiques autour de Zr. On souligne que les atomes d'oxygène ayant une courte distance interatomiques Zr-O font partie de l'ordre structural local autour de U à moyenne distance [O-U= 4,63(5) Å].

Le plus remarquable dans ces résultats est la sous-estimation totale de ΣBV autour de U (Fig. IV.16). En effet, il faut noter que les distances interatomiques U-O dans les boîtes de zircon cristallin 2,40 et 2,51 Å sont différentes de celles de la coffinite cristalline (2,32 et 2,51 Å : voir chapitre II). Cela est compréhensible dans le sens où l'atome de l'uranium n'est qu'une substitution au cation Zr dans la structure du zircon. Si l'environnement structural des Si, O et Zr autour de U est influencé par la substitution de U, il est donc normal que l'environnement de U soit également influencé. Ainsi, on note une distance longue (pour 4 atomes d'oxygène autour de U) à la base du zircon cristallin qui font que la valeur ΣBV est sous-estimée sur la totalité de la boîte DM du zircon cristallin avec 4% de U substituant le Zr. A cette anomalie, s'ajoutent des cas spécifiques et limités sur seulement certains atomes U de la boîte. Ainsi, trois cas de figures sont observés :

➢ Les atomes U ayant une somme des forces de liaisons électrostatiques légèrement sous-estimée (~3,0 Å) par rapport à la valeur moyenne (~3,15 u.v.). Cette légère sous-estimation est due à une légère distorsion (de ~2,37 à 2,57 Å) du polyèdre de coordination. Dans ce cas, les distances interatomiques U-O ont tendance à être plus longues pour la plupart des 8 atomes d'oxygène premiers voisins autour de U ;

➢ Un plus grand nombre d'atomes de U pour lesquels la somme des forces de liaisons est légèrement surestimée. Comme cela été montré, dans le cas du zircon quasi-pur avec une seule substitution de l'atome de U à la place d'un atome Zr. La surestimation de ΣBV est due à l'influence de la substitution de U qui engendre une expansion de la structure locale à courte et moyenne distance autour de U avec une légère distorsion du polyèdre de coordination avec des distances interatomiques U-O plus courtes ;

➤ Un nombre très limité de 8 atomes de U, ayant une somme des forces de liaisons largement surestimées par rapport aux atomes U dans la boîte en général. Ces atomes présentent une distorsion du polyèdre de coordination avec des distances U-O variant de ~2,24 Å jusqu'à ~2,62Å (Tableau IV.19). Le polyèdre de coordination de chacun des atomes d'oxygène premiers voisins de U est aussi distordu. La distance O-Zr, autour des O formant le polyèdre de coordination de U, est aussi grande par rapport à la distance Zr-O du zircon cristallin et elle varie avec la distance O-Si. Cette dernière « *distance O-Si* » peut être longue ou courte (par rapport au zircon cristallin), plus la distance interatomique O-Si est courte plus O-Zr est longue, mais si O-Si est longue, la distance O-Zr reste légèrement longue (proche de la valeur moyenne dans le zircon cristallin quasi-pur).

Plus distants que les oxygène du polyèdre de coordination et à moyenne distance, les atomes Zr troisièmes voisins de U, plus éloignés que les atomes d'oxygène du polyèdre de coordination et à moyenne distance, présentent une structure locale distordue mais à un degré moins par rapport à U « *atome central* » et O « *premiers voisins de U* » (Fig. IV.17).

Note:

La valeur moyenne de ΣBV (3,15 u.v.) autour d'un atome U dans le zircon à 4% d'atomes Zr remplacés par des atomes de U, suggère que les potentiels BMH peuvent être optimisés. Une distance interatomique U-O plus courte que la même distance calculée dans les modèles théoriques de DM du zircon (4x2,36 Å et 4x2,53 Å) engendre une augmentation de la valeur de ΣBV.

Tableau - IV.16

Exemples de clusters de Si relativement sur/ ou sous-liés par rapport à ΣBV moyenne.

Si (N°)	O	Si-O (Å)	BV (u.v.)
5 385	60 546	1,56	1,17
	44 967	1,56	1,17
	47 532	1,59	1,11
	44 913	1,59	1,11
			Σ = 4,56
1 796	30 902	1,60	1,06
	30 524	1,60	1,06
	30 497	1,61	1,05
	30 875	1,62	1,01
			Σ = 4,18

Tableau - IV.17

Exemples de clusters de O avec ΣBV relativement sur/ ou sous- estimée

O (N°)	1er voisins		Distance (Å)	BV (u.v.)
	Type	N°		
112 158	Si	22 221	1,57	1,16
	Zr	134 919	1,98	0,89
	Zr	138 861	2,59	0,17
				Σ = 2,22
73 847	Si	12 611	1,60	1,06
	Zr	129 278	2,18	0,52
	U	129 251	2,54	0,31
				Σ = 1,89

Tableau - IV.18

Exemple d'un cluster Zr représentatif avec une ΣBV relativement surestimée

Zr (N°)	O (N°)	Zr-O (Å)	BV (u.v.)
	109 438	1,96	0,94
	109 465	1,96	0,94
	109 600	2,00	0,85
138 193	109 627	2,04	0,76
	109 573	2,36	0,32
	109 546	2,40	0,29
	109 492	2,45	0,25
	109 519	2,53	0,20
			Σ = 4,55

Tableau - IV.19

Exemples de clusters de U avec ΣBV relativement sur/ ou sous- estimée par rapport à la valeur moyenne.

U	O	Distance (Å)	BV (u.v.)	Commentaires
	57 632	2,39	0,47	
	57 794	2,41	0,45	
	57 767	2,41	0,44	
	57 605	2,45	0,40	
125 240	57 713	2,53	0,32	sous-estimation de BV
	57 659	2,54	0,32	
	57 686	2,56	0,30	
	57 740	2,56	0,30	
			Σ = 3,00	
	103 559	2,27	0,65	
	103 424	2,28	0,63	
	103 586	2,33	0,56	
	103 397	2,34	0,54	
136 688	103 451	2,54	0,32	surestimation (8 atomes)
	103 505	2,54	0,31	
	103 478	2,59	0,27	
	103 532	2,61	0,26	
			Σ = 3,54	

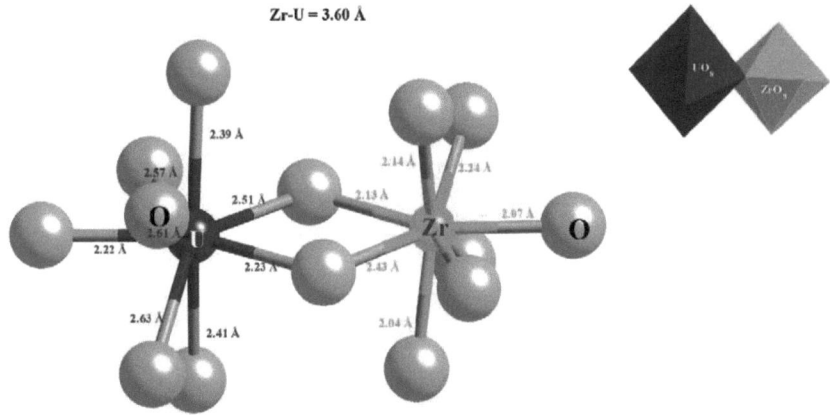

Fig. - IV.17 *Influence de la substitution de l'atome de l'uranium sur la structure locale du zircon (figure prise de la boîte DM du zircon cristallin à 4% de U).*

4.2.2. Zircon à 4% de U après cascades

On a pu observer l'influence de la désintégration (noyau de recul) sur la structure du zircon cristallin quasi-pur, par conséquent à la somme des forces de liaisons interatomiques. La présence de l'uranium dans la structure du zircon (par substitution) joue un grand rôle dans la métamictisation de la structure du zircon comme on a pu le constater d'après les études de la coordinence et de la polymérisation ci-dessus. Pour cela, nous avons procédé à l'étude des forces de liaisons électrostatiques autour de chacun des éléments de la structure du modèle de zircon avec 4% de Zr remplacés par des atomes de U. Nous avons représenté sur la figure (Fig.IV.18) les sommes des forces de liaisons électrostatiques autour de chaque élément pour les deux cascades (4 keV et 5 keV).

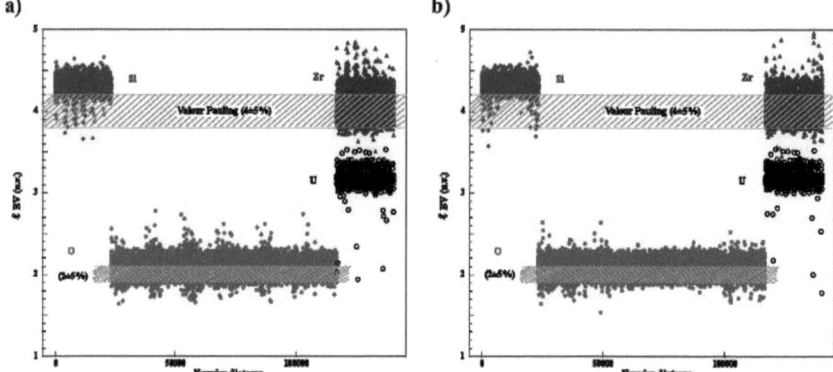

Fig. - IV.18 *La somme des forces de liaisons électrostatiques (BV) en fonction du numéro de l'atome dans le modèle DM du zircon avec 4% de U substituant le Zr (1000 atomes de U) après :*
*a) cascade d'une énergie de recul de 4 keV dans la direction **1 1 0**,*
*b) cascade avec une énergie de 5 keV dans la direction **1 1 1**.*

On observe qu'il y'a des anomalies de sur- et sous-estimation de la valeur de la somme des forces de liaisons électrostatiques, autour des éléments du modèle de DM du zircon avec 4% de U, après cascades de 4 keV et de 5 keV. Tous comme pour le zircon quasi-pur, la ΣBV prend des valeurs variables autour des atomes Si, O et Zr, différentes de celles calculées dans le cas cristallin. L'étude statistique réalisée sur les valeurs sur/ ou sous-estimées de ΣBV autour de Si, O et Zr révèle une ressemblance avec le cas du zircon quasi-pur.

Tableau - IV.20

La valeur moyenne de la somme des forces de liaisons électrostatiques autour de chaque ion avec l'écart type dans le zircon à 4% de U

Type d'atome	Cascade 4 keV		Cascade 5 keV	
	$\overline{\Sigma BV}$ (u.v.)	σ_{BV}	$\overline{\Sigma BV}$ (u.v.)	σ_{BV}
Si	4,31 [4]	0,0026	4,31 [4]	0,0025
O	2,07 [2]	0,0027	2,07 [2]	0,0025
Zr	4,00 [4]	0,0094	4,00 [4]	0,0087
U	3,16 [4]	0,0133	3,17 [4]	0,0120

[ ] : La valeur entre les crochets représente la valence théorique

221

4.2.2.1. ΣBV autour de Si

Les atomes de Si ayant des ΣBV largement surestimées (supérieurs à 4,4 u.v.) sont en général en coordinence 4 (sauf quelques cas isolés en coordinence 3 ou 5) et le polyèdre de coordination est très distordu. Au moins une distance interatomique Si-O est courte, mais plus généralement on compte 2 atomes O à courte distance de Si. Ceci contribue donc à une surestimation de la valeur de ΣBV par rapport la valeur moyenne calculée.

Quand la surestimation est un peu moins marquée, les atomes de Si sont, généralement, en coordinence 4 avec quelques cas isolés de coordinence 5. Dans ce cas de figure, le polyèdre de coordination est moins distordu que lors du cas de ΣBV largement surestimé, (Tableau IV.21) et les distances interatomiques Si-O sont moins courtes. Dans le cas de coordinence 5 les distances interatomiques sont logiquement plus longues que lors d'une coordinence 4.

Pour ce qui est de ΣBV sous-estimée, les distances interatomiques Si-O tendent vers des valeurs plus grandes (de 1,6 Å à 1,8 Å lors d'une cascade de 4 keV, et jusqu'à 2,0 Å lors de la cascade à 5 KeV). L'étude statistique a montré que le nombre d'atomes Si en coordinence 5 est plus grand que lors des deux cas précédents (surestimation de la ΣBV).

4.2.2.2. ΣBV autour de O

Théoriquement, les atomes d'oxygène sont les plus perturbés lors d'une cascade, vue leur taille par rapport aux autres éléments de la structure et le noyau de recul. Donc, on trouvera plus de cas de désordre autour de ces atomes. L'étude des forces de liaisons électrostatiques sur les deux cascades, réalisées sur le modèle du zircon à 1 000 atomes de U, montre que seulement quelques atomes O ont une ΣBV sur- ou sous-estimée.

Selon le degré de surestimation de ΣBV, quatre cas sont observés. Trois de ces cas ne sont pas très fréquents dans la structure du zircon, mais le degré de la sur/ ou sous-estimation de la ΣBV dans ces cas est remarquable (Fig. IV.18). Ces trois cas se résument en :
♦ cas de 2 atomes de Zr de distances interatomique O-Zr très courte [1,8(7) Å],

♦ cas de 3 atomes Zr autour de O avec un polyèdre distordu et des distances Zr-O courtes,

♦ tétraèdre de O formé de 3 atomes Zr et 1 atome de Si : généralement, à part une des distances O-Zr qui est un peu longue, toutes les autres distances sont courtes.

Le dernier cas est le plus répandu, à part la distorsion du polyèdre de coordination, ce cas respecte plus la structure locale autour de l'atome d'oxygène dans le zircon.

Pour le cas où la ΣBV est sous-estimée, trois cas sont observés. On note, dans un premiers cas, des atomes U dans le polyèdre de coordination de distance interatomique un peu longue. Le deuxième cas se présente en 2 atomes Si, avec une longue distance interatomique qui varie de ~1,65 Å à ~2,00 Å et l'atome de Zr est à une distance plus courte pour équilibrer la structure autour de l'oxygène (Tableau IV.22). Dans le troisième cas, et à part la distorsion du polyèdre de coordination avec des distances interatomiques plus longues pour les trois atomes premiers voisins, la forme de la structure locale autour d'un O dans le zircon cristallin est respectée.

4.2.2.3. ΣBV autour de Zr

Autour du zirconium, dans le modèle du zircon à 4% d'uranium après cascades, on note quelques cas (en nombre limité) où la ΣBV est largement surestimée et varie de 1,7 u.v. à 1,85 u.v. (Fig. IV.18). Ces atomes Zr sont, Généralement, en coordinence 5, 6 ou 7. Toutes les distances interatomiques Zr-O sont courtes voir même très courtes (Tableau IV.23) par conséquent, le polyèdre de coordination est distordu.

Comme pour Si et O, les valeurs de ΣBV s'étendent sur un large domaine de forces de liaisons électrostatiques (Fig. IV18). Ceci est dû aux atomes de U qui engendrent une expansion de la structure locale autour de chaque U. Ceci influence donc la structure locale autour des Zr voisins de U. La valeur de ΣBV est légèrement surestimée à cause d'au moins une distance Zr-O courte [~1,95 Å (2,06) ou ~2,25 Å(2,36)], et la ΣBV est sous-estimée à cause des distances interatomiques Zr-O longues. On note que la coordinence varie entre 6 et 8 (le plus souvent 8) aussi le polyèdre de coordination est distordu. Dans les deux cas, Zr tend vers une coordinence 8 et un polyèdre moins distordu au fur et à mesure que ΣBV est proche de la valeur moyenne (~4 u.v.).

4.2.2.4. *ΣBV autour de U*

En plus de la valeur de ΣBV, autour de l'ion U, sous-estimée en totalité « *~3,16 u.v. calculée au lieu de 4 u.v. théorique* », la valeur ΣBV autour de certains atomes U est d'avantage sous-estimé. Les cas ΣBV les plus extrêmes sont entre de 2,03 u.v. et 2,33 u.v., ces atomes U dans la structure sont en coordinence 5 ou 7 et l'on note que la valeur ΣBV est proportionnelle à la coordinence. Quand on se rapproche de la valeur moyenne de ΣBV la coordinence est proche de 8. A partir d'une ΣBV ≥ 2,6 u.v., les polyèdres de coordination comptent systématiquement 8 atomes autour de U. Le degré de la distorsion des polyèdres de coordination de U dans la structure du zircon est aussi fonction de la ΣBV. On retrouve des polyèdres très distordus quand ΣBV est largement sous-estimée. Inversement, les polyèdres U-O deviennent de moins en moins distordus et proches de la valeur de ΣBV moyenne (~3,15 u.v.). Nous avons récapitulé les cas les plus rencontrés lors du calcul des forces de liaisons électrostatiques autour de U dans le tableau IV.24 ci-après.

Dans le cas d'une surestimation de la valeur ΣBV, l'uranium est en coordinence 8. Tout comme pour le cas d'une sous-estimation, le degré de surestimation de la somme des forces de liaisons interatomiques est fonction du degré de distorsion du polyèdre de coordination (plus le polyèdre est distordu plus la valeur de ΣBV est grande). On note que la valeur ΣBV la plus élevée ne dépasse pas 3,54 u.v. (ΔΣBV ≈ 0,4 u.v.).

Tableau - IV.21

Exemples de clusters de Si présentant une somme des forces de liaisons électrostatiques relativement sur/ ou sous-estimée dans le zircon à 4% de U après cascades.

Si	O	Si-O (Å)	BV (u.v.)	Commentaires
	60 309	1,555	1,22	une ΣBV largement surestimée par rapport à la valeur moyenne avec un polyèdre de coordination très distordu.
	60 336	1,56	1,21	
9 252	60 714	1,60	1,07	
	60 687	1,60	1,06	
			Σ= 4,56	
	104 999	1,57	1,15	une ΣBV surestimée par rapport à la valeur moyenne et un polyèdre moins distordu.
19 760	102 434	1,58	1,14	
	24 683	1,60	1,08	
	102 380	1,60	1,08	
			Σ= 4,45	
	38 083	1,62	1,01	
19 879	102 904	1,67	0,89	toutes les distances Si-O sont longues avec distorsion du polyèdre de coordination (ΣBV sous-estimée par rapport à la valeur moyenne).
	102 985	1,71	0,80	
	102 931	1,75	0,70	
	25 207	1,79	0,63	
			Σ= 4,03	

On note que la valeur moyenne de ΣBV est de 4,3 u.v.

Tableau - IV.22

Exemples de différents cas de clusters de O présentant une somme des forces de liaisons électrostatiques relativement sur/ ou sous-estimée dans le zircon à 4% de U après cascades

O	1er voisins Type	1er voisins N°	Distance (Å)	BV (u.v.)	Commentaire
Cas de ΣBV relativement surestimée					
67 541	Zr	127 697	1,84	1,31	2 Zr premiers voisins à courtes
	Zr	121 084	1,86	1,23	distances interatomiques (4
				Σ= 2,54	keV).
54 094	Zr	124 375	1,89	1,14	
	Zr	123 700	2,02	0,81	Trois atomes de Zr avec des
	Zr	123 538	2,05	0,74	distances courtes.
				Σ= 2,69	
110 422	Si	21 781	1,55	1,22	
	Zr	134 479	1,96	0,93	Cas normal (2 Zr et 1 Si) mais le
	Zr	138 422	2,63	0,15	polyèdre de coordination est très
				Σ= 2,30	distordu.
Cas de ΣBV relativement sous-estimée					
25 781	Si	617	1,62	1,00	L'environnement local de U
	Zr	117 203	2,23	0,45	dans le zircon 4% après cascade.
	U		2,48	0,37	Polyèdre distordu et distances
				Σ=1,82	interatomiques longues.
26 450	Si	773	1,67	0,88	
	Si	3 932	2,01	0,35	Deux atomes Si et 1 Zr autour de
	Zr	116 630	2,27	0,41	O, au lieu de 2 Zr et 1 Si.
				Σ=1.64	
58 553	Si	8 711	1,64	0,95	Cas normal autour de O où l'on
	Zr	125 432	2,18	0,52	note la distorsion du polyèdre
	Zr	125 459	2,57	0,18	avec des distances
				Σ=1,65	interatomiques longues.

Tableau - IV.23

Exemples de clusters de Zr présentant une somme des forces de liaisons électrostatiques sur/ ou sous-estimée par rapport à la valeur moyenne dans le zircon à 4% de U après cascades.

Zr	O	Zr-O (Å)	BV (u.v.)	Commentaires
	23 318	1,96	0,94	
	23 345	1,97	0,92	Zr en coordinence 6 (rayon de
116 657	23 615	1,98	0,89	coupure de 2,8 Å) et toutes les
	23 426	2,02	0,81	distances Zr-O sont courtes.
	23 507	2,11	0,63	
	23 858	2,13	0,59	
			Σ = 4,78	
	93 134	1,98	0,89	
	77 339	2,00	0,85	
	77 312	2,03	0,77	Zr en coordinence 8 de polyèdre
	77 609	2,06	0,73	distordu. La distance moyenne
130 151	77 501	2,35	0,33	autour de Zr est courte.
	75 288	2,36	0,32	
	93 026	2,47	0,24	
	75 261	2,49	0,23	
			Σ = 4,36	
	31 675	2,09	0,67	
	31 837	2,10	0,65	
	31 864	2,11	0,63	Polyèdre distordu, de 8 sommets O,
118 750	31 702	2,12	0,60	autour de l'atome central Zr de
	31 810	2,35	0,33	distance moyenne Zr-O longue.
	31 783	2,37	0,31	
	31 729	2,42	0,27	
	31 756	2,43	0,26	
			Σ = 3,75	

Tableau - IV.24

Exemples de clusters de U présentant une somme des forces de liaisons électrostatiques sur/ ou sous-estimée par rapport à la valeur moyenne dans le zircon à 4% de U après cascades.

U	O	U-O (Å)	BV (u.v.)	Commentaires
125 351	73 673	2,28	0,64	
	58 229	2,34	0,53	U en coordinence 5 avec polyèdre
	58 121	2,43	0,42	de coordination très distordu.
	55 340	2,74	0,19	
	58 094	2,78	0,17	
			Σ = 1,95	
117 223	28 285	2,41	0,45	
	25 720	2,45	0,41	
	28 420	2,49	0,36	U en coordinence 7 avec un
	28 015	2,52	0,34	polyèdre distordu et longues
	25 558	2,56	0,30	distances interatomiques U-O.
	28 042	2,57	0,29	
	25 801	2,99	0,09	
			Σ = 2,24	
117 898	28 069	2,38	0,49	
	28 393	2,39	0,47	
	28 231	2,42	0,43	
	28 420	2,47	0,38	Coordinence 8 et polyèdre moins
	28 285	2,50	0,35	distordu.
	28 366	2,51	0,35	
	28 339	2,61	0,26	
	28 312	2,66	0,23	
			Σ = 2,96	
118 723	31 567	2,28	0,64	
	31 756	2,28	0,63	
	31 594	2,33	0,55	
	34 321	2,35	0,52	ΣBV surestimée : l'uranium est en
	34 078	2,53	0,32	coordinence 8 avec et le polyèdre de
	34 456	2,55	0,31	coordination est très distordu.
	31 837	2,60	0,26	
	34 051	2,62	0,25	
			Σ = 3,48	

4.3. Forces de liaison électrostatique dans le zircon à 12% de U

A 12% d'atomes d'uranium, le modèle du zircon simulé par DM est plus proche du zircon naturel. L'étude de la validité du modèle par forces de liaisons électrostatiques n'est pas aussi différente que celle réalisée sur le modèle du zircon quasi-pur et à 4% de U. En se référant aux études sur les deux modèles précédents, nous avons pu étudier la structure du modèle du zircon (cristallin et après cascade) proche du zircon naturel (cristallin et métamicte) du point de vue des forces de liaisons électrostatiques autour des atomes. On rappelle que sur ce modèle (zircon à 12% de U) n'a été réalisée qu'une seule cascade de 5 keV pour la simulation des dégâts d'irradiation sur la structure du zircon. Nous avons commencé l'étude sur le modèle représentant le zircon cristallin qui servira de référence pour l'étude de la structure après cascade (zircon métamicte). On peut remarquer (Fig. IV.19), que la courbe représentant la ΣBV en fonction du numéro de l'atome présente un large intervalle de valeurs. Ceci est la conséquence directe de la substitution de l'atome U sur la structure locale du zircon autour de cet atome comme c'était le cas lors du modèle de zircon quasi-pur et à 4% de U, mais cette fois avec un plus grand nombre d'atome U (3 000 atomes). En général, la valeur moyenne des ΣBV calculée autour des ions prend des valeurs légèrement inférieures à celle du zircon à 4% d'uranium, mais elle reste acceptable à ±5%. Dans le cas de Si on note une légère surestimation de la somme des forces de liaisons électrostatiques. Cette ΣBV autour de Si reste toujours acceptable d'un point de vu modélisation. Au contraire, pour le cas de U on note une valeur ΣBV inférieure à la valeur théorique. Cela est dû au potentiel empirique BMH utilisé pour la modélisation par DM de la structure du zircon (chapitre.II - Tableau II.5).

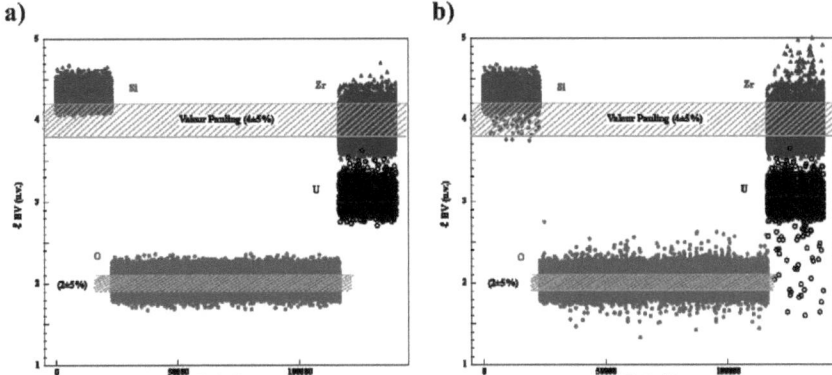

Fig. – IV.19 *La somme des forces de liaisons électrostatiques en fonction du numéro de l'atome dans :*

    a) *le modèle DM du zircon **cristallin** avec 12% de U substituant le Zr (3 000 atomes de U),*

    b) *après une **cascade** d'une énergie de 5 keV dans la direction (1 1 1) du cristal.*

En général, les sommes des forces de liaisons électrostatiques (Tableau IV.25) sont globalement plus faibles (par rapport au zircon cristallin) d'au moins 0,3 u.v. dans le cas de Si , d'environ 1,15 u.v. dans le cas de U et de valeur intermédiaire pour le Zr et O. Cette différence est expliquée par le fait que l'*énergie potentielle initiale* E_0 lors du zircon cristallin est inférieure à celle après cascade E_1. On estime une différence d'environ 5 000 eV entre les deux énergies.

Tableau - IV.25

La valeur moyenne de la somme des forces de liaisons électrostatiques autour de chaque ion avec l'écart type dans le zircon à 12% de U.

Type d'atome	Zircon cristallin		Cascade 5 keV	
	$\overline{\Sigma BV}$ (u.v.)	σ_{BV}	$\overline{\Sigma BV}$ (u.v.)	σ_{BV}
Si	4,27 [4]	0,0061	4,27 [4]	0,006
O	2,01 [2]	0,0061	2,01 [2]	0,006
Zr	3,88 [4]	0,0203	3,88 [4]	0,020
U	3,02 [4]	0,0158	3,00 [4]	0,020

[ ] : La valeur entre les crochets représente la valence théorique

4.3.1. ΣBV autour de Si
4.3.1.1. Zircon cristallin

Comme pour les deux cas étudiés précédemment (zircon quasi-pur et à 4% de U), on note une valeur moyenne ΣBV ≈ 4,3 u.v (Tableau IV.25) autour de Si dans le modèle DM du zircon cristallin à 12% de U. Aussi, des valeurs ΣBV plus grandes ou plus petites que la valeur moyenne. Dans le cas d'une surestimation, on constate deux types d'atomes Si : ceux possédant une ΣBV surestimée [~4,4(5) u.v.] et ceux ayant une ΣBV largement surestimée [~4,6(5) u.v.].

> ➤ Dans le premier cas autour des atomes Si, le polyèdre de coordination est plus ou moins distordu, avec des distances interatomiques Si-O courtes (1,53 Å et 1,55 Å au lieu de 1,60 Å). Par contre, on compte d'une distance Si-O un peu plus longues (~1,61 Å) qui permet d'équilibrer les liaisons interatomiques dans le modèle de DM du zircon cristallin à 12% de U ;

> ➤ Dans le second cas (ΣBV largement surestimée), toutes les distances interatomiques Si-O du polyèdre de coordination sont courtes et, par conséquent, la valeurs ΣBV est plus grande que la valeur moyenne. Après étude statistique sur ce type d'atomes de Si surliés, on a pu constater que les atomes se situent dans des zones exceptionnellement contractées. Ces zones sont situées

entre au moins deux zones étendues (expansion due aux substitutions de U) autour des atomes substitués U (Fig. IV.9).

Lors d'une sous-estimation de ΣBV autour de Si, on note au moins 3 longues distances interatomiques Si-O et plus généralement les 4, avec une distorsion du polyèdre de coordination en fonction de la valeur ΣBV.

L'étude statistique a montré que les atomes Si (ΣBV sur- ou sous-estimée) font partie de l'ordre local autour des voisins de l'atome substitué U. Les atomes Si à ΣBV sous-estimée sont les plus proches de l'atome substitué U. Les distances longues Si-O sont influencées par l'expansion de la structure locale engendrée par la substitution. Les autres Si (ΣBV surestimée) sont les plus distantes de U car ils et se trouvent sur le bord de la zone d'expansion de la structure locale autour de U et la structure du zircon à longue distance de U.

4.3.1.2. Zircon après cascade

Après la cascade de 5 keV, et malgré les perturbations causées par les dégâts d'irradiation (voir § 2.1.), la valeur moyenne de ΣBV reste semblable à celle du cas cristallin. Néanmoins, certaines différences à l'échelle des atomes individuels persistent.

Autour de Si, on note des valeurs ΣBV sur/ ou sous-estimées. Dans le premier cas (ΣBV surestimée) , les atomes Si sont quasiment en coordinence 4 et les polyèdres ne sont pas aussi distordus que l'on a pu le voir dans le cas du zircon quasi-pur (avec un atome de U) après une cascade de 5 keV. Par contre, on note des distances interatomiques Si-O courtes qui font que ΣBV est surestimée. Ces distances varient pour le même polyèdre entre 1,53(5) Å et 1,59(5) Å. Tous comme pour les cas précédents, plus on se rapproche de la valeur moyenne (~4,27 u.v : Tableau IV.25) plus la distorsion du polyèdre est faible. Les atomes Si sous-liés sont, en majeure partie, en coordinence 5 avec des distances interatomiques Si-O longues et les polyèdres de coordination sont très distordus comparés à ceux lors d'une sur-liaison Si. D'autres atomes Si surliés (dans le modèle DM du zircon après une cascade de 5 keV) sont en coordinence 4 avec des distances interatomiques Si-O moins longues que lors de Si en coordinence 5 et les polyèdres aussi sont moins distordus.

4.3.2. ΣBV autour de O

4.3.2.1. Zircon cristallin

Les atomes O sont les premiers influencés par la substitution. L'étude BV autour des O a montré les atomes oxygène autour de l'atome U ont des polyèdres de coordination distordus avec des distances O-Si, O-Zr et O-U longues ce qui donne une valeur ΣBV faible par rapport à la valeur moyenne calculée (~2 u.v.). On note aussi des valeurs ΣBV surestimées autour de certains atomes O. Ces atomes sont en coordinence 3, mais les distances interatomiques O-Si et une des distances O-Zr, sont courtes (O-Si = 1,57 Å au lieu de 1,60 Å et O-Zr de ~1,98 Å au lieu de 2,06 Å). Le second atome Zr autour de O est a une distance interatomique plus longue à celle théorique (~2,45 Å au lieu 2,37 Å). Dès lors, on peut affirmer que les valeurs de ΣBV sont sous-estimées (~1,4 u.v.) autour des atomes O formant l'ordre local à courte distance autour de U et surestimées (~2,5 u.v.) autour de ceux formant l'ordre local a moyenne et longue distance. Des cas extrêmes tels que toutes les distances courtes autour de O sont rencontrés, ce qui donne des valeurs ΣBV plus grande et donc largement surestimées.

4.3.2.2. Zircon après cascade

Les forces de liaisons électrostatiques, calculées sur le modèle DM du zircon à 12% de U après une cascade de 5 keV, restent acceptable d'un point de vue modélisation, car la valeur moyenne ΣBV calculée est très proche de celle calculée dans le cas du zircon à l'état cristallin. Certainement, des valeurs ΣBV sont sur/ ou sous-estimées, par rapport au cas cristallin, auquel une analyse fine des clusters mis en jeu apporte une explication, comme il a été montré plus haut.

Dans le cas d'atomes d'oxygène surliés (ΣBV surestimée), tous les clusters de O sont en coordinence 3 (comme dans le zircon cristallin soit 2 atomes Zr et 1 atome Si). Mais on note des distances O-Zr et O-Si très courtes et qui deviennent de plus en plus proche du cas cristallin lorsque la valeur ΣBV est proche de la valeur moyenne calculée (~2 u.v. : Tableau IV.25) équivalente celle théorique de Pauling autour de O.

L'étude statistique a montré qu'environ 80% des ΣBV sous-estimées ont un atome de U en premiers voisin et toutes les distances interatomiques sont longues par rapport au cas cristallin. Tous comme pour les modèles du zircon quasi-pur et à 4% de U, il existe une multitude de cas. On peut citer les cas de O en coordinence 2 avec Si et U, Si et Zr, Zr et U ou Zr et Zr, comme on peut citer aussi le cas d'atome O en coordinence 3 mais avec 2 atomes Si en premiers voisins.

4.3.3. ΣBV autour de Zr

4.3.3.1. Zircon cristallin

Autour des atomes Zr, dans la structure du modèle de zircon à 12% de U, la valeur moyenne de ΣBV est de 4 unités de valence « égale à celle théorique ». De même que lors des autres modèles de zircon précédemment étudiés, certaines valeurs ΣBV auteur des atomes Zr sont sur/ ou sous-estimées, sauf que dans ce cas le nombre de ces atomes est plus grand. Cela est dû, forcément, au nombre d'atomes U substitué (3 000 atomes) plus grand que dans les deux autres modèles. Tout comme pour le Si ce sont les atomes Zr les plus distants de l'atome U qui présentent des distances interatomiques Zr-O courtes, donc ΣBV grande (surestimée) et les plus proches (troisièmes voisins) ont des distances interatomiques Zr-O plus longues ce qui explique des valeurs ΣBV sous-estimées.

4.3.3.2. Zircon après cascade

La figure (Fig.IV.19b) montre, qu'après la cascade 5 keV, certains atomes Zr sont surliés et ΣBV prend des valeurs largement au-dessus de la valeur moyenne (3,88 u.v.). Lors d'une valeur **ΣBV sous-estimée**, comme le cas pour les deux types de zircon précédents, on note que presque toutes les distances interatomiques Zr-O (au nombre de 8) sont longues, engendrant ainsi des grandes distorsions des polyèdres de coordination. Les distances interatomiques sont de moins en moins longues au fur et à mesure que la ΣBV se rapproche de la valeur moyenne calculée (~3,88 u.v.).

Le cas le plus marqué est celui ou **ΣBV est surestimée**. L'étude statistique sur ces atomes surliés a donné les résultats suivants :

♦ Pour une valeur ΣBV > 4,4 u.v. on note :

> environ 20% d'atomes de Zr sont en coordinence 5 avec des distances interatomiques Zr-O courtes (presque toutes les distances) dans des polyèdres très distordus,

> environ 65% d'atomes de Zr sont en coordinence 6, les distances interatomiques Zr-O sont en majorité courtes dans des polyèdres très distordus,

> seulement 10% d'atomes Zr surliés sont en coordinence 7 et les polyèdres sont aussi distordus que lors des premiers cas avec un bon nombre d'atomes O à une distance courte par rapport à l'atome central Zr.

♦ Pour une valeur ΣBV < 4,4 u.v. les atomes Zr surliés sont en majeure partie en coordinence 8 ou 7 (généralement 8). Comme c'est le cas lors de sur-liaison atomique, les distances sont courtes (certaines distances plus longues assurent la stabilité du cluster) ce qui engendre des polyèdres de coordination distordus. Plus on se rapproche de la valeur de ΣBV moyenne calculée, plus les polyèdres deviennent de moins en moins distordus (et par conséquent les distances interatomiques plus proches du modèle de zircon cristallin avec une coordinence constante égale à 8).

4.3.4. ΣBV autour de U
4.3.4.1. Zircon cristallin

Autour de U et tout comme pour le cas du zircon 4%, la valeur ΣBV moyenne calculée (~3,02 u.v.) est, dans l'ensemble, inférieure à la valeur théorique de Pauling (4,0 ±0,2 u.v.). On a vu que cet effet est dû aux termes du potentiel BMH utilisé pour la modélisation de la structure du zircon par DM. Comparée au modèle DM du zircon à 4% de U, la ΣBV moyenne dans le zircon 12% est inférieure.

Comme pour le zircon à 4% de U, on note des valeurs ΣBV sur/sous-estimées par rapport à la valeur moyenne calculée (Tableau IV.25).

Dans le cas d'une surestimation de ΣBV, on enregistre une distorsion au niveau des polyèdres de coordination autour des atomes U présentant des distances U-O très courtes. Certaines distances interatomiques du polyèdre sont un peu plus longues par rapport à la distance moyenne U-O dans le zircon cristallin (voir zircon quasi-pur). Ces distances (longues) permettent un équilibre du réseau cristallin autour de U. On note que les polyèdres de coordination autour de U sont de moins en moins distordus lorsque la valeur ΣBV est proche de la valeur moyenne calculée (~3,02 u.v. : Tableau IV.25). On a peut en conclure que ces cas de figures sont rencontrés lors des zones a forte concentration en atomes de U.

Dans le cas d'une sous-estimation de ΣBV, les distances interatomiques U-O sont longues ce qui engendre une sous-estimation des forces de liaisons électrostatiques (inversement proportionnelles à la distance interatomique). L'étude statistique réalisée sur les ions d'uranium ayant une valeur ΣBV sous-estimée montre une légère distorsion des polyèdres de coordination, ce sont les atomes de U situés dans des zones à faible concentration en U.

4.3.4.2. Zircon après cascade

Du point de vue des forces de liaisons électrostatiques, les clusters autour de U semblent les plus perturbés après la cascade de 5 keV. On note des valeurs ΣBV très éloignées de la valeur moyenne calculée surtout des valeurs plus petites (jusqu'à ~1,75 u.v.).

Dans le cas d'atomes U surliés, tous les atomes de U sont en coordinence 8, sauf que les polyèdres de coordination présentent des distorsions avec un bon nombre d'atomes de O premiers voisins à des distances interatomiques U-O assez courtes. La distorsion de ces polyèdres est fonction de ΣBV, plus celle-ci est surestimée plus la distorsion du polyèdre est grande avec des distances plus courtes.

Lors d'une sous-liaison de U, ΣBV est en relation avec la coordinence. Pour des valeurs ΣBV<2,4 u.v., on peut constater que 90% des atomes U sont en coordinence 6 ou 7 (presque à parts égales). Les polyèdres de coordination sont très distordus et les distances interatomiques U-O sont plus longues que celles du zircon cristallin. De plus en plus que l'on s'approche de la valeur moyenne calculée (>2,4 u.v.), les atomes U sont en coordinence 8 avec des polyèdres moins distordus.

5. CONCLUSION

Les potentiels empiriques (BMH) utilisés ont permis la modélisation de la structure du zircon par dynamique moléculaire (zircons cristallins) en tenant compte même des substitutions des ions de la structure (Zr) par les atomes de U. La coordinence de tous les ions est cohérente par rapport à la structure cristalline du zircon. En effet, même quand la concentration en U est importante dans la structure (12%) avec ce que cela induit sur la structure du zircon cristallin (expansion de la structure locale autour de U) la coordinence des atomes de U ainsi que des formateurs de la structure (Zr, Si et O) reste acceptable. L'étude de la polymérisation a aussi montré des tétraèdres SiO_4 totalement isolés et aucun oxygène pontant n'a été observé dans les modèles de zircon cristallin. Donc, les modèles de DM de zircon cristallin sont également validés par la méthodes des forces de liaisons électrostatiques. Mais, le calcul des forces de liaisons électrostatiques à révélé une certaine approximation dans les liaisons interatomique. Cette approximation est traduite par une sur/ ou sous-estimation générale de la valeur de $\sum BV$ moyenne autour de certains ions (Si et U). A cause des difficultés de modélisation la marge d'erreur a été jugée sans conséquence majeure pour la simulation des dégâts d'irradiation.

Lors de la simulation des dégâts d'irradiations (après cascades) sur les modèles de DM de zircons cristallins, les potentiels empiriques BMH ont des effets raisonnables (dans les limites acceptables) sur les forces de liaisons électrostatiques et donc très probablement sur la structure de zircon modélisée. En effet, aucune anomalie qui peut mettre en cause la stabilité des modèles après simulation telle une coordinence très aberrante et impossible (exemple Zr en coordinence 3 ou 4 ou Si en coordinence 8). De plus le nombre d'oxygène pontant ne dépasse jamais le nombre de coordination d'un atome Si (5 maximum). Alors, on peut se permettre de conclure que, généralement, les modèles DM de zircons avant et après simulation des dégâts d'irradiation sont validés et ne présentent pas d'anomalie électrostatique susceptible de gêner l'étude de l'environnement structural par simulation des spectres EXAFS dans ces modèles. Par cette étude, nous avons montré que les simulations DM sont plausibles électrostatiquement et donc que les déphasages de rétrodiffusion XAFS seront calculés de façon précise.

6. CALCULS THEORIQUES DES SPECTRES XAFS (FEFF)

L'analyse des résultats théoriques XAFS et leur comparaison aux résultats expérimentaux permettent de mieux choisir le modèle représentatif du zircon naturel cristallin ou métamicte et de mieux comprendre le phénomène de métamictisation de la structure. Nous disposons des résultats expérimentaux obtenus par l'étude XAFS. Pour comparer ces résultats expérimentaux, on est amené à simuler des spectres EXAFS à partir des boîtes de DM avant et après simulation des dégâts d'irradiation (cascades). Nous avons utilisé le code de calcul FEFF7.0 (Rehr et al., 1991) pour calculer les spectres EXAFS dans les boites DM. Le fichier de données de départ « feff.inp » du programme FEFF est généré par un code de calcul que nous avons développé au sein du laboratoire Géomatériaux. Les coordonnées cartésiennes de chaque atome absorbeur sont obtenues par simple translation des positions de ces atomes dans les modèles de DM du zircon. Le type d'atome absorbant est choisi manuellement et les distances interatomiques sont calculées à partir des coordonnées des atomes rétrodiffuseurs dans les modèles de DM par rapport à l'atome absorbeur.

Sur la base du spectre EXAFS calculé au seuil K de Zr dans le zircon cristallin de Robinson (1971), nous avons utilisé (pour le calcul des spectres EXAFS dans les modèles de DM du zircon) les potentiels dépendants de l'énergie d'échange de Heden-Lunqvist géré dans le code FEFF par la carte EXCHANGE. Un facteur global de Debye-Waller de 0,002 permet la simulation de l'agitation structural et thermique des atomes dans la structure (SIG2 = 0,002).

Dans le cas du calcul des spectres EXAFS au seuil L_{III} de U, on s'est basé sur le fichier « input » utilisé pour la modélisation du spectre EXAFS dans la coffinite et l'uraninite (Chapitre III). Cependant, nous avons utilisé le potentiel d'énergie d'échange de Dirac-Fock pour l'atome central U et celui de Heden-Lunqvist pour les électrons de la valence (EXCHANGE 5 0 0).

Le calcul FEFF est effectué sur l'ensemble des atomes du même type, autrement dit on calcule le spectre XAFS propre à chaque ion. Tous les spectres calculés sont moyennés puis analysés. Après cascades, la zone métamicte est délimitée (repérée) sur la base de la coordinence et de la somme des forces de liaisons électrostatiques (ΣBV). Seuls les spectres XAFS des éléments (atomes) situés dans la zone métamicte sont moyennés lors de la modélisation du spectre EXAFS dans le zircon naturel métamicte.

7. ETUDE EXAFS AU SEUIL K DU ZIRCONIUM

7.1. EXAFS dans le zircon quasi-pur

7.1.1. Zircon quasi-pur cristallin

Après avoir vérifié la validité des modèles de DM du zircon, nous procédons à une étude théorique XAFS (calculs FEFF) sur ces modèles. Les résultats de cette étude seront comparés avec ceux de l'étude expérimentale XAFS. Le zircon cristallin est défini comme un modèle de DM du zircon de 139 986 atomes dont 23 327 atomes de Zr et un seul atome de U se substitue à un atome de Zr (chapitre III). Les résultats de l'étude XAFS sur le zircon quasi-pur cristallin servent de référence à la fois pour l'étude après cascade de ce modèle de zircon et aussi pour l'étude des autres modèles de DM du zircon à 4% et à 12% de U (cristallins et après cascades). Des spectres EXAFS théoriques sont calculés par FEFF7.0 au seuil K de Zr dans le modèle de DM du zircon quasi-pur cristallin. Nous avons calculé 23 327 EXAFS ab-initio que nous avons moyenné.

Fig. - IV.20

Transformée de Fourier du spectre EXAFS (en haut de la figure) calculé au seuil K de Zr dans le modèle de DM du zircon quasi-pur cristallin comparée à la transformée de Fourier du spectre EXAFS expérimental dans le zircon synthétique cristallin.

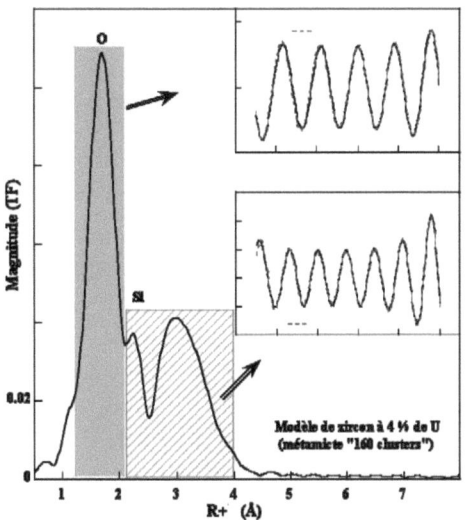

Chaque atome Zr du modèle de zircon quasi-pur est un atome central pour un calcul FEFF du spectre EXAFS individuel au seuil K de Zr. Un spectre EXAFS moyenne est calculé sur la totalité des spectres calculés autour de chaque atome Zr de la structure. Ceci permet de se mettre dans les conditions expérimentales d'enregistrement des données EXAFS. Le spectre EXAFS moyen représente alors, une simulation du spectre expérimental dans l'échantillon du zircon synthétique cristallin. D'après les calculs de distances interatomiques Zr-O dans le modèle de zircon quasi-pur cristallin, on note l'environnement structural autour de Zr suivant :

➢ 8 atomes d'oxygène forment le polyèdre de coordination de Zr à une distance interatomique moyenne de 2,20 Å,

➢ 2 atomes de Si seconds voisins à une distance interatomique Zr-Si de 3,14 Å,

➢ 4 atomes de Si et 4 atomes de Zr à une distance interatomique moyenne Zr-Si et Zr-Zr de ~3,57 Å.

Cet environnement explique alors la légère différence entre le spectre EXAFS expérimental et celui calculé dans le modèle de DM du zircon cristallin quasi-pur à grand k (Å^{-1}). Cette différence est traduite par un léger décalage en distance (R+φ) des pics de transformées de Fourier (TF) des contributions des atomes rétrodiffuseurs à grande distance (Fig. IV.20). Les pics de TF correspondant aux contributions des atomes rétrodiffuseurs autour de Zr à courte et à moyenne distances sont parfaitement reproduits. Le modèle du spectre EXAFS théorique semble en accord avec le spectre expérimental, par conséquent le modèle de DM du zircon quasi-pur cristallin est représentatif du zircon cristallin synthétique.

7.1.2. Zircon quasi-pur après cascades

Une moyenne est faite sur 23 327 spectres EXAFS au seuil K de Zr calculés dans le modèle du zircon quasi-pur après une cascade de 4 keV. Le spectre résultant semble similaire à celui calculé dans le zircon cristallin quasi-pur et est proche du spectre EXAFS expérimental dans le zircon de synthèse (Fig. IV.21). Cette similarité est expliquée par le fait que le modèle de DM du zircon est de grande dimension de telle manière que la taille et le nombre des zones apériodiques n'influencent pas beaucoup la structure totale du modèle de zircon après cascade. Ceci montre que les modèles de DM des zircons sont suffisamment larges pour éviter les effets de bordure dus aux dégâts d'irradiation.

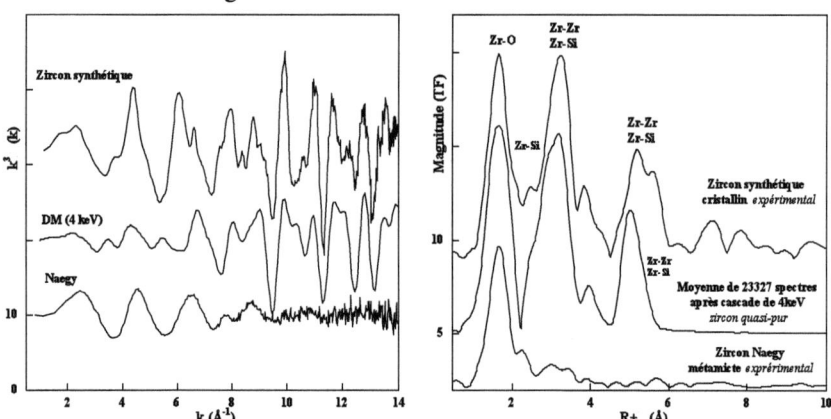

Fig. - IV.21 *Spectre EXAFS (à gauche) théoriqus et sa transformée de Fourier (à droite) au seuil K de Zr dans le modèle de DM du zircon après cascade de 4 keV sur toute la boîte du comparé à ceux expérimentaux dans le zircon cristallin de synthèse et dans le zircon métamicte de Naegy.*

De manière à tenir compte des zones irradiées, nous avons étudié des zones plus petites ayant subi plus de dommages.

➤ Un premier modèle est calculé dans la zone apériodique très perturbée (**Zone I** : *Zone Apériodique Très Petite*). Ce spectre est la moyenne de **140** spectres EXAFS calculés au seuil K des atomes centraux Zr de coordinence 5 et 6 et de coordinence 7 avec un polyèdre de coordination très distordu (Zr-O varient entre 1,97 Å et 2,56 Å). Ces atomes représentent la zone la plus perturbée de la structure du modèle de DM du zircon après cascade, autrement dit, le centre de la zone apériodique ;

➤ Le second modèle comprend le 1er spectre auquel sont rajoutés des spectres EXAFS calculés au seuil de K de tous les atomes Zr centraux de coordinence 7 et certains atomes en coordinence 8 avec une somme des forces de liaisons électrostatiques largement sur/ ou sous-estimée (4,3 u.v.< ΣBV < 3,6 u.v.). Cette zone (**Zone II** : *Zone Apériodique Petite*) est aussi apériodique, mais elle s'étend sur un domaine plus large que la précédente (Zone I) ce que signifie que cette zone est moins métamicte. Ce spectre EXAFS est la moyenne de **196** spectres EXAFS calculés individuellement autour de chaque atome Zr ;

➤ Le troisième modèle EXAFS est le résultat d'une moyenne de **220** spectres incluant les 196 spectres précédents et des spectres EXAFS au seuil K d'atomes absorbeur Zr en coordinence 8 avec une anomalie plus au moins considérable sur la somme des forces de liaisons électrostatiques (4,2 u.v. < ΣBV < 3,8 u.v.). Cette zone (**Zone III** : *Zone Apériodique Large*) plus large que les deux précédentes est automatiquement moins métamicte ;

➤ Un dernier modèle EXAFS représente une zone encore plus large et que l'on appelle large (**Zone IV** : *Zone Apériodique Très Large*). Dans ce spectre EXAFS sont moyennés **305** spectres EXAFS dont les spectres EXAFS dans les trois premiers cas (Zones I, II et III), en plus d'autres spectres au seuil K de Zr centraux en coordinence 8 avec une somme des forces de liaisons électrostatiques sur/ ou sous-estimée, dont les valeurs sont un peu proche de la valeur moyenne calculée (~4 Å) mais différente.

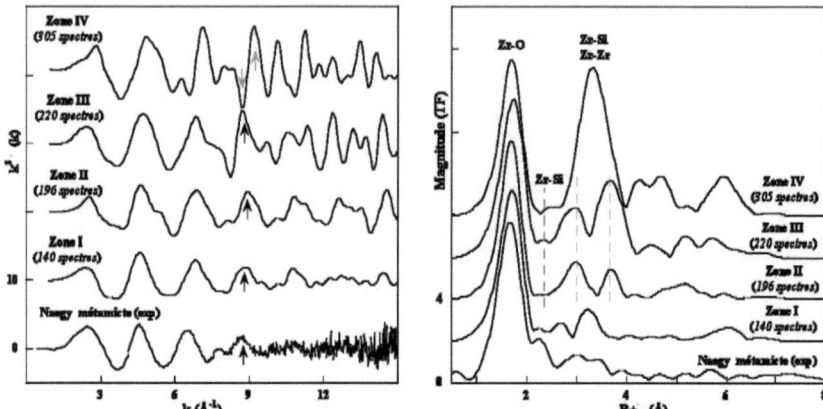

Fig. - IV.22 *Transformées de Fourier (**à droite**) des spectres EXAFS amplifiés (**à gauche**) au seuil K de Zr dans la zone apériodique en fonction du degré de perturbation de cette zone comparés au spectre expérimental dans le zircon métamicte naturel de Naegy :*

> **Zone I :** *Zone Apériodique Petite (Zr en coordinence 5,6 et en coordinence 7 avec polyèdre très distordu),*
> **Zone II :** *Zone Apériodique Large (spectre dans Zone I + les atomes Zr en coordinence 8 avec 4,3 u.v.< ΣBV < 3,6 u.v.),*
> **Zone III :** *Zone Apériodique Large (spectre dans Zone II + les atomes Zr en coordinence 8 avec 4,2 u.v.< ΣBV < 3,8 u.v.),*
> **Zone IV :** *Zone Apériodique Très Large (Zone III + Zr 8 avec anomalie sur ΣBV).*

Les contributions des atomes rétrodiffuseurs à moyenne distance sont moins intenses dans la zone I que lors du calcul EXAFS sur tout le modèle du zircon quasi-pur après cascade. Cela met en évidence la périodicité de la zone métamicte sélectionnée. A l'exception du rapport *signal/bruit*, une ressemblance est observée entre le spectre EXAFS moyen dans la zone métamicte (Zone II) et celui expérimental enregistré au seuil K de Zr dans le zircon naturel métamicte de Naegy (Fig. IV.22). Mais cela reste qualitatif sans une analyse des spectres filtrés des contributions de tous les atomes rétrodiffuseurs.

Les analyses du spectre EXAFS calculé au seuil K de Zr dans la zone II, sélectionnée dans le modèle de DM du zircon quasi-pur après cascade, permettent la détermination du type d'atomes rétrodiffuseurs et leurs distances interatomiques par rapport à l'atome absorbant Zr. Les spectres EXAFS des contributions extraits par transformées de Fourier inverses (TF⁻¹) sont fités par rapport à leurs homologues dans le zircon cristallin et le modèle FEFF du spectre EXAFS dans le zircon théorique de Robinson (Robinson et al., 1971). De plus nous pouvons estimer statistiquement les atomes voisins rétrodiffuseurs et la distance moyenne. Les résultats d'étude sur le modèle (Zone II) serviront de références pour analyser le spectre EXAFS expérimental dans le zircon naturel métamicte de Naegy par la suite.

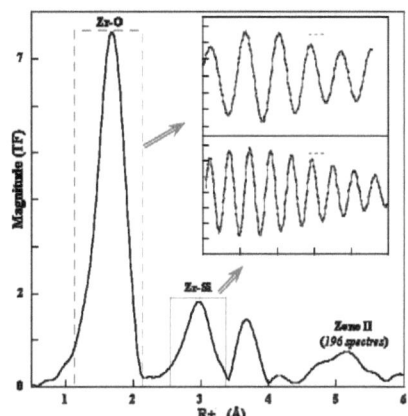

Fig. – IV.23 *Transformée de Fourier du spectre EXAFS au seuil K de Zr calculé dans la zone II du modèle de zircon quasi-pur après cascade et résultats d'analyses des spectres EXAFS extraits (TF-1) des contributions des atomes rétrodiffuseurs par rapport au modèle EXAFS calculé dans la structure théorique de Robinson comme référence de fits.*

L'analyse du spectre EXAFS des contributions des atomes rétrodiffuseurs premiers voisins révèle un nombre moyen d'atomes « de type O » de 6,5 atomes à une distance interatomique moyenne de ~2,14 Å. Un nombre moyen de 6,5 atomes, veut dire une coordinence différente d'un élément Zr à l'autre dans la structure du modèle. Cependant, le Zr dans la zone apériodique du modèle de DM du zircon quasi-pur après cascade peut avoir une coordinence 6, 7 ou 8 voir même une coordinence 5. Les analyses sur les autres spectres dus à d'autres contributions ont montré une grande perturbation de la structure locale autour de Zr dans la zone apériodique (Zone II).

Le second pic de la transformée de Fourier est le résultat des contributions des atomes typiques de Si à une distance interatomique Zr-Si de 3,15 Å pour un nombre moyen de 1,2 atomes et de 3,71 Å pour le nombre moyen de 4,5 atomes (Fig. IV.23). Ceci montre le degré de métamictisation de la structure dans la zone apériodique « Zone II ».

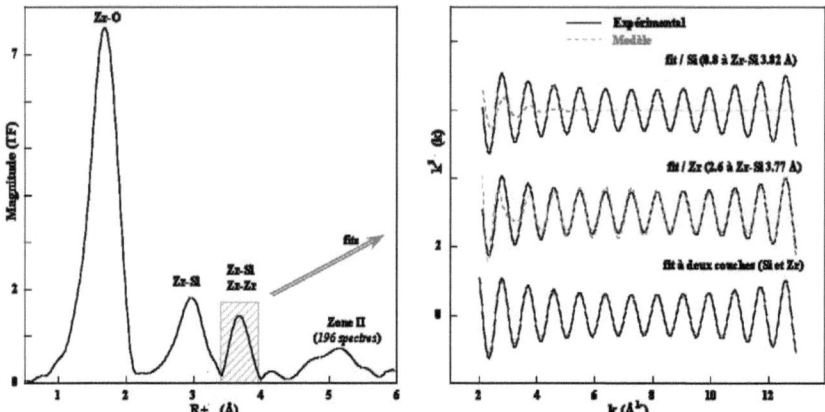

Fig. - IV.24 *Transformée de Fourier du spectre EXAFS au seuil K de Zr calculé sur la zone apériodique « Zone II » dans le modèle de zircon quasi-pur après cascade (à gauche) et le signal EXAFS extrait (TF-1) des contributions des troisièmes voisins fitées sur une et deux couches de Si et Zr.*

Les analyses les plus compliquées sont celles des contributions des atomes troisièmes voisins (Fig. IV.24) car la structure est très apériodique. Nous avons réalisé des fits d'une seule couche par rapport à une référence Si puis Zr ce que nous a permis d'évaluer le type d'atomes contribuant dans le signal. Une analyse (fit) à deux couches (Zr et Si dans le zircon cristallin) a permis l'extraction des paramètres structuraux (nombre d'atomes et distance interatomique) des atomes rétrodiffuseurs. Le troisième pic de magnitude de la TF est alors constitué principalement des contributions d'atomes de types Zr au nombre d'environ 2,6 atomes à une distance interatomique Zr-Zr de 3,77 Å. Des atomes de types Si au nombre de ~0,8 atomes à une distance interatomique moyenne Zr-Si de 3,82 Å. On constate que le nombre d'atomes de Zr voisins est sous-estimé par rapport à l'état cristallin du zircon contrairement au atomes de Si. Ceci montre que la structure locale autour de Zr à moyenne et à longue distance est très perturbée et que les atomes lourds Zr en tendance à s'éloigner contrairement aux plus légers (Si et O).

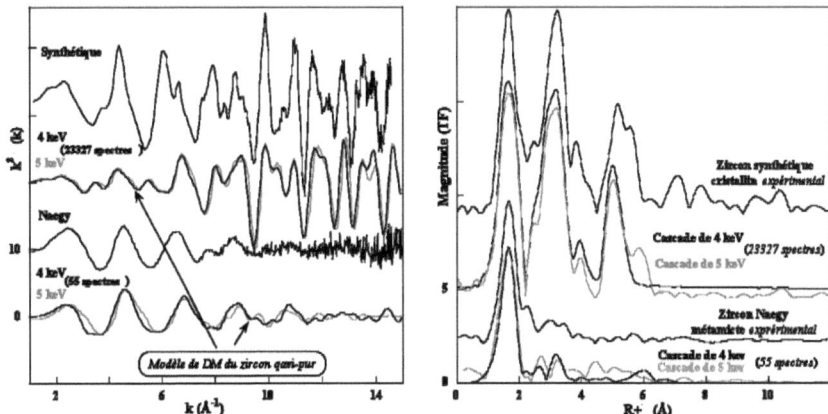

Fig. – IV.25 *Influence de la cascade sur la structure cristalline du modèle de zircon et mise en évidence de l'énergie du noyau de recul (cascade) à travers l'étude XAFS :*

*Transformées de Fourier (**à droite**) des spectres EXAFS (**à gauche**) au seuil K de Zr dans les modèles théoriques après cascades comparé aux zircons expérimentaux (naturel métamicte de Naegy et le synthétique cristallin).*

Nous avons comparé les deux cascades d'énergies différentes (4 keV et 5 keV) sur le même modèle de zircon (quasi-pur) et dans les mêmes conditions (nombre de clusters formant la zone apériodique) pour mettre en évidence l'influence de l'énergie du noyau de recul sur la structure du zircon. Les analyses ont montré que, dans les deux cas, les dégâts sont presque identiques (Tableaux IV.26) ce que l'on peut remarquer facilement sur les spectres EXAFS et leur transformées de Fourier (Fig. IV.25).

Tableau - IV.26 *Paramètres structuraux autour de Zr dans les zones apériodiques du modèle de zircon quasi-pur après cascades.*

Cascade	O N [atomes]	R [Å]	Si N [atomes]	R [Å]	Zr N [atomes]	R [Å]
Cascade 4 keV	6,5	2,14	1,2 4,5 0,8	3,15 3,70 3,82	2,6	3,77
Cascade 5 keV	6,6	2,14	1,4 4,1 0,7	3,15 3,68 3,80	2,7	3,75
Incertitudes	1,0	0,01	1,0	0,01	1,0	0,01

7.2. EXAFS dans le zircon à 4% de U substitués

7.2.1. Zircon cristallin à 4% de U

Par la substitution de 4% d'atomes de Zr dans la structure du modèle de zircon par des atomes de U, nous voulons nous placer dans les conditions d'un zircon plus complexe et plus proche du zircon naturel. Donc, l'étude EXAFS d'après ce modèle sera plus directement comparable aux résultats expérimentaux de l'étude XAFS réalisée dans les échantillons de zircons naturels cristallins et métamictes. Un spectre EXAFS est calculé au seuil K de Zr dans le modèle de DM du zircon cristallin à 4% de U sur la base d'une moyenne de 23 228 spectres. Ce spectre présente une similarité avec le spectre EXAFS expérimental enregistré au seuil K de Zr dans le zircon de synthèse cristallin. Sur les transformées de Fourier (Fig. IV.26b) des spectres EXAFS, on peut noter qu'à l'ordre à moyenne distance, le modèle théorique de DM du zircon est plus proche du zircon naturel cristallin de Mud Tank (Australie). Donc, on a pu reproduire le spectre EXAFS à partir de du modèle de DM du zircon. Les analyses ont permis de définir le type des contributions autour de Zr reportés sur la figure (Fig. IV.26) avec des distances interatomiques quasiment identiques à celle du modèle de zircon quasi-pur cristallin.

a)   b)

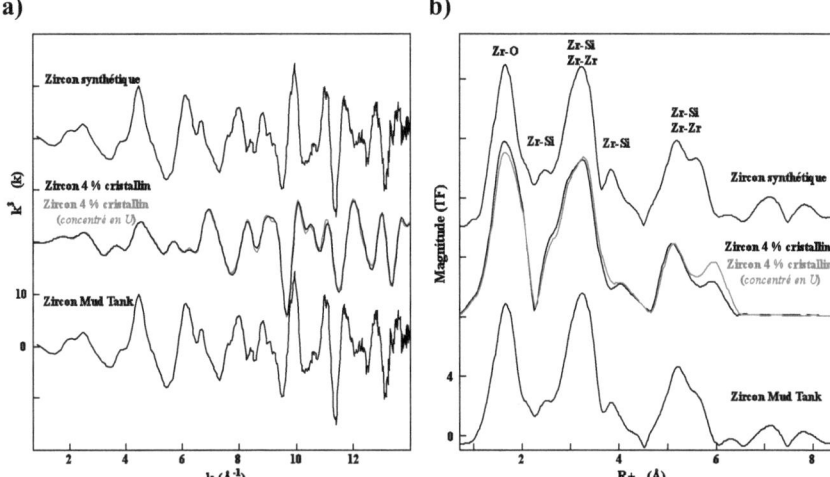

Fig. - IV.26   **a)** *Spectre EXAFS au seuil K de Zr calculé dans le modèle de DM du zircon cristallin à 4% de U et le spectre EXAFS calculé dans le même modèle sur une zone plus concentrée en U comparés à celui enregistré dans le zircon cristallin synthétique.* **b)** *Transformées de Fourier respectives des spectres EXAFS de la figure* **(a)**.

Une zone plus concentrée en U comme atomes rétrodiffuseur autour de Zr est sélectionnée dans le modèle de DM du zircon à 4% de U. Des spectres EXAFS au seuil K de Zr dans cette zone au nombre de 96 sont moyennés pour donner un spectre représentatif de celui dans le zircon cristallin très concentré en U. Ces spectres ont été choisis sur la base de la coordinence et de la somme des forces de liaisons électrostatiques autour des atomes absorbeurs Zr. On observe (Fig. IV.26) une légère différence au niveau du pic représentant les contributions des atomes rétrodiffuseurs à moyenne distance (vers 5 Å).

7.2.2. Zircon à 4% de U après cascades

Deux simulations d'énergie différentes de la radiation α (cascade à 4 keV et à 5 keV) sont réalisées. Ces simulations mettent en évidence l'effet des dégâts d'irradiation sur la structure cristalline du modèle de zircon à 4% d'uranium. Dans chaque modèle (cristallin, après cascade de 4 keV et après cascade de 5 keV), un spectre EXAFS au seuil K de Zr est moyenné sur l'ensemble des spectres EXAFS calculés dans le modèle (Soit 23 228 spectres EXAFS pour autant de clusters).

L'étude XAFS dans ces simulations permet d'évaluer les dégâts d'irradiation sur la structure du modèle cristallin engendrés par chacune des cascades. La transformée de Fourier du spectre EXAFS au seuil K de Zr dans le modèle du zircon après cascade de 5 keV (Fig. IV.27) présente un double pic au niveau des contributions des atomes rétrodiffuseurs à moyenne distance (R+φ = de 2,5 Å à 4 Å). En plus, l'environnement structural à longue distance dans le modèle du zircon à 4% de U après une cascade de 5 keV est différent de celui après cascade de 4 keV (Fig. IV.27).

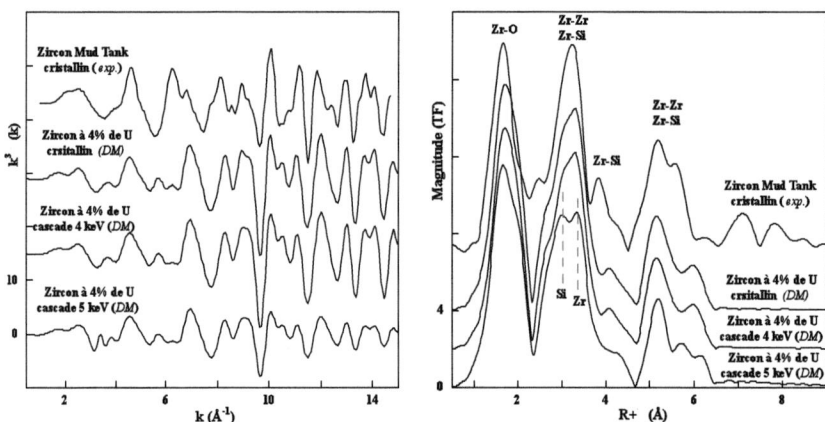

Fig. – IV.27 *Comparaison des spectres EXAFS (**à gauche**) et de leurs transformées de Fourier respectives (**à droite**) au seuil K de Zr dans le zircon cristallin naturel (Mud Tank), modèle DM du zircon cristallin à 4% de U et les deux modèles à 4% de U après cascades de 4 keV et de 5 keV respectivement.*

Après cascades, certains atomes ne reviennent pas à leurs positions initiales dans la maille cristalline sous l'effet de l'irradiation due au noyau de recul lors d'une désintégration α. Ces atomes forment des zones apériodiques dans la structure du modèle de zircon. Nous avons calculé des spectres EXAFS au seuil K des atomes Zr appartenant à ces zones apériodiques (métamictes). Dans les deux cas de cascades (4 keV et 5 keV), un spectre EXAFS est moyenné sur la base de 160 spectres calculés individuellement autour des atomes Zr dans les zones métamictes.

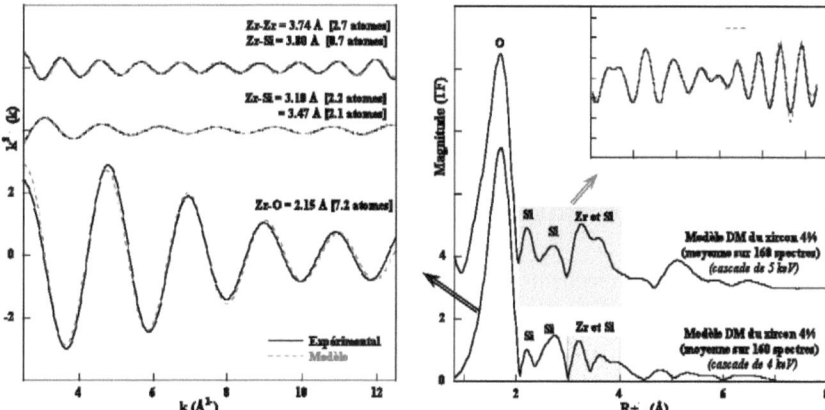

Fig. - IV.28 *Spectres EXAFS extraits et ajustés des contributions des atomes voisins de Zr dans le modèle de DM du zircon à 4% après une cascade de 4 keV (à gauche) et de 5 keV (à droite).*

Les analyses (fits) des spectres EXAFS calculés dans la zone métamicte des modèles de DM du zircon à 4% de U après cascades de 4 keV et 5 keV, ont montré que les atomes voisins contribuent presque de la même façon que ceux observés dans le modèle du zircon quasi-pur après cascades, excepté le fait que le nombre d'atomes de O autour de Zr est un peu plus grand (7,2 atomes). On note une grande perturbation des atomes de Si traduite par le nombre d'atomes et leurs distances interatomiques Zr-Si (Tableau IV.27). Comme dans le cas du modèle quasi-pur on trouve trois distances interatomiques Zr-Si. On observe aussi une légère contraction des distances Zr-Si par rapport à celles calculées précédemment lors du zircon quasi-pur métamicte.

Tableau - IV.27 *Paramètres structuraux dans les zones apériodiques du modèle de zircon à 4% de U après cascade.*

Cascade	Zr-O		Zr-Si		Zr-Zr	
	N [atomes]	R [Å]	N [atomes]	R [Å]	N [atomes]	R [Å]
Cascade 4 keV	7,2	2,15	2,1 3,2 0,7	3,10 3,57 3,80	2,7	3,74
Cascade 5 keV	7,3	2,14	2,3 3,0 0,5	3,15 3,68 3,81	3,7	3,75
Incertitudes	1,0	0,01	1,0	0,01	1,0	0,01

7.3. EXAFS dans le zircon à 12% de U substitués

7.3.1. Zircon cristallin à 12% de U

Les études précédentes (coordinence, polymérisation et forces de liaisons électrostatiques) de la structure des modèles de DM du zircon (quasi-pur, à 4% et à 12% de U) ont montré que le modèle du zircon à 12% de U simule bien le zircon naturel. L'étude XAFS dans ce modèle du zircon est nécessaire pour pouvoir à la fois confirmer les résultats des études précédentes et de comparer les résultats XAFS théoriques avec les données expérimentales tirées des échantillons de zircon naturels.

Un spectre EXAFS est calculé au seuil de K de Zr dans le modèle de DM du zircon à 12% de U (moyenne de 20 328 spectres). Jusqu'à 4 Å autour de Zr, le modèle du zircon à 12% semble peu représentatif du zircon naturel cristallin (Fig. IV.29). Les analyses du spectre EXAFS calculé au seuil K de Zr dans le modèle de zircon cristallin à 12% de U montre que parmi les atomes rétrodiffuseurs, on compte un nombre moyen de 0,7 atomes de U à une distance Zr-U égale à ~3,62 Å (Tableau IV.28).

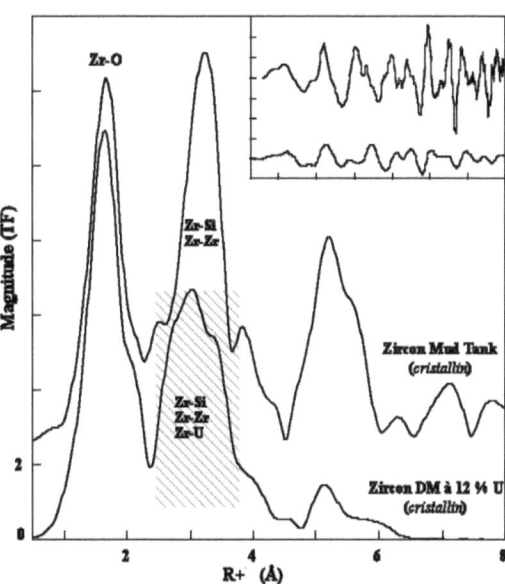

Fig. - IV.29
Transformée de Fourier du spectre EXAFS calculé au seuil K de Zr dans le modèle du zircon cristallin à 12% de U comparé à celles (TF) des spectres expérimentaux dans le zircon naturel de Mud Tank et le zircon de synthèse.

7.3.2. Zircon à 12% de U après cascade

Seule une cascade de 5 keV a été réalisée sur le modèle de DM du zircon avec 12% (3 000 atomes) de U. L'effet d'irradiation sur le modèle du zircon semble négligeable par rapport à toute la boîte de DM du modèle de zircon à 12% de U (Fig. IV.30). Néanmoins, les études de la coordinence et de la polymérisation montrent que des zones apériodiques existent.

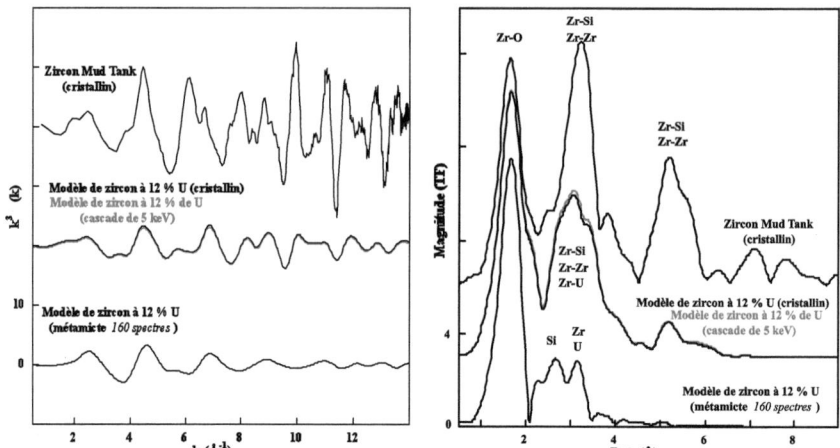

Fig. – IV.30 *Transformées de Fourier (à droite) des spectres EXAFS (à gauche) théoriques au seuil K de Zr dans le modèle du zircon à 12% de U cristallin et après une cascade de 5 keV, mettant en évidence l'effet des dégâts d'irradiation sur le modèle de simulation :*
La taille et le nombre des zones apériodiques (métamictes) est presque négligeable, quoi qu'elles existent et qu'elles sont très apériodiques.

En se basant sur l'étude de la coordinence et de la polymérisation, nous avons calculé un spectre EXAFS au seuil K de Zr résultat d'une moyenne de 160 spectres EXAFS calculés autour des atomes centraux Zr en coordinence 5, 6 et 7 ou un à plusieurs oxygènes pontants. Le spectre EXAFS résultant ne présente pas une grande différence par rapport à celui calculé sur tous les atomes Zr du modèle de DM à 12% de U (Fig. IV.30). Ce résultat confirme le grand nombre d'atomes Zr en coordinence 8 dans le modèle après cascade ainsi que le grand nombre d'atomes de O non-pontants (i.e., sites non affectés).

L'analyse par ajustements (fits) du spectre EXAFS calculé dans une zone apériodique (160 clusters) au seuil K de Zr, dans le modèle de DM du zircon à 12% de U après cascade, montre une coordinence moyenne de 6,7 à une distance interatomique moyenne Zr-O de 2,15 Å. On a essayé d'ajuster (fiter) le spectre EXAFS extrait des autres contributions seconds, troisièmes voisins, etc. (Fig. IV.31) en trois couches par rapport aux amplitudes et déphasages de Si et Zr du spectre EXAFS de zircon théorique (FEFF) de Robinson. Les paramètres structuraux obtenus sont un peu différents de ce que l'on a pu extraire lors des deux premiers modèles (quasi-pur et à 4% de U). La différence réside dans les distributions des atomes Si sur la structure. Contrairement aux deux cas précédents, les atomes de Si se répartissent sur deux couches de deux distances interatomiques moyennes respectives de 3,09 Å et 3,63 Å (Tableau. IV.28). Ces paramètres ont permis de définir quel type d'atome contribue à quelle distance R+φ de la transformée de Fourier (Fig. IV.31).

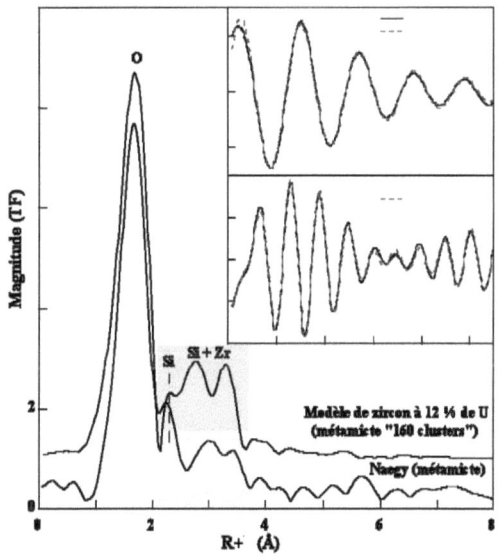

Fig. - IV.31

Transformées de Fourier du spectre EXAFS au seuil K de Zr calculé sur la zone métamicte dans le modèle de zircon à 12% après cascade comparé à celui expérimental enregistré dans le zircon métamicte de Naegy et les résultats d'ajustement des spectres EXAFS de différentes contributions par TF⁻¹.

On peut définir un nombre d'atomes de Si second voisins (2,7 atomes à une distance moyenne Zr-Si de 3,15 Å) plus grand par rapport aux autres modèles de DM du zircon (quasi-pur et à 4% de U). le nombre moyen d'atomes Si troisièmes voisins 3,6 est très proche à celui dans la structure cristalline (4 atomes) avec une distance interatomique moyenne de 3,63 quasiment identique à celle dans le modèle de zircon cristallin (2,62 Å). Tout comme pour les deux modèles précédents, le nombre d'atomes Zr troisièmes voisins est sous-estimé avec une distance interatomique Zr-Zr de

3,79 Å. Le nombre d'atomes de Zr sous-estimé est dû à la forte perturbation de la structure locale autour de Zr dans la zone apériodique de calcul.

Tableau - IV.28 *Paramètres structuraux dans le modèle de DM du zircon à 12% cristallin et dans les zones apériodiques du modèle de zircon à 12% de U après cascade.*

Modèle de zircon	O		Si		Zr	
	N [atomes]	R [Å]	N [atomes]	R [Å]	N [atomes]	R [Å]
Cristallin	8,0	2,21	2,1	3,15	3,4	3,60
			3,9	3,57	0,7*	3,57*
Cascade 5 keV	6,7	2,15	2,7	3,09	3,7	3,75
			4,6	3,63		
Incertitudes	1,0	0,01	1,0	0,01	1,0	0,01

* On compte 0,7 atome de U rétrodiffuseurs.

7.4. Comparaison avec le zircon naturel métamicte de Naegy

Les résultats des analyses sur les spectres EXAFS dans les modèles théoriques de DM du zircon servent de références pour analyser le spectre expérimental EXAFS enregistré au seuil K de Zr dans le zircon métamicte de Naegy et pour en interpréter les résultats. Sur la figure (Fig. IV.32), nous avons représenté les transformées de Fourier des spectres EXFAS dans les trois modèles après cascade de 4 keV ou de 5 keV, comparés à la TF du spectre EXAFS dans le zircon naturel métamicte de Naegy. Ce dernier spectre EXAFS est analysé par ajustement aux résultats obtenus sur les spectres EXAFS théoriques dans les trois modèles de DM du zircon présentés ci-dessus.

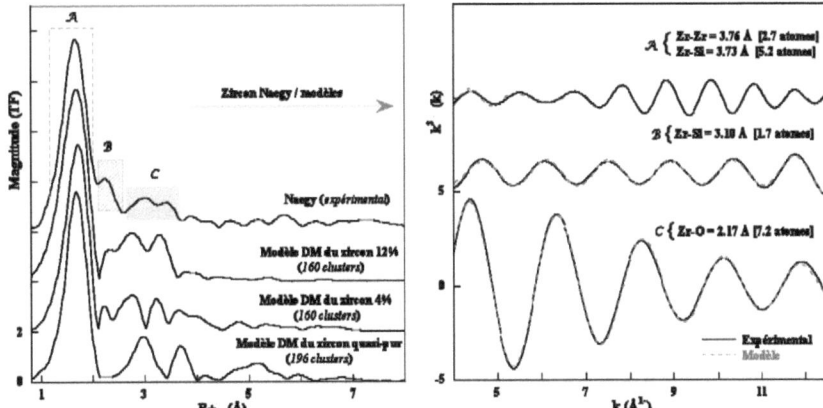

Fig. – IV.32 *Transformées de Fourier des spectres EXAFS dans les modèles de DM du zircon après cascades comparé à celle du spectre EXAFS dans le zircon naturel de Naegy (à gauche) et les résultats des analyses du spectre EXAFS expérimental par rapport aux spectres EXAFS théoriques calculé dans les modèles de DM du zircon.*

Nous avons pu extraire des informations sur le type, le nombre et la distance interatomique moyenne des atomes rétrodiffuseurs autour de Zr dans une structure complètement métamicte du zircon de Naegy (Fig. IV.32). On peut constater que le Zr est de coordinence moyenne 7,2 à une distance interatomique Zr-O de 2,17 Å. Ceci confirme les résultats obtenus par spectroscopie XANES (chapitre III). Les atomes de Si seconds voisins sont en nombre moyen de 1,7 atomes avec Zr-Si de 3,10 Å, une distance un peu plus longue par rapport à celle dans le zircon cristallin (3,0Å). On note aussi que le nombre d'atomes de Zr est toujours sous-estimé (2,7 au lieu de 4 atomes) pour une distance interatomique moyenne plus longes (3,76Å au lieu de 2,63 Å). Les résultats sont résumés dans le tableau suivant (Tableau IV.29).

Tableau IV.29 *Paramètres structuraux autour de Zr dans le zircon naturel métamicte de Naegy.*

Echantillon	Zr-O		Zr-Si		Zr-Zr	
	N [atomes]	R [Å]	N [atomes]	R [Å]	N [atomes]	R [Å]
Naegy (Japon)	7,2	2,17	1,7 5,2	3,10 3,73	2,7	3,76
Incertitudes	1,0	0,01	1,0	0,01	1,0	0,01

8. ETUDE EXAFS AU SEUIL L_{III} DE L'URANIUM

8.1. Etude EXAFS dans le zircon quasi pur

La structure locale autour de U est d'une grande importance pour l'étude de l'effet d'irradiation simulé dans des modèles de DM du zircon. L'étude par spectroscopie de rayons X (XAFS) sur le modèle de DM du zircon quasi-pur (substitution d'un seul atome de U à un atome de Zr) ne permet pas de généraliser à tout le modèle du zircon. Cela est dû à la taille de la boîte du modèle de DM qui est trop grande pour que la structure du zircon soit représentée par un seul atome. D'un point de vue statistique, l'étude de la structure locale autour de l'unique atome de U dans le modèle de DM du zircon quasi-pur est délicate. Aussi, la rétrodiffusion d'atomes voisins de type U à moyenne ou à longue distance de l'atome absorbant dans les zircons naturels si elle existe, ne peut être détectée. Ceci ne peut être représenté dans ce modèle et donc, il n'est pas judicieux de généraliser le résultat d'une telle étude sur tout le modèle du zircon.

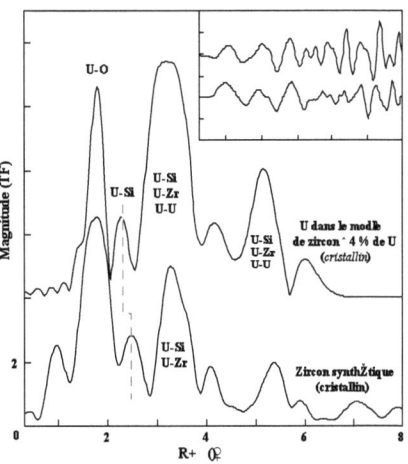

Fig. - IV.33
Transformée de Fourier du spectre EXAFS calculé au seuil L_{III} de l'unique atome de U dans le modèle de zircon quasi-pur cristallin comparé au zircon cristallin synthétique expérimental.

Le spectre EXAFS calculé au seuil L_{III} de U dans le modèle de DM du zircon quasi-pur cristallin (Fig. IV.33) présente quelques ressemblances avec le spectre enregistré dans le zircon de synthèse cristallin. Lors d'une cascade (simulation d'irradiation), la plupart des atomes dans la structure sont perturbés (Crocombette et al., 1998). Après une stabilisation (refroidissement de la structure après la cascade) la majorité des atomes « perturbés » retrouvent leurs positions initiales (déplacements élastiques). Certains atomes se déplacent d'une façon permanente et forment des zones apériodiques. L'étude de l'environnement autour de U dans le zircon quasi-pur reste aléatoire car on ne peut étudier la structure du zircon sur un seul atome qui représente une teneur négligeable dans le modèle de DM du zircon quasi-pur.

8.2 Etude EXAFS dans le zircon à 4% de U substitués

8.2.1. Zircon cristallin à 4% de U

La concentration en U permet de couvrir une large partie de la structure du modèle (voir toute la structure), car le spectre EXAFS sera calculé sur l'ensemble des atomes de U. Contrairement au zircon quasi-pur, le modèle de DM du zircon à 1 000 atomes de U substitués au Zr peut être représentatif du zircon naturel. Un spectre EXAFS est moyenné à partir des spectres EXAFS calculés au seuil L$_{III}$ de chaque atome absorbant U dans le modèle du zircon à 1000 atomes de U (4% d'atomes de Zr remplacés par des atomes de U).

L'analyse par transformée en ondelette (Fig. IV.34) permet d'en déduire la contribution d'atomes de U dans le spectre EXAFS. Cette contribution peut être observée sur le module de la transformé en ondelette (en 2D) par un léger décalage des contributions des atomes voisins à moyenne distance. De plus, sur les fichiers de départ (*feff.inp*) utilisés par le code de calcul FEFF pour la modélisation des spectres EXAFS, on note dans certains cas que les atomes de U font partie de la structure locale à moyenne distance autour de l'atome central U. Ce travail de vérification est effectuée manuellement sur quelque centaines de fichiers « *feff.inp* ».

Certains atomes U peuvent contribuer au spectre EXAFS calculé dans le modèle du zircon en tant que voisins à moyenne distance. Ceci explique, peut-être, l'intensité des magnitudes des contributions des atomes voisins à moyenne distance (R+ϕ = de 3 Å à 6 Å : Fig. IV.35), mais une surestimation du facteur de Debye-Waller n'est pas écartée. On note que les atomes de U dans le modèle de zircon ne sont pas dans des inclusions de phase de type uraninite (UO$_2$) ou coffinite (USiO$_4$) car les études antérieures de la coordinence et de la polymérisation n'ont révélé l'existence d'aucune inclusion de phase.

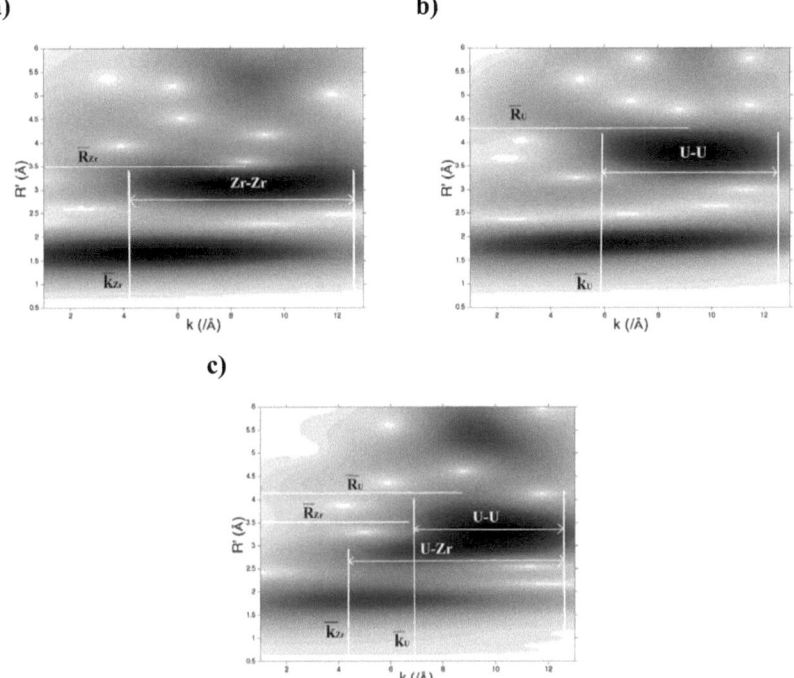

Fig. - IV.34 *Module de la transformée en ondelette (en 2D) mettant en évidence la contribution des atomes rétrodiffuseurs 3ème voisins de type U autour de l'atome central U.*

    a) *référence des contributions des atomes Zr dans ZrO₂,*

    b) *référence des contributions des atomes U dans UO₂,*

    c) *types de contributions mixtes dans le modèle de zircon cristallin à 4% de U.*

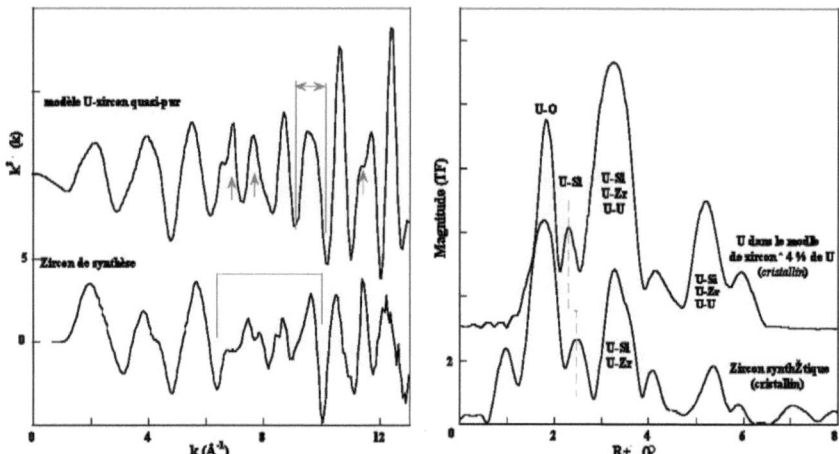

Fig. - IV.35 *Transformée de Fourier du spectre EXAFS calculé sur le modèle de zircon à 4% de U comparé à celle des spectres EXAFS expérimental enregistré dans le zircon de synthèse.*

Nous avons montré lors de l'étude des forces de liaisons électrostatiques que ΣBV est sous-estimée autour de U. Cette sous-estimation a été attribuée aux potentiels empiriques BMH utilisés pour la modélisation de la structure du zircon et la simulation des dégâts d'irradiation. Nous avons essayé d'analyser les spectres EXAFS calculé au seuil L_{III} de U dans les modèles de zircon par rapport aux références de U (coffinite et UO_2). Cela n'a pas été possible, car les amplitudes et les déphasages calculés par FEFF tiennent compte des distances et des liaisons interatomiques autour de U.

La structure périodique du modèle de zircon cristallin facilite l'étude statistique classique autour des atomes de U. Nous avons calculé un nombre de 8 atomes d'oxygène autour de U à une distance interatomique U-O de 2,50 Å. Les deux atomes Si sont à 3,22 Å de l'atome central U. Les atomes Zr à moyenne distance (3,62 Å) sont au nombre moyen de 3,96 atomes. Les Si sont au nombre de 4 à une distance interatomique de 3,74 Å plus longue que celle U-Zr. Ceci confirme les résultats expérimentaux sur la structure locale autour de U dans le zircon cristallin. Un nombre moyen de 0,04 atomes de U voisins (soit zéro) est calculé à une distance interatomique U-U d'environ 2,80 Å.

L'étude statistique sur la structure du zircon dans le modèle de DM cristallin à 4% de U a permis de déduire le type d'atomes contribuant au signal EXAFS autour de l'atome absorbant U. Le modèle de DM du zircon cristallin servira de référence pour l'étude de l'environnement structural autour de U dans les zones métamictes des modèles de zircon après cascades.

8.2.2. Zircon à 4% de U après cascades

Deux cascades d'énergies différentes (4 keV et 5 keV) ont été réalisées sur le modèle de DM du zircon à 1 000 atomes de U substitués aux atomes Zr dans les deux cas, le but est l'étude de l'effet des dégâts d'irradiations sur la structure cristalline du zircon. Dans chacun des deux modèles après cascades, un spectre EXAFS est moyenné sur la quasi-totalité des spectres EXAFS calculés au seuil L_{III} autour de chacun des atomes U dans un même modèle. Les spectres EXAFS calculés (Fig. IV.36) semblent similaires au spectre expérimental enregistré au seuil L_{III} de U dans le zircon de synthèse cristallin. Certaines fréquences dans les spectres théoriques calculés dans les modèles ont des amplitudes plus intenses par rapport à celles de leurs homologues dans le spectre expérimental du zircon synthétique cristallin (fréquence à 7,5 $Å^{-1}$, à 10,5 et à 11 $Å^{-1}$). Ces différences sont mises en évidence en faisant une transformée de Fourier de ces spectres (Fig. IV.36). On observe que les pics de la magnitude des contributions des atomes à moyenne et à longue distances sont moins intenses pour les spectres calculés dans les modèles après cascades que dans le cas du modèle du zircon cristallin.

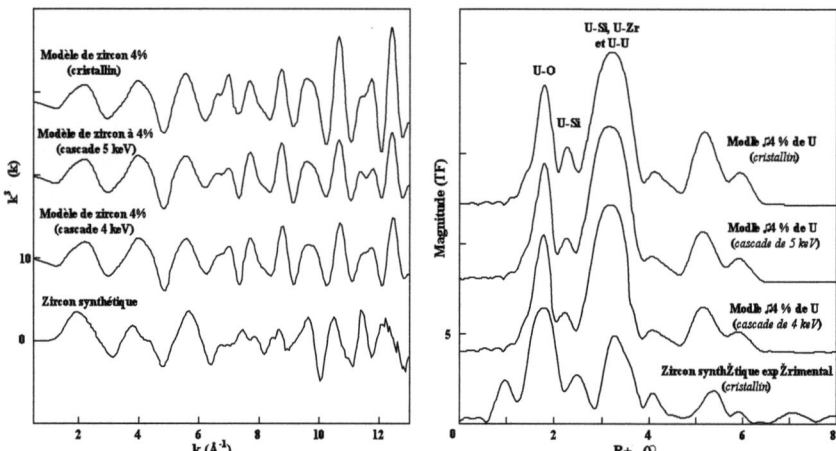

Fig. - IV.36 *Comparaison des spectres EXAFS au seuil L$_{III}$ de U et leurs TF entre le modèle du zircon à 4% de U cristallin et après cascades de 4 keV et de 5 keV ainsi que le zircon expérimental synthétique.*

Lors d'une cascade, seules quelques zones de petites dimensions par rapport à la taille du modèle sont apériodiques et présentent l'état métamicte de la structure dans le modèle de zircon. Dans ces zones apériodiques, nous avons calculé un spectre EXAFS (moyen sur 60 clusters). Nous avons analysé par fit de ce spectre EXAFS par rapport aux amplitudes et déphasages extraits du spectre EXAFS calculé dans le modèle de DM du zircon cristallin à 4% de U dont la structure a été statistiquement étudiée.

Ces analyses ont permis de définir le type d'atomes rétrodiffuseurs et leurs contributions dans le spectre EXAFS (Fig. IV.37). A courte distance autour de U, dans la zone apériodique, on compte un nombre moyen d'atomes de O de 6,7 à une distance interatomique d'environ 2,41 Å. Un nombre de 2,1 atomes de Si à une distance interatomique moyenne de ~3,24 Å. On note que les Si et Zr troisième voisins de U sont à une distance moyenne d'environ 2,73±0,01 pour les deux types d'atomes, or dans le cas cristallin les atomes Si sont à une distance plus longue.

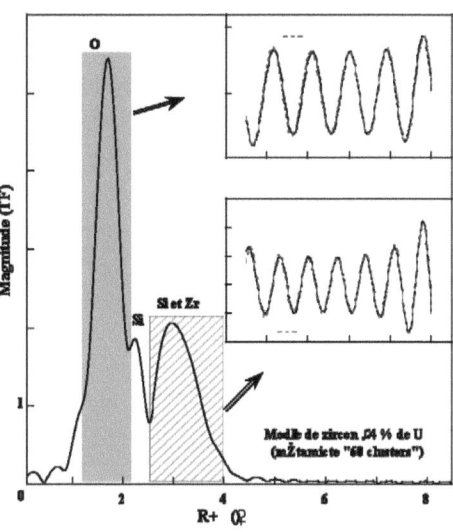

Fig. - IV.37
Transformée de Fourier du spectre EXAFS au seuil L_{III} de U dans la zone métamicte du modèle de zircon à 4% de U et résultats d'analyses par ajustement des spectres EXAFS dus aux contributions d'atomes voisins.

Le tableau (IV.30) résume les résultats d'analyses obtenus par analyse du spectre EXAFS calculé dans le modèle de DM du zircon métamicte par rapport aux déphasages et amplitudes du spectre EXAFS calculé dans le modèle de zircon cristallin.

Tableau - IV.30 *Paramètres structuraux autour de U dans le modèle de zircon à 4% de U après cascades de 4 keV et de 5 keV.*

Cascade	U-O		U-Si		U-Zr	
	N [atomes]	R [Å]	N [atomes]	R [Å]	N [atomes]	R [Å]
Cascade de 4 keV	6,7	2,41	2,1 3,0	3,24 3,73	2,9	3,74
Cascade de 5 keV	6,8	2,41	1,9 3,2	3,25 3,75	3,1	3,73
Incertitudes	1,0	0,01	1,0	0,01	1,0	0,01

8.3. Etude EXAFS dans le zircon à 12% de U substitués

8.3.1. Zircon cristallin à 12% de U

La concentration en U dans le modèle de zircon à 12% de U fait que ce dernier est plus proche du zircon naturel de Sri Lanka (d'après les analyses chimiques par microsonde électronique). D'après cette teneur en U nous nous attendions à ce que les dégâts d'irradiation simulés dans ce modèle de zircon cristallin soient représentatifs de la structure expérimentale.

Fig. - IV.38
Spectres EXAFS au seuil L$_{III}$ de U dans le modèle de zircon cristallin à 3 000 atomes de U comparé au zircon synthétique cristallin à 4 000 ppm de U.

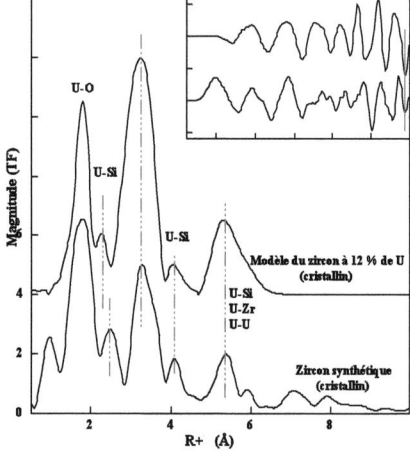

Comme pour le zircon cristallin à 4%, nous avons procédé à une étude statistique de la structure locale autour de U dans le modèle de zircon à 12%. Jusqu'à une distance interatomique moyenne de 3,24 Å, le modèle est identique à celui à 4% de U. Le nombre d'atomes Si troisièmes voisins restent inchangé et la distance interatomique ne varie pas. Au contraire, on constate une augmentation du nombre d'atomes voisins de type U à 3,80 Å et l'on compte un nombre moyen de 0,2 atomes (5 fois plus dans le modèle de zircon à 4%). De toute évidence, le nombre moyen d'atomes de Zr diminue et l'on compte 3,8 atomes.

Un spectre EXAFS au seuil L_{III} de U est moyenné sur l'ensemble de 940 spectres dans le modèle du zircon cristallin à 3 000 atomes de U. Ainsi, certaines petites différences entre ce spectre EXAFS calculé et celui expérimental enregistré dans le zircon cristallin synthétique (4 000 ppm de U) sont observées. On note un décalages des phases entre 9 Å^{-1} et 11,5 Å^{-1}. Tout comme pour les deux modèles précédents du zircon (zircon quasi-pur et à 1 000 atomes de U), la magnitude de la transformée de Fourier (TF) du pic représentant les atomes de Si second voisins est décalé vers des distances corrigées (R+φ) plus courtes (Fig. IV.38). L'amplitude et les déphasages de ce spectre EXAFS serviront de références pour l'étude de l'environnement structural autour de U dans les zones métamictes.

8.3.2. Zircon à 12% de U après cascade

Une seule cascade de 5 keV est réalisée sur ce modèle de zircon cristallin à 3 000 atomes de U substitués aux atomes Zr. Un spectre EXAFS est calculé (FEFF7.0) au seuil L_{III} de U dans ce modèle de zircon après cascade. Ce spectre représente une moyenne de 2 300 spectres EXAFS calculés autour de chaque atome U dans la structure du modèle. Comparé au spectre EXAFS moyen calculé dans le modèle cristallin (avant cascade), on distingue des différences majeures entre les deux spectres. On peut constater, à des basses valeurs du vecteur d'onde [k (Å^{-1})], que la phase est plus large pour le zircon cristallin. A des moyennes et grandes valeurs du vecteur d'onde, on note des interactions entres phases allant jusqu'à une. Aussi, les amplitudes sont moins intenses sur le spectre EXAFS calculé dans le modèle de zircon après cascade (Fig. IV.39). Ces différences (phases et amplitude du spectre EXAFS) se traduisent sur les courbes des transformées de Fourier par une nette diminution de la magnitude des pics de contributions des atomes rétrodiffuseurs à moyenne et à longue distances (R+φ = de 3 Å à 7 Å). Ceci met en évidence l'influence de la concentration en U dans la structure sur les dégâts d'irradiation.

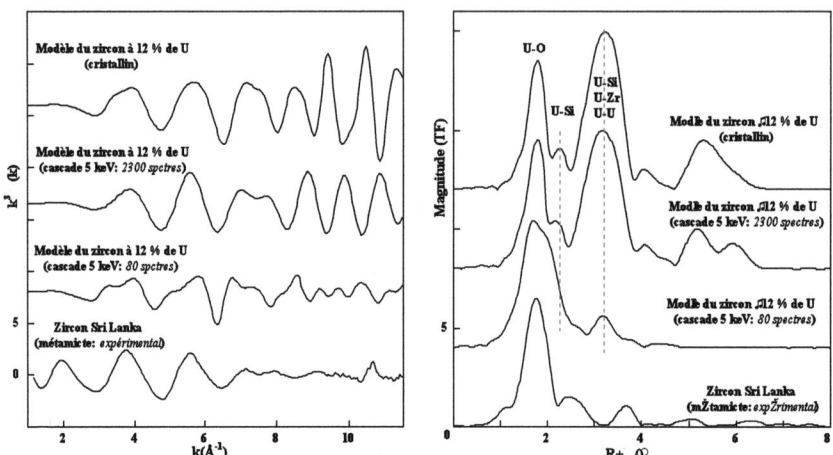

Fig. - IV.39 *Transformée de Fourier des spectres EXAFS au seuil L_{III} de U dans le zircon à 12% de U cristallin, après cascade de 5 keV et dans les zones apériodique comparés au zircon métamicte de Sri Lanka pour mettre en évidence les dégâts d'irradiation dus à la cascade.*

L'analyse du spectre EXAFS, calculé au seuil L_{III} de U dans la zone apériodique du modèle de DM du zircon à 12% de U après cascade, montre que U est en coordinence moyenne 7,3 pour une distance interatomique moyenne de 2,40 Å. Contrairement au modèle de zircon à 4% de U, dans le modèle à 12% de U après cascade (zone apériodique) on a pu détecter des contributions dues aux atomes rétrodiffuseurs de type U et l'on compte un nombre moyen de 0,8 atomes (Fig. IV.40). Ce nombre est nettement supérieur à celui calculé dans le modèle de zircon cristallin (0,2 atomes). Cela montre une sorte d'agglomération des atomes de U dans la zone apériodique.

Fig. - IV.40

Transformée de Fourier du spectre EXAFS au seuil L$_{III}$ de U dans la zone métamicte du modèle de zircon à 12% de U après cascade de 5 keV et les résultats des analyses par ajustements (fits) des spectres EXAFS dus aux contributions des atomes voisins.

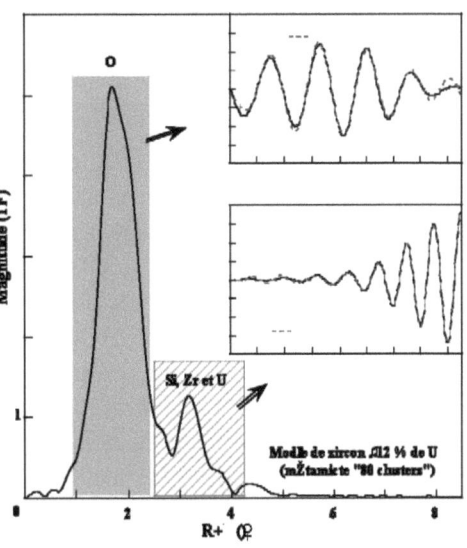

Le tableau suivant résume les paramètres structuraux obtenus par étude statistique sur le modèle de DM du zircon à 12% cristallin et par analyses du spectres EXAFS calculé dans la zone métamicte du même modèle après avoir subi une cascade de 5 keV.

Tableau - IV.31 *Paramètres structuraux autour de U dans le modèle de zircon à 12% de U cristallin et après cascades de 5 keV.*

Modèles	U-O		U-Si		U-Zr	
	N [atomes]	R [Å]	N [atomes]	R [Å]	N [atomes]	R [Å]
Cristallin	8,0	2,50	2	3,22	3,8	3,62
			4	3,74	0,2^U	3,80^U
Cascade de 4 keV	7,3	2,40	1,8	3,32	2,6	3,67
			3,1	3,68	0,4^U	3,72^U
Incertitudes	1,0	0,01	1,0	0,01	1,0	0,01

^{U} *désigne les atomes voisins à moyenne distance de type U.*

8.4. Comparaison avec le zircon naturel métamicte de SriLanka

On n'a pas pu analyser le spectre EXAFS expérimental enregistré au seuil L_{III} de U dans le zircon naturel métamicte de Sri Lanka par rapport à l'amplitude et au déphasage des spectres EXAFS calculés dans les zones métamictes des modèles de DM du zircon après cascades. En effet, on a montré lors de l'étude des forces de liaisons électrostatiques que les potentiels empiriques BMH sous-estiment les liaisons interatomiques autour de U dans les modèles de DM du zircon. Peut-être une autre modélisation de la structure du zircon et la simulation des dégâts d'irradiation avec d'autres termes de potentiels BMH ou d'autre type de potentiels permettrait une meilleure analyse autour de U dans le zircon naturel métamicte.

8.5. CONCLUSION

L'étude des spectres EXAFS théoriques calculés dans les modèles de DM apporte une bonne compréhension de l'environnement structural dans le zircon métamicte. Particulièrement, nous avons pu déterminer l'environnement structural local autour de Zr dans le zircon métamicte naturel de Naegy. D'autres échantillons peuvent être étudiés de la même manière, en analysant le spectres EXAFS expérimental par rapport au amplitudes et déphasage théorique calculés dans les zones métamicte du modèle de zircon théorique.

A l'exception de la structure locale autour de U dans le zircon naturel métamicte, cette étude théorique permet de répondre à plusieurs questions sur l'environnement structural dans le zircon métamicte tel que la coordinence des majeurs (Zr) et les actinides (U) dans le zircon métamicte ainsi que la distribution des atomes voisins à courte et à moyenne distances.

REFERENCES BIBLIOGRAPHIQUES

Ashley C.A. et Doniach S. (1975), Theory of extended x-ray absorption edge fine structure in crystalline solids, *Phys. Rev. A 11, 1279.*

Brese N.E. and O'Keeffe M. (1991), Bond-valence Parameters in Solids, *Acta Crystallogr., B47, 192-197.*

Crocombette J.P. and Ghaleb D. (1998) Modeling the structure of zircon ($ZrSiO_4$) : empérical potentials, ab-initio electronic structure, *Journal of Nuclear Materials, 257, 282-286.*

Crocombette J.P. and Ghaleb D. (2001) Molecular dynamics modeling of irradiation damage in pure and uranium-doped zircon, *Journal of Nuclear Materials 295, 167.*

Farges F.and Calas G. (1991), Structural Analysis of Radiation Damage in Zircon and Thorite: An X-ray Absorption Study, *Amer. Mineral., 76, 60-73*

Harfouche M., Farges F. and Petit P.E. (2000) Structural characterization of natural actinides (Th and U) in ceramics and analogues: XANES and EXAFS studies on natural zircons. *European Union of Geosciences XI* **J1**, p. 2671

Pauling, L. (1931)., *J. Amer. Chem. Soc. 53, 1367*

Rehr J. J., Mustre de Leon J., Zabinsky S. I., and Albers R. C. (1991) Theoretical x-ray absorption fine structure standards. *J. Amer. Chem. Soc. 113, 5135-5140.*

Rehr J.J., Zabinsky S.I. and Albers R.C. (1992), High-order Multiple Scattering Calculations of X-ray Absorption Fine Structure, *Phys. Rev. Lett., 69, 3397-4000*

Robinson K., Gibbs G. V. and. Ribbe P. H (1971). *Amer. Mineral* **56**, 783-789.

Rossano S. (1998) Environnement du fer ferreux dans les verres silicatés. Développements théoriques et approches spectroscopiques., *Thèse de doctorat, université Paris , 177*

Rossano S., Farges F., Ramos A., Delaye J.M. and Brown G. E. (2002) Bond valence in silicate glasses, *Journal of Non-Crystalline Solids, Volume304, Issues1 -3, June2002 , Pages167 -173*

Sayers D.E, Stern E.A. and Lytle F.W. (1971), New Technique for Investigating Non-crystalline Structures: Fourier Analysis of the

Extended X-ray Absorption Fine Structure, *Phys. Rev. Lett., 27, 1204-1207*

Stern, E.A., and Heald, S. M. (1983), Basic principles and applications of EXAFS. *In Handbook on Synchrotron Radiation (ed., E. Koch), pp. 955 - 1014. North Holland Publishing, Amsterdam.*

Teo B.K. (1986), EXAFS : Basic Principal and Data Analysis, *Inorganic Chem. Concepts 9,*

Crocombette J.P. and Ghaleb D. (1998) Modeling the structure of zircon ($ZrSiO_4$) : empérical potentials, ab-initio electronic structure, *Journal of Nuclear Materials, 257, 282-286.*

Crocombette J.P. and Ghaleb D. (2001) Molecular dynamics modeling of irradiation damage in pure and uranium-doped zircon, *Journal of Nuclear Materials 295, 167.*

Natoli C.R. dans Bianconi A., Icoccia L., Stipcich S. (Eds), EXAFS and Near EdgeStructure, *Springer Series in Chem. Phys., vol. 27, Springer, Berlin, 1983.*

1. ENVIRONNEMENT STRUCTURAL DANS LE ZIRCON

1.1. Zirconium et silicium dans le zircon

Le Zr et le Si sont les éléments majeurs dans la structure de zircon. L'étude expérimentale XAFS a permis d'observer un changement au niveau du polyèdre de coordination de Zr dans du zircon métamicte. On a montré par étude des spectres XANES au seuil L_{III} de l'atome Zr que ce dernier (Zr) et de coordinence 7 dans le cas du zircon métamicte (Fig. V.1a). Ce résultat est en accord avec les mesures au seuil K de Zr (Farges et Calas, 1991; Farges, 1994). Cet accord suggère aussi que les protocoles de dépouillement des données EXAFS qui tiennent compte du désordre (avec un modèle de dépouillement à deux couches d'oxygène) étaient valables.

L'étude théorique par simulation des dégâts d'irradiation dans la structure du zircon (dynamique moléculaire) a montré qu'une grande partie des atomes Zr dans le zircon métamicte est en coordinence 8 car la zone métamicte est très localisée dans la boîte simulée. Certains atomes Zr sont en coordinence 5, 6 et 7 dans les trois modèles de DM du zircon étudiés, aux alentours de la zone métamicte. Bien que la coordinence moyenne de Zr est de 7,9 quel que soit le type du zircon (quasi-pur, à 4% ou à 12% de U substituant Zr) et l'énergie de cascade utilisée pour la simulation des dégâts d'irradiation (4 keV ou 5 keV), la coordinence moyenne du Zr décroît vers 7,2 dans la zone métamicte. Sur la figure (Fig.V.1b) nous avons représenté la distribution des atomes autour de Zr en fonction de la distance interatomique dans le modèle de DM du zircon à 12% de U substituant Zr après cascade de 4keV. Nous pouvons constater que le nombre d'atomes de O premiers voisins ne change pas beaucoup entre le cas cristallin et après cascade.

La figure (Fig. V.1b) montre une distorsion du polyèdre de coordination, on compte environ un atome d'oxygène à une distance d'environ 2,0 Å, quatre autres à 2,15 Å, deux atomes à une distance de 2,4 Å et le reste est un nombre moyenne d'environ 0,9 atomes partagés entre des distances moyennes variant entre 2,2 Å et 2,6 Å (Fig. V.1). Ceci témoigne de l'importance des dégâts engendrés par l'irradiation sur la structure cristalline du zircon.

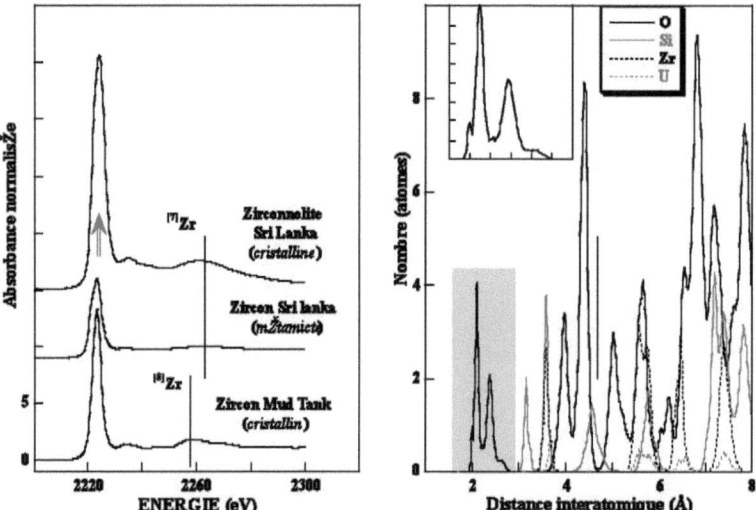

Fig. – V.1 **a)** *Spectres XANES normalisés enregistrés au seuil L_{III} de Zr dans les échantillons de zircon et de la zirconolite mettant en évidence le changement de la coordinence.*

       b) *distribution moyenne des atomes autour de Zr calculée d'après le modèle de DM du zircon à 12% de U substitué à Zr après une cascade.*

Le zircon métamicte naturel ressemble quasiment à un amorphe très désorganisé. Cela repose sur les résultats de l'étude expérimentale par spectroscopie XANES au seuil K de Si dans le zircon cristallin et métamicte. Bien que les résultats ne soient pas très définitifs, cette étude nous a permis de détecter des polymérisations en chaînes (Q^2) et quelques tétraèdres de Si se polymérisant en plans (Q^3) dans les zircons totalement métamictes de Sri Lanka (Fig. V.2a). Dans les modèles théoriques de simulations par DM des dégâts d'irradiations sur la structure cristalline du zircon, le nombre d'atomes d'oxygène pontant dans les modèles de zircons après cascade varie entre 0,3% et 0,7% du nombre total des atomes O dans la structure. Une grande partie des tétraèdres de Si, liés à ces atomes d'oxygène pontants, se polymérise en dimère (environ 55% de Q^1), l'autre partie se polymérise soit en chaînes « Q^2 » (environ 35% du nombre total des atomes oxygène pontants) soit en plans « Q^3 » (environ 9%) et rarement en 3D « Q^4 ». Autrement dit, dans une zone métamicte, les polymérisations en dimères et en chaînes dominent. On note une certaine cohérence entre les résultats de la simulation théorique (DM) dans les zones métamictes de la structure du modèle de DM de zircon et les résultats expérimentaux (XANES) dans le zircon métamicte.

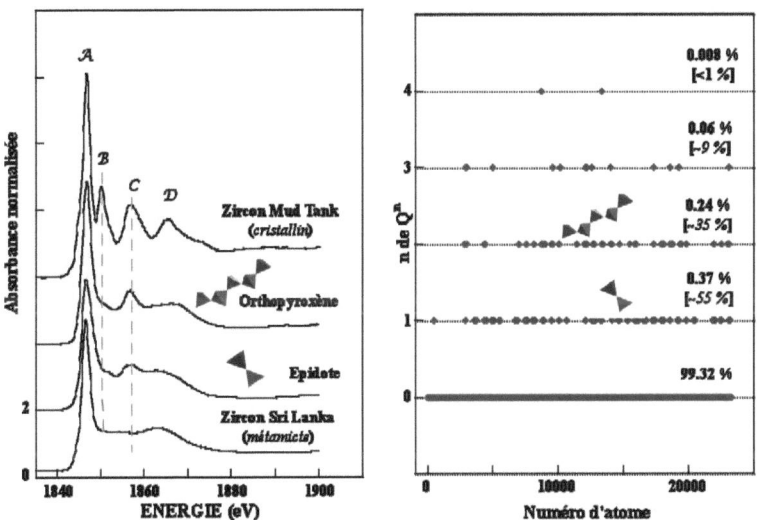

Fig. – V.2 **a)** *Spectres XANES expérimentaux enregistrés au seuil K de Si mettant en évidence la polymérisation des tétraèdres Si dans le zircon métamicte.*

   b) *Polymérisation dans le modèle de DM du zircon à 4% de U après une cascade (simulation d'irradiation).*

   PS : la valeur entre crochets [ ] représente le pourcentage par rapport aux tétraèdres polymérisés.

1.2. Thorium dans le zircon

Dans le zircon cristallin, la distance interatomique Th-O calculée
(~2,41 Å) est plus proche de la distance interatomique Th-O dans la thorite
cristalline (2,42 Å : Taylor et Ewing, 1978) que de la distance Zr-O dans le
zircon cristallin (2,20 Å : Robinson, 1971). Les angles calculés autour de
l'atome de Th substitué au Zr dans le zircon cristallin de Th-O-Zr (~109°)
sont plus proches de celui Th-O-Th (108°) mesuré dans la thorite cristalline
par rapport à Zr-O-Zr (111°) mesuré dans le zircon cristallin. A partir de
ces résultats expérimentaux (angles et distances des atomes premiers
voisins), on peut constater une expansion de la structure locale autour de
l'atome substitué sur l'ordre à courte distance. Cette expansion est due au
rayon ionique de Th^{4+} (1,0 Å) plus grand à celui de Zr^{4+} (0,72 Å) de 28%.

L'étude de l'environnement structural autour de Th dans le zircon
cristallin, à moyenne distance a permis de calculer les distances
interatomiques des atomes Si second voisin de Th. La distance
interatomique Th-Si dans le zircon cristallin de 3,16 Å est égale à celle
mesurée dans la thorite cristalline. Au contraire, l'angle Th-Si-Zr dans le
zircon cristallin est du même ordre de grandeur que Zr-Si-Zr dans le zircon
et Th-Si-Th dans la thorite cristalline (~65° : Fig. V.3). Ce résultat montre
que l'expansion de la structure locale engendrée par la substitution de Th
est plus large et englobe aussi les atomes de Si seconds voisins.

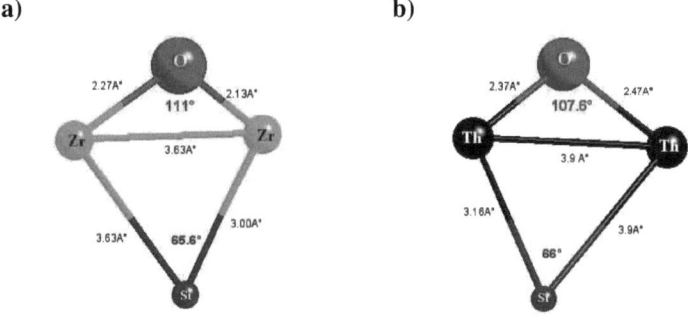

a)

b)

Fig. - V.3

c)

Distances et angles
interatomiques :

a) mesurés dans la structure du
zircon cristallin (Robinson,
1971)

b) mesurés dans la structure de la
thorite cristalline (Taylor et al.,
1978)

c) calculs autour d'un atome Th
substitué à un atome Zr dans la
structure de zircon cristallin.

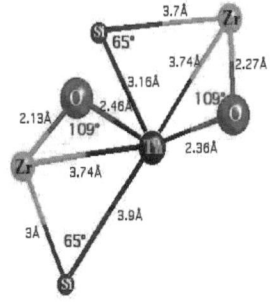

Les atomes de Si troisièmes voisins de Th dans la structure du zircon
cristallin sont à une distance interatomique Th-Si de 3,90 Å. Cette distance
calculée est égale à celle mesurée dans la thorite cristalline. La structure
locale autour de Th, substitué dans le zircon cristallin, est encore plus
étendue. Contrairement aux atomes de Si, les atomes Zr troisièmes voisins
sont à une distance Th-Zr d'environ 3,74 Å. Cette distance interatomique
(Th-Zr dans le zircon cristallin) est plus courte que la distance
interatomique Th-Th mesurée dans la thorite cristalline par environ 0,16 Å,
et elle est plus longue que celle Zr-Zr dans le zircon cristallin d'environ 0,1
Å. Nous pouvons constater un retour vers la structure cristalline initiale du

zircon cristallin (avant substitution). Il faut noter que les Zr sont des atomes plus lourds que Si c'est pourquoi ils sont moins influencés que les atomes Si de même distance interatomique dans la structure du zircon cristallin (2,64 Å : Fig. V.3). Donc, au-delà de ~4 Å autour de Th dans le zircon cristallin la structure locale redevient celle du zircon cristallin et l'effet de la substitution de Th sur les atomes voisins à longue distance s'annule.

a)   b)

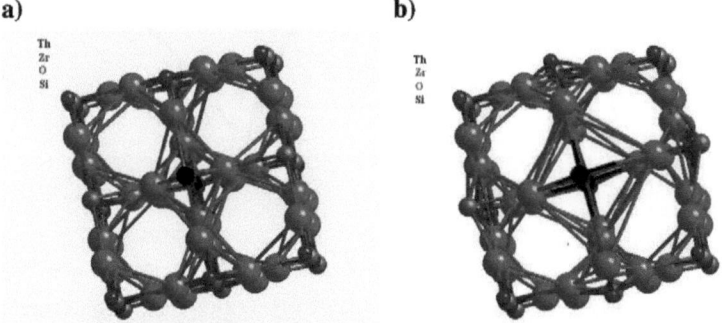

Fig. – V.4 *Modèle de la structure locale autour de Th dans le zircon cristallin*

    a) *modèle établi selon la règle de substitution de Goldschmidt,*

    b) *modèle établi d'après les résultats expérimentaux XAFS.*

Comme dans le zircon cristallin, l'atome de Th dans le zircon métamicte est en coordinence 8. Les atomes d'oxygène premiers voisins de l'atome Th dans le zircon métamicte sont à une distance interatomique moyenne semblable à celle calculée dans le zircon cristallin (Th-O = ~2,41 Å). L'étude par dynamique moléculaire de l'effet de l'irradiation sur le zircon a montré des distorsions au niveau des polyèdres de coordination autour de Zr et de U. Par analogie, on peut déduire que les polyèdres de coordination de Th dans le zircon métamicte sont aussi distordus malgré une distance interatomique moyenne constante.

A moyenne distance (Si seconds et troisièmes voisins), on constate que la structure du zircon métamicte reste proche de celle observée dans le zircon cristallin mais avec plus de distorsion. Aussi, le nombre d'atomes voisins qui montre une structure plus perturbée que lors du cas de zircon cristallin. En plus, et contrairement au zircon cristallin, les contributions des atomes Zr troisièmes voisins sont difficiles à détecter dans le zircon métamicte.

1.3. Uranium dans le zircon

L'uranium (émetteur α) est en majeure partie à l'origine de la destruction de la structure cristalline. Alors, nous avons utilisé deux approches pour l'étude des effets de l'irradiation dus à l'uranium. Dans la première approche, nous avons utilisé le rayonnement synchrotron pour réaliser une étude expérimentale de la structure locale autour de U dans les échantillons de zircon cristallin et métamicte. La seconde approche est basée sur la simulation théorique par DM des dégâts d'irradiation.

Nous avons calculé autour de U dans le zircon cristallin une distance interatomique moyenne U-O de ~2,38 Å. Cette distance est proche à la distance interatomique mesurée dans l'uraninite (2,37 Å : Wyckoff, 1978). On remarque que cette distance est plus grande que la distance Zr-O dans le zircon cristallin (2,20 Å) et moins longue que la distance interatomique moyenne U-O dans la coffinite (2,41 Å : Fuch and Gebert 1958). Dès lors, on peut constater que la substitution de U au Zr dans le zircon cristallin engendre une expansion de la structure locale autour de U a cause de son rayon ionique U^{4+} (0,97 Å) plus grand que celui de Zr^{4+} (0,71 Å). Sclon Goldschmidt, la substitution de U au Zr est partielle car le rayon ionique de U est plus grand que celui de Zr d'environ 26%.

L'étude expérimentale de l'environnement structural autour de U dans le zircon cristallin, à moyenne distance, a permis le calcul des distances interatomiques moyennes des atomes rétrodiffuseurs seconds et troisièmes voisins. Les atomes Si seconds voisins de U, dans le zircon cristallin sont à une distance moyenne U-Si de 3,09 Å. Cette distance est proche de celle mesurée dans la coffinite (3,13 Å).Cela montre que l'expansion de la structure locale autour de U dans le zircon cristallin n'est pas d'une taille de la coffinite. Les atomes Si troisièmes voisins sont à une distance interatomique de 3,8 Å aussi un peu moins courte que celle de U-Si mesurée dans la coffinite d'environ 0,03 Å. Les atomes Zr autour de U dans le zircon (sensé être à une distance égale à celle de Si troisièmes voisins) sont à une distance U-Zr (3,7 Å) plus courte que la distance U-U dans la coffinite (moins courte que U-Si dans la coffinite) mais plus grande que celle Zr-Zr mesurée dans le zircon cristallin. Ceci montre que la structure locale autour de U dans le zircon commence à retourner vers la structure cristalline du zircon. Ces distances interatomiques calculées autour de U (à courte et à moyenne distance) permettent de calculer les angles interatomiques autour de U. L'angle U-O-Zr de 107,7° (Fig. V.5) est plus grande de celui U-O-U dans la coffinite (105°) tandis que l'angle U-Si-Zr est un peu plus petit de celui mesuré dans la coffinite (U-Si-U = ~64°).

a)   b)

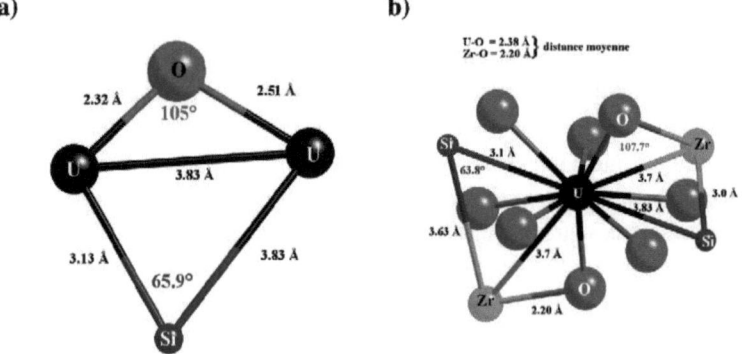

Fig. – V.5 *Distances et angles interatomiques :*
a) mesurés dans la coffinite cristalline (Fuchs and Gebert, 1958),
b) calculés autour de U dans la structure du zircon cristallin.

L'étude théorique par DM de la substitution de U au Zr dans la structure du modèle de zircon cristallin (distance interatomique moyenne Zr-O = 2,21 Å) montre aussi une expansion de la structure locale autour de U. Sur la figure (Fig. V.6) on peut calculer une distance interatomique moyenne U-O de 2,45 Å. Cette distance semble plus longue par rapport à celle calculé expérimentalement, cela est dû aux termes des potentiels empiriques BMH utilisés lors de la modélisation (chapitre IV).

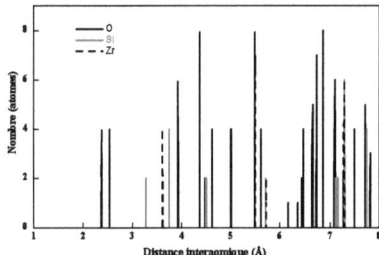

Fig. – V.6
Distribution des atomes autour
de U dans le modèle de DM du
zircon cristallin.

On remarque les atomes Zr troisièmes voisins sont à une distance interatomique moyenne de 3,63 Å plus courte que celle de U-Si, égale à 3,75 Å. Malgré la forte force de liaison électrostatique autour de Si (1,0 u.v.), les atomes Si sont plus influencés par la substitution de U au Zr dans le zircon cristallin. Par conséquent, les atomes Si (plus légers) sont plus sensibles aux dégâts d'irradiation par rapport aux atomes Zr (plus lourds). Ces résultats sont en parfaite cohérence avec l'expérience. En conclusion, une substitution de U au Zr dans le zircon cristallin engendre une expansion de la structure locale autour de U jusqu'à une distance d'environ 4 Å. Après cette distance la structure redevient identique à celle du zircon cristallin pur.

Tout comme le Zr et contrairement au Th, dans le zircon métamicte l'atome de U est en coordinence 7 pour une distance interatomique moyenne U-O de 2,36 Å (proche de U-O dans zircon cristallin). Cela nous conduit à dire que U se substitue plus facilement par rapport au Th en accord avec les règles de substitution de Goldschmidt. La simulation par DM des dégâts d'irradiation sur la structure du zircon a montré que l'atome de U dans le zircon métamicte peut être en coordinence 6, 7, 8 ou 9. La coordinence moyenne de U calculée par DM est d'environ 7,95.

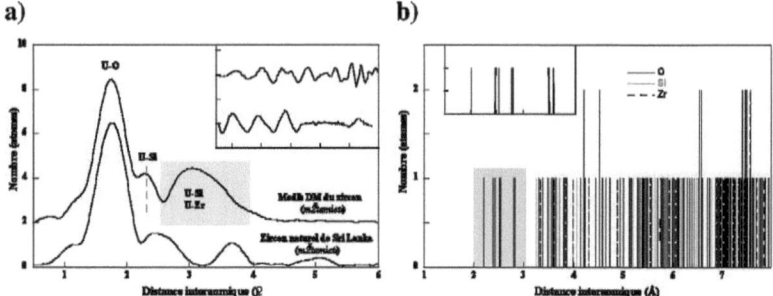

Fig. - V.7 **a)** *TF du spectre EXAFS calculé au seuil L_{III} de U dans la zone métamicte du modèle de DM du zircon après cascade comparé à la TF du spectre expérimental enregistré dans le zircon métamicte de Sri Lanka.*
b) *Distribution des atomes voisins autour d'un atome U dans une zone apériodique du modèle de DM du zircon après cascade.*

Sur la figure (Fig. V.7) nous avons représenté la distribution des atomes au voisinage d'un seul atome de U situé dans une zone apériodique du modèle théorique de DM du zircon après irradiation simulée par une cascade d'énergie de 4 keV. L'uranium est en coordinence 7 comme le montre la figure agrandie de la zone comprise entre 2 Å et 3 Å (Fig. V.7b).

Chaque atome O du polyèdre de coordination de U est à une distance interatomique de l'atome central différente des autres atomes O. Ceci témoigne de la très grande distorsion de la structure du zircon dans les zone apériodiques engendrées par l'irradiation. En effet, toute la structure locale autour de U à courte, moyenne et à longue distance est complètement distordue. On constate une succession d'atomes de différents type mais à des distances interatomiques de l'atome central différent d'un atome à l'autre. Quelques exceptions sont enregistrées, mais elles sont négligeables par rapport au nombre total d'atomes voisins sur une distance de 8,0 Å.

On rappelle que la structure autour de U représente l'environnement structural local dans une zone complètement métamicte. Le spectre EXAFS (Fig. V.7) est calculé dans cette zone apériodique. L'analyse de ce spectre a révélé que l'atome de U est de coordinence moyenne d'environ 7. Il ne faut certainement pas considérer ce polyèdre comme représentatif car, il se peut que la dynamique moléculaire n'a pas convergée dans ce cas-là. Aucune coordinence 7 n'est connue autour des actinides tétravalents. Néanmoins, nous pouvons mettre en évidence la présence d'un polyèdre fortement distordu autour de U dans les zones métamictes du zircon. Nous pouvons constater alors, une certaine similarité entre le spectre EXAFS théorique calculé à partir de la structure théorique dans le modèle de DM du zircon et l'expérimental.

2. ENVIRONNEMENT STRUCTURAL DANS LA MONAZITE

La faible teneur en U dans les monazites rend très difficile l'étude de leur structure locale autour de U, autrement dit les dégâts d'irradiation causée par les noyaux de reculs lors des désintégrations radioactives (surtout l'émission α).

2.1. Th dans les monazites

Le rayon ionique de l'atome Ce^{4+} (0,80 Å) ou des terres rares dans la structure de la monazite [Pr^{4+} (0,78 Å), Nd^{4+} (0,9 Å) etc.] est inférieure à celui de Th^{4+} (1,0 Å). La charge du Gd^{4+} dans la structure de la monazite ainsi que le rayon ionique de 1,0 Å (Shannon, 1976) font que l'ion Gd est le plus apte à être remplacé par le Th de même charge et de même rayon ionique selon les règles de substituions de Goldschmidt.

La plupart des échantillons de monazites sont moins concentrés en Th qu'on Gd. Donc, le Th se substitue aussi aux autres ions de terres rares et spécialement Nd et Ce de rayon ionique inférieur au rayon ionique de Th mais seulement d'environ ~20%, ce que signifié une substitution ionique totale. Ceci explique pourquoi la structure locale autour de Th dans la monazite n'est pas étendue et pourquoi la distance moyenne interatomique Th-O est égale à celle de Ce-O dans la monazite.

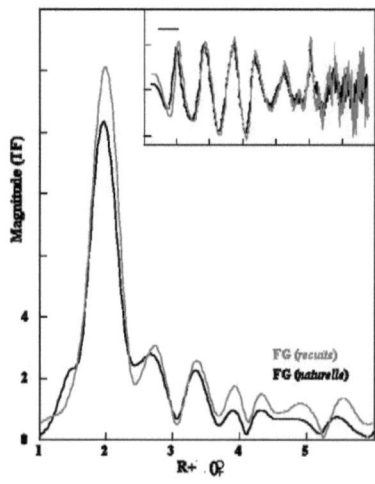

Fig. – V.8

Transformées de Fourier des spectres EXAFS enregistrés au seuil L_{III} de Th montrant la similarité de l'environnement local autour de Th dans la monazite cristalline et métalmicte.

La figure (Fig. V.8) met en évidence l'influence des dégâts d'irradiation sur l'environnement structural local autour de Th sur la structure cristalline de la monazite. Lors de l'étude expérimentale XAFS de la structure locale autour de Th dans les monazites nous avons montré que l'environnement structural ne change pas beaucoup, excepté une distorsion possible de la structure locale qu'on n'a pas pu déterminer par XAFS.

2.2. P dans la monazite

L'étude de l'environnement structural autour de Th dans la monazite n'a pas abouti à des résultats permettant d'évaluer l'effet des dégâts d'irradiation sur la structure cristalline de la monazite. L'environnement local autour de P est largement influencé par rapport au Th. Tout comme pour Si dans le zircon, P possède la plus forte force de liaison électrostatique dans la structure, mais cet atome est le plus léger par rapport aux cations de la structure de la monazite, c'est pourquoi il subit les conséquences des dégâts d'irradiation plus que les autres.

Nous avons montré une polymérisation proche de celle qu'on observe dans P_2O_5 en nous basant sur les spectres XANES (Fig. V.9). La disparition de la résonance après le seuil d'absorption est caractéristique d'une polymérisation (Muthupari et Fleet, 1998). Li et al. (1995) et Bender et al.

(2002) l'ont observé aussi au cours de d'étude de la polymérisation dans les silicates.

a)   b)

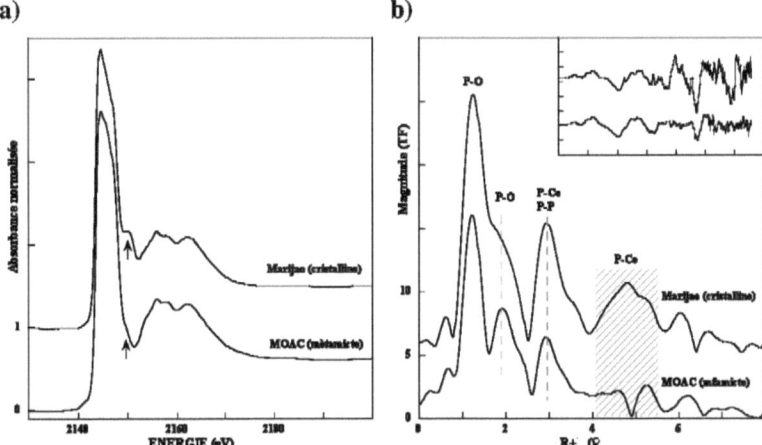

Fig. – V.9 **a)** *Spectres XANES normalisés mettant en évidence la polymérisation des tétraèdres de P dans les monazites métamictes.*

b) *TF des spectres EXAFS au seuil K de P montrant l'influence des dégâts d'irradiations sur l'environnement structural autour de P.*

Dans les monazites métamictes, nous avons observé une coordinence moyenne du phosphore plus grande que celle dans la monazite cristalline. L'atome de P dans les monazites « Herfoss » et « MOAC » métamictes se présente en une coordinence moyenne de 4,5 et 4,2 respectivement. Cette surestimation de la coordinence dans les monazites métamicte est expliquée par la présence de certains atomes P en coordinence de 3, 5 et/ou 6 dû, sans doute aux effets des dégâts d'irradiation sur la structure de la monazite (Tableau III.1). La distance interatomique moyenne P-O calculée dans les monazites métamictes est plus longue par rapport à celle calculée dans les monazites cristallines. Ceci est expliqué, d'une part par le nombre d'atomes premiers voisins plus grand [4.5]P et [4.2]P par la distorsion du polyèdre de coordination d'autre part.

L'étude de la structure locale autour de P et Th dans la structure de la monazite cristalline et métamicte nous permet de conclure que l'effet de l'irradiation (due spécialement à l'émission β) est encaissé en majeure partie par la structure locale autour de P. Cet effet de l'irradiation sur la structure locale autour de P dans la monazite est traduit par la polymérisation et la distorsion des tétraèdres PO_4.

3. ENVIRONNEMENT STRUCTURAL DANS LA ZIRCONOLITE

3.1. Th dans la zirconolite

La structure de zirconolite offre deux sites possibles pour accueillir une large gamme d'actinides. Dans notre cas, seul l'atome de Ca peut être substitué par les actinides naturels (U et Th). Le rayon ionique de Ca^{2+} (0,99 Å) est très proche (presque égale) de celui de Th^{4+} (1,0 Å). De là, on peut estimer une substitution ionique totale de Th sans modifications sur la structure locale de la zirconolite autour de Th. Au contraire, l'étude expérimentale XAFS a montré une légère contraction de la structure locale autour de l'atome substitué Th d'une valeur de (Ca-O moins Th-O). La coordinence 7 de Th dans la structure de la zirconolite envisagée lors de l'étude expérimentale (chapitre III) n'est pas possible, car une coordinence 7 de Th est pour l'instant inconnue.

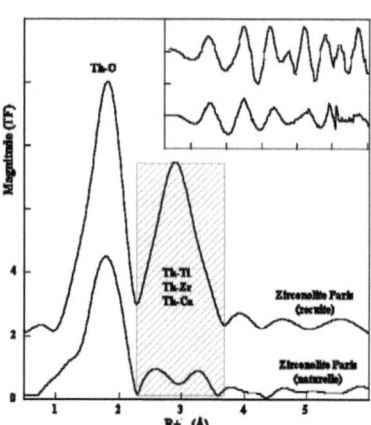

Fig. - V.10
Transformées de Fourier des spectres EXAFS enregistrés au seuil L_{III} de Th dans la zirconolite « Paris » cristalline et recuite.

La structure locale autour de Th dans la zirconolite métamicte à moyenne et à longue distances est très complexe, ce qui ne facilite pas l'étude l'environnement structural par EXAFS (Fig. V.10). Une simulation théorique des dégâts d'irradiation (comme cela a été le cas pour le zircon) permet de comprendre l'évolution de la structure de la zirconolite lors du processus de métamictisation.

a)   b)

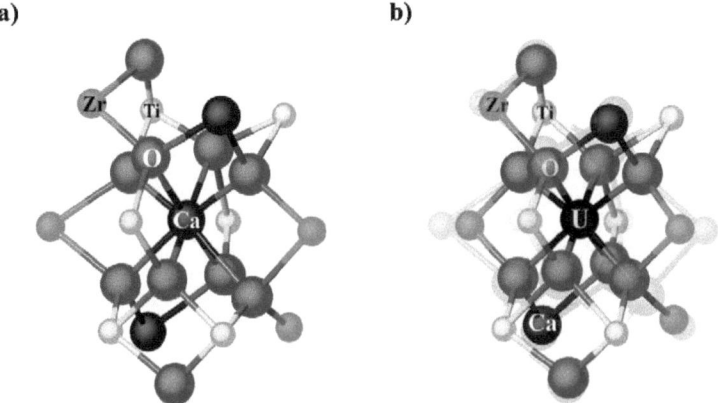

Fig. – V.11 **a)** *Environnement structural local autour de Ca dans la zirconolite cristalline (Rossel, 1980).*

   b) *Environnement structural autour de U dans la zirconolite cristalline montrant la contraction de la structure par rapport à la structure origine en arrière-plan.*

Le rayon ionique de U^{4+} (0,97 Å) est inférieur que celui de Ca^{2+} (0,99 Å). Donc, la substitution de U au site de Ca dans la zirconolite cristalline engendre une contraction de la structure locale autour de U d'une valeur moyenne de 0,03Å. L'étude expérimentale XAFS a permis de calculer une contraction (Fig. V.11) d'environ 0,06 Å (le double de la valeur envisagée sur la base des rayons ioniques). Ceci est dû aux atomes voisins générant des forces interatomiques d'action, sur l'atome central, plus grandes aux forces interatomiques de réaction.

La différence de charges entre Ca^{2+} et Th^{4+} ou U^{4+} substitué, est compensée par d'autres substitutions dans la structure de la zirconolite. Ces nouveaux atomes sont généralement de rayon ionique plus grand que celui des atomes primitivement substitués.

4. ENVIRONNEMENT STRUCTURAL DANS LA TITANITE

Tout comme dans la zirconolite, le rayon ionique de Ca^{2+} (0,99 Å) permet la substitution des actinides, Th en particulier, dans la structure de la titanite (concentration en U très faible dans les titanites). Malgré un rayon ionique de Th^{4+} légèrement plus grand que celui de Ca^{2+}, une contraction de la structure locale est observée autour de Th dans la titanite cristalline (Fig. V.12).

a)   b)

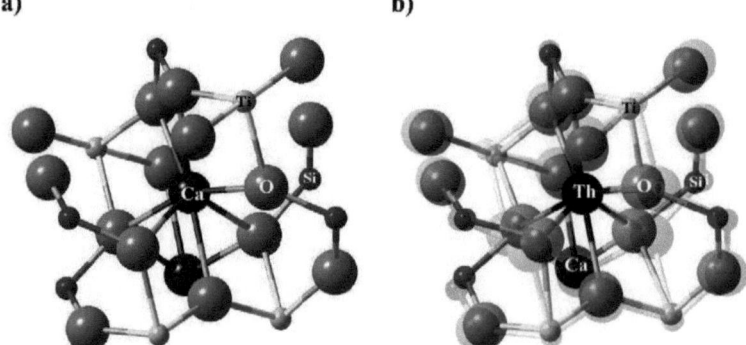

Fig. – V.12   a) *Environnement structural local autour de Ca dans la titanite cristalline (Taylor et Brown, 1976).*

b) *Environnement structural local autour de Th dans la titanite cristalline mettant en évidence la contraction de la structure par rapport à la structure origine (en arrière-plan).*

Pour un équilibre de charges lors d'une substitution de Ca^{2+} par Th^{4+}, d'autres éléments se substituent à d'autres éléments de la structure. Ces éléments, de charge électrique inférieure à celle des substitués, ont un rayon ionique plus grand [exemple P^{3+} (0,44 Å) remplaçant Si^{4+} (0,26 Å)]. Ceci engendre une expansion de la structure locale autour de ces nouvelles substituants ce qu'influence la structure locale autour de Th et donc une

287

légère contraction (~0,03Å) s'est produite. La structure métamicte de la titanite induite par l'irradiation reste complexe et l'étude XAFS de la structure locale à moyenne et à longue distance autour de Th dans les titanites métamictes est plus difficile à réaliser. Sur la base des résultats expérimentaux obtenus sur l'ordre local à courte distance autour de Th (chapitre III), une étude théorique par simulation théorique des dégâts d'irradiation sur la structure permet de comprendre l'effet de l'irradiation sur la structure locale à moyenne et longue distances comme cela a été le cas pour l'uranium dans le zircon (chapitre IV).

Notons toutefois qu'il n'est pas possible de généraliser ces résultats puisque nous avons montré que dans une titanite du Brésil, le thorium était présent sous la forme de cluster d'oxyde ("thorianite"). Ceci veut dire que la transposition des données de substitution à l'échelle du micron (telles que les analyses par microsonde) n'est pas aussi simple à l'échelle de l'angström. Dans certains cas, des clusters hétéro-structuraux peuvent également être responsables de la teneur en Th d'un minéral analysé à la microsonde.

Nous avions déjà observé, dans le cas d'un zircon métamicte qui avait été recuit en conditions réductrices, que les clusters de type UO_2 ("uraninite") s'étaient formés dans la structure du zircon. Sans pouvoir effectuer une relation directe, il est possible que ces clusters témoignent d'une histoire thermique post-cristallisation particulière, comme un métasomatisme ou un métamorphisme. On peut alors imaginer les conséquences que ceci peut avoir sur les méthodes de traçage par éléments traces, voire de datation isotopique, par exemple ; ces artefacts étant induits par un effet d'échelle (ordre de grandeur compris entre le micron et l' Angström).

REFERENCES BIBLIOGRAPHIQUES

Bender S., Franke R., Hartmann E., Lansmann V., Jansen M. and Hormes (2002) X-ray absorption and photoemission electron spectroscopic investigation of crystalline and amorphous barium silicates, *J. of Non-Crystalline Solides, 298, 99-108.*

Crocombette J.P. and Ghaleb D. (1998) Modeling the structure of zircon ($ZrSiO_4$) : empérical potentials, ab-initio electronic structure, *Journal of Nuclear Materials, 257, 282-286.*

Crocombette J.P. and Ghaleb D. (2001) Molecular dynamics modeling of irradiation damage in pure and uranium-doped zircon, *Journal of Nuclear Materials 295, 167.*

Harfouche M., Farges F. and Petit P.E. (2000) Structural characterization of natural actinides (Th and U) in ceramics and analogues: XANES and EXAFS studies on natural zircons. *European Union of Geosciences XI* **J1**, p. 2671.

Fuchs L.H., Gebert E. (1958), X-ray studies of synthetic coffinite, thorite and uranothorites, *Amer. Mineral., 43, 243-248.*

Li D., Fleet M.E., Bancroft G.M., Kasrai M. and Pan Y. (1995) Local structure of Si and P in SiO_2-P_2O_5 and Na_2O-SiO_2-P_2O_5 glasses : a XANES study, *Journal of Non-Crystalline Solids 188, 181-189.*

Muthupari S. and Fleet M. E. (1998), XANES of Sixfold Silicon in MoO_3-SiO_2-P_2O_5 Glasses, *Journal of Non-Crystalline Solids 238 (3), 259-265.*

Taylor, M. and Ewing, R. C (1978) The crystal structures of the $ThSiO_4$ polymorphs: Huttonite and thorite, *Acta Crystallographica, Section B (Structural Crystallography and Crystal Chemistry)* **B34**, 1074-1079.

Taylor M., Brown G.E. (1976), *Amer. Mineral., 61, 435-447.*

Robinson K., Gibbs G. V. and Ribbe P. H (1971). The structure of zircon : A comparison with garnet, *Amer. Mineral* **56**, 783-789.

Rossel C., Seeber B. and Fischer O. (1980) Critical current densities in powder processed $PbMo_6S_8$ wires. *Phys. Stat. Sol.* **59**, K43-K47.

Shannon R. D. (1976), *Acta. Cryst. A32, 751.*

Wyckoff R.W.J. (1978), *Crystal Structures, 1, 137.*

CONCLUSION GENERALE

Ce travail de thèse porte sur le comportement de la structure cristalline des céramiques pour le stockage des déchets radioactifs à haute activité. Nous nous sommes basés sur la méthode de simulation dite des actinides dans les analogues naturels. Plus précisément, nous nous sommes intéressés à l'incorporation des actinides dans la structure des minéraux par substitution et l'influence de l'irradiation, due aux désintégrations des actinides, sur la structure cristalline des matrices de confinement. Ainsi, nous avons étudié le comportement de la structure des minéraux cristallins après avoir intégré d'importantes doses d'irradiation. Par ailleurs, l'énergie du noyau de recul agit sur la structure locale autour des atomes (actinides) émetteurs.

Deux approches ont été utilisées pour conduire cette étude. Une première étude expérimentale par spectroscopie des rayons X (XAFS) est réalisée sur des échantillons naturels de minéraux analogues (zircon, monazite, zirconolite et titanite). Nous avons examiné une large sélection d'échantillons présentant des états de cristallinité et de métamictisation différents, allant d'échantillons purement cristallins à des échantillons complètement métamictes. La seconde étude théorique est basée sur des modèles de simulation des dégâts d'irradiation sur la structure cristalline du zircon à différentes concentrations en U (1 atome, 1 000 atomes et 3 000 atomes de U). Ces modèles de DM du zircon ont été réalisés au CEA par J.P Crocombette et D. Ghaleb (1998). En plus des études classiques de la coordinence et de la polymérisation, nous avons utilisé les notions des forces de liaisons électrostatiques pour vérifier que les modèles sont valides structurellement et que les simulations sont électrostatiquement plausibles. Cela permet par la suite de calculer avec précision les déphasages de rétrodiffusion d'absorption X lors de l'étude XAFS sur les modèles DM du zircon. Ceci est une étude complémentaire de l'étude expérimentale sur le zircon.

Au cours de l'étude sur la substitution des actinides naturels aux ions de la structure cristalline, nous avons pu montrer que la structure locale autour de ces actinides, subit des changements. Nous avons confirmé que le rayon ionique est facteur principal pour la substitution et le changement de la structure locale autour des actinides. En effet, dans le zircon, le rayon ionique de Zr (atome permettant la substitution des actinides) est beaucoup plus petit (0,72 Å) par rapport aux rayons ioniques de Th (1,0 Å) et de U (0,97 Å). Nous avons pu préciser ce mécanisme et avons mis en évidence une large expansion de la structure locale autour des actinides naturels (jusqu'à ~4 Å) entourée d'une zone structurale plus "compacte" :

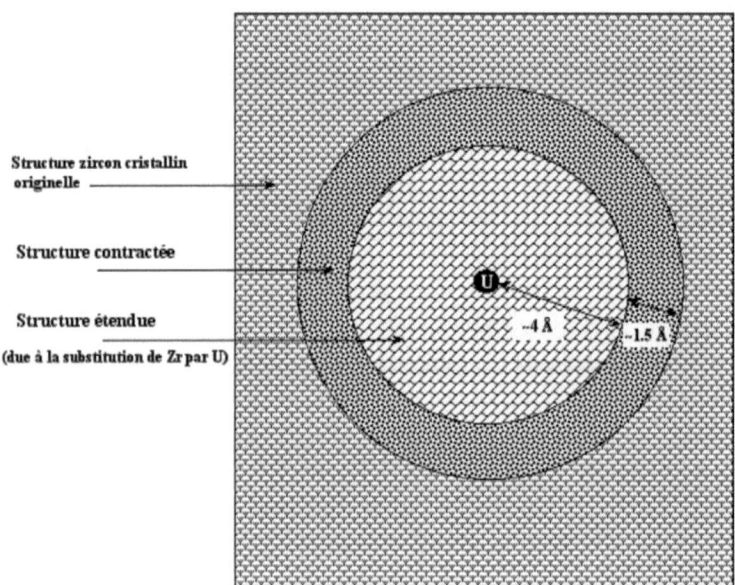

Fig. VI.1 *Influence de la substitution de U sur la structure cristalline du zircon*

Cette expansion structurale a été confirmée par l'étude théorique sur les modèles DM du zircon cristallin. Dans la zirconolite et la titanite c'est une contraction de la structure locale que s'est produite car le rayon ionique de l'atome Ca (0,99 Å) est plus grand de celui de U (0,97 Å) et presque égale à celui de Th (1,0 Å). Le Ce, atome substitué par les actinides dans la structure de la monazite, est de rayon ionique (0,80 Å) plus petit par rapport à celui de Th (1,0 Å), mais la structure très distordue de la monazite cristalline fait que nous n'avons pas enregistré d'expansion de la structure autour de Th.

Par la suite, nous avons étudié le comportement de la structure dans les minéraux analogues après avoir accumulé d'importantes doses d'irradiation. Nous avons montré une polymérisation, dans les minéraux métamictes, des tétraèdres SiO_4 dans le zircon et PO_4 dans la monazite, en accord avec les données de spectroscopies RMN (Zhang et al., 2000a)et infra-rouge (Zhang et al., 2000b), confirmant la prédiction de Farges (1994). De plus, une distorsion de la structure est observée dans ces minéraux. Dans le zircon métamicte, Zr et U passent d'une coordinence 8 (dans le cas cristallin) à une coordinence moyenne proche de 7 accompagné d'une grande distorsion de la structure locale autour de ces éléments. Contrairement aux Zr et U, le Th garde une coordinence 8 dans la plupart des minéraux métamictes étudiés, à l'exception de la monazite où la coordinence moyenne de Th varie entre 8 et 9. Ces résultats confirment des études antérieures autour de Zr et Th (en tant qu'élément majeur) effectuées avec des moyens plus modestes (Farges et Calas, 1991). Par contre, les données concernant U et le Th dans les minéraux accessoires sont inédites.

De manière générale, l'incorporation des actinides dans la structure cristalline des céramiques par substitution engendre, en premier lieu, une expansion /ou contraction de la structure locale autour de ces actinides. L'émission de radiations par les actinides incorporés engendre de nombreux dommages tel que la distorsion de la structure, le changement de la coordinence de certains éléments et la polymérisation. L'étude théorique sur les modèles de simulation des dégâts d'irradiation sur la structure du zircon a montré que la distorsion de la structure autour d'un élément s'étend jusqu'à l'ordre local à longue distance, ce que signifie que la structure a subi d'énormes dommages.

En dernier lieu, l'étude du comportement de la structure dans les minéraux analogues a montré que la structure de la monazite présente une certaine résistance aux dommages dus à l'incorporation des actinides et les dégâts engendrés. Cette résistance est due en grande partie à la structure très distordue de la monazite.

En combinant absorption X et dynamique moléculaire, nous avons également pu "valider" ces méthodes. Comme il existe une bonne convergence de résultats entre les données expérimentales et les données simulées, ces deux approches sont largement validées. Ceci veut dire que les méthodologies qui simulent les dégâts d'irradiation sont compatibles avec l'état métamicte connu dans des minéraux naturels très âgés. D'un autre côté, nous pouvons obtenir une description assez précise des effets de désordre (dus aux dégâts d'irradiation) sur les spectres EXAFS. Ainsi, nous pouvons reproduire les spectres expérimentaux des minéraux métamictes en ne considérant que les environnements structuraux au voisinage immédiat des dégâts (100-300 clusters). Ceci nous permet de confirmer les modèles d'analyse EXAFS mis en oeuvre dans le passé sur les minéraux métamictes (Farges et Calas, 1991; Farges et al., 1993), notamment en ce qui concerne :
- effets anharmoniques pris en compte (par modèles à deux couches d'oxygène)
- annulation de phases dues aux seconds voisins (en relation avec le désordre).

Grâce à ces informations, nous pouvons donc valider les protocoles antérieurs et appliquer ces protocoles à d'autres systèmes.

Dans un avenir proche, grâce aux progrès dans le domaine de l'électronique et par une utilisation plus systématique de sources de $3^{\text{ème}}$ génération cela permettra l'étude à moyenne et à longue distances de la structure locale autour de U dans le zircon et la zirconolite sans être gêné par la présence du Zr dans la structure. En parallèle, l'amélioration des codes de calcul pour la simulation des dégâts d'irradiation et le bon choix des potentiels facilitera la modélisation de matériaux à structures plus complexes (une pensée à la monazite et à la zirconolite). Ainsi, nous pouvons coupler l'étude expérimentale et théorique de l'environnement structural dans ces minéraux analogues aux structures complexes. De plus, la montée en puissance du matériel informatique permettra la réalisation de plus gros calculs tel que le calcul FEFF du XANES dans des modèles de DM jusqu'à maintenant prennent un temps considérable surtout lors des modèles de DM de grande dimensions (140 000 atomes dans nos boîtes de zircon). La zone du XANES est en effet encore plus sensible aux effets de désordre que l'EXAFS et donc il est possible, potentiellement, d'extraire une plus grande quantité d'informations de cette zone.

A travers ce travail, nous espérons avoir contribué à une meilleure compréhension des dégâts d'irradiation dans des minéraux accessoires, leur effet sur la structure des éléments majeurs et mineurs ainsi qu'aux effets de désordre en spectroscopie d'absorption X.

REFERANCES BIBLIOGRAPHIQUES

Crocombette J.P. and Ghaleb D. (1998) Modeling the structure of zircon ($ZrSiO_4$) : emperical potentials, ab-initio electronic structure, *Journal of Nuclear Materials, 257, 282-286.*

Farges F. (1994) The Structure of Metamict Zircon : A Temperature dependent EXAFS Study, *Phys. Chem. Minerals, 20, 504-514*

Farges F. (1993) The structure of aperiodic, metamict (Ca, Th)ZrTi2O7 (zirconolite) : An EXAFS study of the Zr, Th and U sites, *J. Mater. Res., Vol. 8, N° 8, 1983-1995.*

Farges F. et Calas G. (1991), Structural Analysis of Radiation Damage in Zircon and Thorite: An X-ray Absorption Study, *Amer. Mineral., 76, 60-73 (1991).*

Zhang M., Salje E.K.H., Capitani G.C., Leroux H., Clarck A., Schlüter J. and Ewing R.C. (2000a), Annealing of α-decay damage in zircon : a Raman spectroscopic study, *J. Phys. : Condens. Matter, 12, 3131-3148.*

Zhang M., Salje E.K.H., Ewing R.C., Farnan I., Ríos S., Schlüter J. and Leggo P. (2000b), Alpha-decay damage and recrystallization in zircon : evidence for an intermediate state from infrared spectroscopy, *J. Phys. : Condens. Matter, 12, 5189-5199.*

Printed by Books on Demand GmbH, Norderstedt / Germany